MARINETECHNIK
DES ZWEITEN WELTKRIEGS
Entwicklung, Einsatz, Konsequenzen

Hans Karr

Motor
buch
Verlag

Einbandgestaltung: Luis dos Santos

Bildnachweis: Die zur Illustration dieses Buches verwendeten Aufnahmen stammen, wenn nicht anders vermerkt, aus dem Archiv des Autors.
Besonderer Dank für die Überlassung von weiterem Bildmaterial geht an den Deutschen Marinebund in Laboe und an die Bibliothek für Zeitgeschichte in Stuttgart. Auch allen anderen Bildgebern sei recht herzlich für die Überlassung des Bildmaterials gedankt.
Bei einigen Fotos konnten die Inhaber der Bildrechte nicht eindeutig ermittelt werden. Verlag und Autor bitten freundlicherweise um Kontaktaufnahme. Eine eventuelle Urheberrechtsverletzung ist nicht beabsichtigt.
Der Leser möge die Bildqualität einiger Abbildungen entschuldigen. Sie ist dem altersbedingten Zustand der Bildvorlagen geschuldet.

ISBN: 978-3-613-04516-3

1. Auflage 2023

Sie finden uns im Internet unter www.motorbuch-verlag.de

Lektorat: Redaktion Motorbuch
Innengestaltung: WS – WerbeService Linke, 76185 Karlsruhe
Druck und Bindung: Graspo CZ, 76302 Zlin
Printed in Czech Republic

INHALT

Über den Autor

Hans Karr, Jahrgang 1951, trat nach dem Abitur in die Bundesmarine ein. Nach der Offiziersausbildung war der heutige Fregattenkapitän a.D. neben Landverwendungen auch über einen langen Zeitraum an Bord schwimmender Einheiten u.a. als Wachoffizier, Schiffsoperationsoffizier und Kommandant eingesetzt.

In Fachzeitschriften veröffentlicht er Beiträge zu schiffbaulichen, waffentechnischen und marinehistorischen Themen. Karr ist derzeit Redakteur bei einer Marinezeitschrift und Autor mehrerer Buchpublikationen des Motorbuch Verlages.

Sein Interesse an der deutschen Marinegeschichte ist mit einer umfangreichen Fachbuchsammlung sowie Text- und Bildarchiv belegt.

VORWORT

Das vorliegende Buch gibt einen Überblick über die im Zweiten Weltkrieg vorhandene und eingesetzte Marinetechnik. Eingegangen wird auf die wichtigsten Schiffe, Boote, U-Boote und Waffensysteme. Beschrieben werden die technischen Entwicklungslinien mit Hinweisen und Ergänzungen zur Taktik und den Einsatzgrundsätzen sowie der technischen Daten. Besondere Kriegsereignisse werden fallweise erwähnt und sind in die Darstellung mit eingeflochten.

Der Themenschwerpunkt des Buches liegt bei den Kampfeinheiten der Kriegsmarine. Mit ausgewählten Beispielen werden vergleichbare Entwicklungen bei den übrigen Seemächten als Ergänzung in die Betrachtung mit aufgenommen.

Vor und während des Zweiten Weltkriegs durchlief die Marinetechnik ihren vielleicht grundlegendsten Wandel. Die gepanzerten und mit Schwerer Artillerie bewaffneten Großkampfschiffe – Schlachtschiffe und Kreuzer – hatten ihren Zenit bereits überschritten und endgültig in ihrer Rolle als die Seemacht eines Staates bestimmende Kriegsschiffstypen ausgedient. Anstelle der Kräfte messenden Seeschlacht, wie es letztmalig mit der Skagerrakschlacht im Mai / Juni 1916 der Fall war, trat der Handelskrieg gegen die gegnerischen Versorgungswege, was allerdings nur in den beiden ersten Kriegsjahren funktionierte. Seit dem Untergang des Schlachtschiffes »Bismarck« fanden mit Großkampfschiffen solche Unternehmungen nicht mehr statt.

Der Flugzeugträger und mit ihm das Flugzeug sind als neue und äußerst kampfkräftige Einsatzmittel an ihre Stelle getreten. Insbesondere im pazifischen Seekriegsgeschehen bestimmten sie die Abläufe und übernahmen die Hauptrolle in der Seeschlacht. Der Seekrieg wandelte sich zu einen Seeluftkrieg. In den Trägerschlachten wurden die entscheidenden Kampfhandlungen ausschließlich mit den weitab von ihren »Mutterschiffen« agierenden Trägerflugzeugen ausgetragen.

Das U-Boot bestätigte erneut seine bereits im Ersten Weltkrieg gezeigte herausgehobene Stellung als Kriegsschifftyp, der sich für offensive Operationen in Gebieten von feindlicher Seeherrschaft eignet. So waren in der Schlacht im Atlantik die Versorgungswege nach Großbritannien wieder hart umkämpft. In der technischen Entwicklung wurde auf der einen Seite der Schritt vom Tauchboot zum richtigen U-Boot vollzogen, was sich allerdings auf den Kriegsverlauf im U-Bootkrieg nicht mehr auswirkte. Auf der anderen Seite bestimmten neue innovative technische Mittel wie Sonar, Radar und Funkpeilung das Geschehen entscheidend.

Genau wie der Flugzeugträger ist auch das Landungsschiff ein neu entwickelter und dann ebenfalls ein kriegsentscheidender Kriegsschifftyp des Zweiten Weltkriegs. Mit einer riesigen Landungsschiffflotte bestritt die amerikanische Marine auf dem pazifischen Kriegsschauplatz ihre Operationen in Form des sogenannten »Inselspringens«. Im europäischen Kriegsgeschehen wären die Landungen in Französisch-Nordafrika (November 1942), auf Sizilien (Juli 1943), auf dem italienischen Festland (September 1943) und dann später auch die Landung in der Normandie (Juni 1944) ohne diese Spezialschiffe nicht möglich gewesen.

Im Schiffbau gab es ebenfalls innovative Entwicklungnen. Die anfänglich anhaltenden deutschen Erfolge im U-Bootkrieg hatten zu einer lebensbedrohlichen Verknappung des Großbritannien zur Verfügung stehenden Frachtraums geführt. Der Nachbau versenkter Tonnage musste daher schnell erfolgen, was mit dem sogenannten »Liberty«-Schiff und amerikanischer Hilfe erreicht wurde. Durch radikale Standardisierung, Sektionsbauweise und der damals im Schiffbau noch nicht allgemein üblichen Schweißtechnik gelang es, für Frachtschiffe äußerst kurze Bauzeiten zu verwirklichen und diese sozusagen am Fließband zu produzieren.

Bei den U-Boottypen XXI und XXIII ging man beim Schiffbau ebenfalls unkonventionelle Wege. Vorgefertigten Sektionen wurden in verschiedenen Orten durch Stahlbaubetriebe hergestellt und dann auf der eigentlichen Bauwerft zum fertigen U-Boot zusammengefügt und endausgerüstet. Auch auf diese Weise erreichte man kurze Bauzeiten, die allerdings durch den Bombenkrieg häufig zunichtegemacht oder zumindestens empfindlich gestört wurden.

Das Buch erhebt keinen Anspruch auf eine Gesamtdarstellung. Zu zahlreich sind allein schon die bei der Kriegsmarine vorhandenen technischen Themengebiete, die selbst in einer komprimierten Zusammenfassung den möglichen Umfang des Buches sprengen würden. Aus gleichem Grund werden daher auch die ausländischen Entwicklungen in der Regel nur fallweise erwähnt und an ansprechender Stelle ergänzend eingefügt.

Hans Karr, Stuttgart, im Oktober 2022

EINLEITUNG

Die Marinetechnik des Zweiten Weltkriegs hat ihren Ausgangspunkt in zwei internationalen Verträgen. Zum Einen war dies der am 28. Juni 1919 unterzeichnete Friedensvertrag zwischen Deutschland und den alliierten und assoziierten Mächten - in der Regel in Kurzform auch als Friedensvertrag von Versailles oder nur als Versailler Vertrag bezeichnet - und zum Anderen das Washingtoner Flottenabkommen vom 6. Februar 1922.

Mit den Regeln und Bestimmungen dieser beiden Verträge wurden die Weichen für den Verlauf und die Zielrichtung der Marinerüstung der nächsten beiden Jahrzehnte gestellt. Der in dieser Zeit durchgeführte Kriegsschiffbau kam im Zweiten Weltkrieg zum Einsatz und bestimmte den Ablauf des Seekrieges.

Die wichtigsten Bestimmungen des Versailler Vertrages für die Reichsmarine

Die in der Bucht von Scapa Flow internierte deutsche Flotte. Foto: Archiv DMB

Die Delegiertenversammlung anlässlich der Unterzeichnung des Versailler Vertrages am 28. Juni 1919. Foto: Archiv Autor

Nach den Bedingungen des Waffenstillstandvertrages vom 11. November 1918 musste die Kaiserliche Marine nach Scapa Flow in die Internierung verlegen. Am 19. November 1919 verließ der Verband mit dem Großteil der Flotte Deutschland. Vor Auslaufen waren Munition und Geschützverschlüsse von Bord gegeben worden. Dies war ein wenig ruhmvolles Ende für des Kaisers »schwimmende Wehr« auf dem Wasser.

Unter dem Eindruck des kritisch scheinenden Verlaufs der Verhandlungen in Versailles versenkte sich am 21. Juni 1919 die internierte Flotte durch Öffnen der Seeventile selbst. Die Siegermächte sahen sich um ihre Kriegsbeute geprellt. Als Gegenreaktion verlangten sie später die Abgabe von weiteren bisher nicht geforderter Schiffe.

Der nunmehrigen Reichsmarine verblieb als Nachfolger der Kaiserlichen Marine nur ein Rest an älteren Einheiten, die bereits vor dem Ersten Weltkrieg schon nicht mehr ganz auf dem aktuellen waffentechnischen Stand gewesen waren. Im Artikel 181 des Vertragswerk war festgelegt worden:
»Nach Ablauf einer Frist von zwei Monaten nach Inkrafttreten des gegenwärtigen Vertrags dürfen die deutschen Seestreitkräfte im Dienst höchstens betragen:

- 6 Schlachtschiffe der »Deutschland«- oder »Lothringen«-Klasse
- 6 Kleine Kreuzer
- 12 Zerstörer
- 12 Torpedoboote oder
- eine gleiche Anzahl von Ersatzschiffen der im Artikel 190 vorgesehenen Bauart

Es darf kein Unterwasserfahrzeug darunter sein. Alle anderen Kriegsschiffe müssen, soweit nicht der gegenwärtige Vertrag ein anderes bestimmt, in Reserve gestellt oder Handelzwecken dienstbar gemacht werden.«

Der erwähnte Artikel 190 legte fest:
»Es ist Deutschland untersagt, irgendwelche Kriegsschiffe zu bauen oder zu erwerben, es sei denn zum Ersatz der durch den gegenwärtigen Vertrag (Artikel 181) vorgese-

henen in Dienst gestellten Einheiten. Die vorerwähnten Ersatzbauten dürfen keine größere Wasserverdrängung haben als:

- 10.000 Tonnen für die Schlachtschiffe
- 5000 Tonnen für die Kleinen Kreuzer
- 800 Tonnen für die Zerstörer
- 200 Tonnen für die Torpedoboote

Außer im Falle des Verlustes eines Schiffes dürfen die Einheiten der verschiedenen Klassen erst nach einem Zeitpunkt von 20 Jahren für die Schlachtschiffe und Kreuzer und 15 Jahren für die Zerstörer und Torpedoboote, gerechnet vom Stapellauf an, ersetzt werden.«

Der Eigentumsverzicht auf die im Ausland liegenden deutschen Kriegsschiffe war im Artikel 184 wie folgt formuliert:
»Mit Inkrafttreten des gegenwärtigen Vertrags verliert Deutschland das Eigentum an allen deutschen Überwasserkriegsschiffen, die sich außerhalb der deutschen Häfen befinden. Deutschland verzichtet auf alle Rechte an den genannten Schiffen.

Schiffe, die in Ausführung der Bestimmungen des Waffenstillstandes vom 11. November 1918 zur Zeit in den Häfen der alliierten und assoziierten Mächte interniert sind, werden für endgültig ausgeliefert erklärt.

Schiffe, die zur Zeit in neutralen Häfen interniert sind, sind dort an die Regierungen der alliierten und assoziierten Hauptmächte auszuliefern. Die deutsche Regierung hat bei Inkrafttreten des gegenwärtigen Vertrags den neutralen Mächten entsprechende Mitteilung zu machen.«

Darüber hinaus waren nach Artikel 188 »alle deutschen Unterseeboote ebenso wie die Hebeschiffe und Docks für Unterseeboote einschließlich des Druckdocks den alliierten und assoziierten Hauptmächten auszuliefern. Diejenigen dieser Unterseeboote, Schiffe und Docks, die nach Ansicht der genannten Regierungen imstande sind, mit eigener Kraft zu fahren oder geschleppt zu werden, sind von der deutschen Regierung in die hierfür bezeichneten Häfen der alliierten Länder zu überführen.«

Weiterhin wurde im Versailler Vertrag Deutschland dazu verpflichtet, in einer festgelegten Zone der Nordsee die im Krieg gelegten Minen zu räumen. Die hierfür notwendigen Minenräumfahrzeuge waren bereitzuhalten.

Auf Grund dieser Bestimmungen ergab sich für die Reichsmarine mit sechs Linienschiffen, sechs Kleinen Kreuzern, 24 Zerstörern / Torpedobooten und 38 Minensuchbooten sowie 33 anderweitiger Sonderfahrzeugen ein Schiffsbestand von 107 Einheiten. Je zwei Linienschiffe und Kreuzer sowie acht Torpedoboote durften zusätzlich als Reserve vorgehalten werden. Alle im Bau befindlichen Kriegsschiffe mussten unter alliierter Aufsicht abgebrochen werden.

Abschließend noch die Festlegungen zur Begrenzung des Personals. Im Artikel 194 steht hierzu und anderem: »Das Personal der deutschen Marine darf sich ausschließlich im Wege freiwilliger Verpflichtung, und zwar bei Offizieren und Deckoffizieren für die Dauer von mindestens 25, bei Unteroffizieren und Mannschaften mindestens 12 aufeinanderfolgenden Jahren ergänzen.«

Im Nacherein gesehen hat sich dies für die Alliierten aber als Bumerang erwiesen. Die geforderten langen Dienstzeiten führten zu einem gut ausgebildeten und fachlich qualifizierten Stamm von Soldaten, der den späteren schnellen Aufwuchs der Kriegsmarine überhaupt erst möglich machte.

Internationale Bemühungen um maritime Rüstungskontrolle

Nach dem Ersten Weltkrieg und dem Versailler Vertrag war Deutschland, die bislang nach Großbritannien zweitgrößte Seemacht, von den Weltmeeren verschwunden. Neu auf die Bühne der Seemächte traten die USA und Japan. Bereits im Krieg hatten beide Nationen ihren Bestand an Kampfschiffen umfangreich ausgeweitet und neue maritime Rüstungsprogramme aufgelegt. Es war unverkennbar, dass der Wille bestand weiter an die englische Royal Navy aufzuschließen. Ein neues Wettrüsten begann sich abzuzeichnen.

In Großbritannien selbst waren während des Krieges kaum umfangreiche Rüstungsprogramme begonnen worden. Lediglich die bereits vorhandenen Vorhaben der Vorkriegszeit blieben im Bau bzw. wurden fertiggestellt. Andererseits musste das Land aber auch darauf bedacht sein, seine noch vorhandene Vormachtstellung als Seemacht zu erhalten. Großbritannien verfügte über die größte und kampfstärkste Marine der Welt, gefolgt von den Vereinigten Staaten und mit einigem Abstand von Japan, Frankreich und Italien. Die englische Flotte wollte weiterhin in

Die Unterzeichnung des Washingtoner Flottenabkommens am 6. Februar 1922. Foto: Archiv Autor

Der englische Schlachtkreuzer »Hood« erhielt mit seinen 41.200 Tonnen Verdrängung eine Ausnahmegenehmigung im Washingtoner Flottenabkommen. Foto: Allan C. Green

der Lage bleiben die nationalen Interessen im Atlantik, im Mittelmeer und im Fernen Osten zu vertreten und den Schutz des britischen Weltreiches zu gewährleisten. Ein nochmaliges Wettrüsten, wie es zuvor mit Deutschland der Fall war, konnte und wollte sich das durch den Krieg ebenfalls angeschlagene Land aber finanziell nicht leisten.

Die Lösung aus diesem Zwiespalt kam mit der Einladung des amerikanischen Präsidenten Warren G. Harding zu einer Konferenz über Fragen der Seerüstung. Sie begann am 12. November 1921 in Washington und endete am 6. Februar 1922 mit der Unterzeichnung des mit **Limitation of Naval Armament** – auch Five Power Treaty oder Washington Treaty – bezeichneten Vertragswerks durch die Vertreter der fünf wichtigsten Seemächte Großbritannien, USA, Japan, Frankreich und Italien. Die Ratifizierungsurkunden wurden am 17. August 1923 in Washington ausgetauscht. Am 16. April 1924 erfolgte die Eintragung in die Vertragsserie des Völkerbunds.

Das Flottenabkommen von Washington war der erste internationale Abrüstungsvertrag. Es regelte die Begrenzung der Flottenstärken von Großbritannien, USA, Japan, Frankreich und Italien auf ein Verhältnis von 5:5:3:1,75:1,75.

Bei den Schlachtschiffen galten als Maximalwerte 35.000 Tonnen bei der Verdrängung und 40,6 Zentimeter beim Kaliber. Die Kreuzer waren auf 10.000 Tonnen und 20,3 Zentimeter begrenzt. Einzige Ausnahme bildete hier

Als Schlachtkreuzer »Lexington« auf Kiel gelegt und ... Foto: US Navy

... als Flugzeugträger »Lexington« in Dienst gestellt. Foto: US Navy

der bereits am 15. Mai 1920 in Dienst gestellte britische Schlachtkreuzer »Hood«. Mit 41.200 Tonnen war die »Hood« bis zum Beginn des Zweiten Weltkriegs das größte Kriegsschiff. Für Flugzeugträger galten die Grenzen von 27.000 Tonnen und maximal zehn 20,3-cm-Ge-

Die als Schlachtkreuzer begonnene und als Flugzeugträger fertiggebaute »Akagi«. Foto: Archiv Autor

Der japanische Flugzeugträger »Kaga« wurde als Schlachtschiff im Bau begonnen und dann gemäß dem Washingtoner Flottenabkommen als Flugzeugträger fertiggestellt. Foto: Archiv Autor

schütze. Für die Maßeinheit bei der Verdrängung wurde nicht mehr die metrische Tonne (= 1000 kg) zu Grunde gelegt, sondern in long tons (=1016 kg) gemessen.

Durch die Bestimmungen des Vertrages verringerten die Unterzeichnerstaaten die Anzahl ihre Großkampfschiffe. Neue Schiffe durften nur als Ersatz für ältere auf Kiel gelegt werden. Im Bau schon begonnene Einheiten mussten wieder abgebrochen werden. Allerdings waren für diese Fälle die Umkonstruktion und der Fertigbau als Flugzeugräger möglich. Die USA und Japan machten von dieser Regelung mit der »Lexington« und »Saratoga« sowie der »Akagi« und »Kaga«, welche als Schlachtschiffe oder Schlachtkreuzer auf Kiel gelegt worden waren, Gebrauch. Für diese vier Flugzeugträger war die maximale Verdrängung von 27.000 Tonnen aufgehoben.

Im Washingtoner Flottenabkommen waren die Bestimmungen für die Großkampfschiffe geregelt. Es zeigte sich jedoch schon bald, dass sich nicht alle Seemächte mit dem Gedanken der Abrüstung abfinden konnten. Bei den kleineren Schiffstypen, hier gab es keine Begrenzung auf die Gesamttonnage, setzte erneut ein Wettrüsten ein. Auf Einladung des amerikanischen Präsidenten Calvin Coolidge fand im Februar 1927 in Genf eine neue Abrüstungskonferenz statt. Diese **Genfer Konferenz** wurde jedoch zu einem totalen Fehlschlag. Frankreich und Italien blieben der Einladung fern. Sie wollten sich in ihrer Flottenplanung nicht noch weiter einschränken lassen. Großbritannien verlangte mit dem Hinweis auf seine weit gestreuten überseeischen Niederlassungen eine Anzahl von Kreuzern, die von den USA nicht akzeptiert wurde. Ohne Ergebnis ging die Veranstaltung zu Ende.

Im Sinne weiterer Abrüstungsbemühungen traten am 22. Januar 1930 in London erneut Delegationen aus Großbritanninen, den USA und Japans zusammen. Frankreich und Italien sandten lediglich Beobachter zu dieser Konferenz. Bereits am 22. April war man sich in dem **Londoner Flottenvertrag** (Treaty for Limitation and Reduction of Naval Armament) über die folgenden Punkte, mit denen der Kriegsschiffbau einschränkt und die U-Bootkriegsführung reguliert werden sollte, einig geworden. Die wichtigsten Festlegungen dieses Vertragswerks sind:

- Verlängerung der im Flottenabkommen von Washington festgelegten Baupause von Großkampfschiffen bis zum 31. Dezember 1936
- Festlegung auf ein Schlachtschiffverhältniss von Großbritanninen, den USA und Japans auf 15:15:9 Einheiten sowie Verschrottung der überzähligen Schiffe
- Änderung des Washington-Verhältnisses für Kreuzer zugunsten Japans auf 10:10:7
- Einteilung der Kreuzer in die beiden Typen Leichter Kreuzer (Kaliber unter 15 Zentimeter) und Schwerer Kreuzer (Kaliber über 15 Zentimeter)
- Festlegung von Obergrenzen bei den Leichten Kreuzern von 192.200 Tonnen (Großbritannien), 143.500 Tonnen (USA) und 100.450 Tonnen (Japan)
- Festlegung von Obergrenzen bei den Schweren Kreuzern von 146.800 Tonnen (Großbritannien), 180.00 Tonnen (USA) und 108.400 Tonnen (Japan)
- Höchstgrenze für den Zerstörerbestand auf 150.000 Tonnen (USA, Großbritannien) und 105.000 Tonnen (Japan)
- Höchstgrenze für Zerstörer auf 1850 Tonnen und 12,7-cm-Geschütze
- Neubauten bis 600 Tonnen unterlagen keiner zahlenmäßigen Beschränkung
- Begrenzung des U-Bootbestandes auf je 52.700 Tonnen
- Begrenzung der U-Bootverdrängung auf höchstens 2000 Tonnen je Boot
- Festlegung des U-Booteinsatzes im Rahmen der Prisenordnung für Überwasserschiffe

Schon wenige Jahre später begann sich das System der Flottenverträge aufzulösen. Keine der beteiligten Nationen war so wirklich von den auferlegten Beschränkungen innerlich überzeugt. Frankreich und Italien waren mittlerweile im Mittelmeer zu Konkurrenten geworden und setzten ein neues Wettrüsten in Gange. Entsprechendes gilt für Japan und die USA im Pazifik. Um nicht in das Hintertreffen zu geraten, legte auch Großbritannien wieder neue Schiffsklassen auf Stapel. Zudem hatte sich das nicht in die Verträge direkt eingebundene Deutschland von den Fesseln des Versailler Vertrages befreit und seine maritime Aufrüstung in die Wege geleitet, was wiederum insbesondere von Frankreich, aber auch von Großbritannien, aufmerksam beobachtet wurde.

Auch sei noch angemerkt, dass man es bei den Angaben zu den vorgebenen Grenzen in der maximalen Verdrängung nicht so genau nahm und mit falschen Zahlen operierte, was der Vertrauensbildung gewiss nicht gerade förderlich war. Andererseits wurde diese Schummelei aber auch unter den Nationen stillschweigend geduldet. Niemand störte sich daran. Jeder war auf seinen eigenen Vorteil bedacht. Kurzum: Ab 1936 / 1937 waren die die Flottenverträge nur noch Makulatur und kaum noch das Papier wert, auf dem sie Jahre zuvor in gut gemeinter Absicht gedruckt wurden.

Der Marineschiffbau der Reichsmarine

Nach einem am 16. April 1919 von der verfassungsgebenden Deutschen Nationalversammlung beschlossenen Gesetz hieß die deutsche Marine Vorläufige Reichsmarine. Mit dem Wehrgesetz vom 23. März 1921 erfolgte die Umbenennung in Reichsmarine rückwirkend zum 1. Januar 1921. Ab dem 1. Januar 1922 führte sie offiziell eine neue Flagge, die bis 1933 Gültigkeit behalten sollte.

Die Reichsmarine hatte eine schwere Anfangszeit, die von einer Anzahl politischer Ereignisse und Entwicklungen gekennzeichnet war, an denen sie direkt oder indirekt beteiligt war:

- die von der Kaiserlichen Marine ausgegangene Revolution von 1918
- die Ablieferung und die spätere Selbstversenkung der modernen kaiserlichen Hochseeflotte in Scapa Flow
- die Unterzeichnung des Versailler Vertrages und der sich daraus ergebenden Einschränkungen
- die Rückstufung der einst nach der englischen Royal Navy zweitgrößten Flotte auf eine Küstenmarine mit altem kaum kriegsfähigen Schiffsmaterial
- der Kapp-Putsch

Das Ansehen der Marine war auf einen Tiefpunkt gesunken. Selbst ein gänzlicher Verzicht auf eine eigene Marine wurde vereinzelt diskutiert und gefordert. Doch dies kam aber politisch nicht in Frage, da sich das Deutsche Reich damit selber noch weiter geschwächt hätte.

Nach Überwindung dieses Schocks und unter den Restriktionen des Versailler Vertrages sowie unter den Zwängen der finanziellen Lage und der außen- und innenpolitischen Gegebenheiten gelang es der Reichsmarine dennoch schon bald die Ersatzbeschaffung der veralteten Schiffe einzuleiten.

Am 1. Januar 1922 wird die bisher immer noch benutzte alte Kaiserliche Kriegsflagge durch eine neue schwarz-weiß-rote Flagge mit eisernem Kreuz und schwarz-rot-goldener Gösch ersetzt. Foto: Archiv Autor

Leichter Kreuzer »Emden«. Foto: Deutscher Marinebund

Der Leichte Kreuzer »Emden« war der erste auf Kiel gelegte größere Neubau und als Ersatz für den am 25. Juni 1900 in Dienst gestellten und in die Reichsmarine übernommenen Kleinen Kreuzer »Niobe« vorgesehen. Am 8. Dezember 1921 erfolgte die Kiellegung auf der Marinewerft in Wilhelmshaven, wo das Schiff am 7. Januar 1925 vom Stapel lief. Noch im gleichen Jahr konnte am 15. Oktober die Indienststellung vorgenommen werden. Auf Grund der inneren Unruhen, der zahlreichen Streiks,

Torpedoboot »Jaguar«. Foto: Deutscher Marinebund

Leichter Kreuzer »Karlsruhe«. Foto: Deutscher Marinebund

der französischen Besetzung des Rheinlandes und von Einsprüchen der Siegermächte während der Bauarbeiten war die Fertigung nur schleppend vorangegangen. Die so in vierjähriger Bauzeit entstandene »Emden« war in erster Linie als Schulkreuzer im Auslandsdienst vorgesehen.

Bis 1930 folgten die zwölf neuen Torpedoboote der »Raubvogel«- und »Raubtier«-Klasse und die drei Leichten Kreuzer der »K«-Klasse (»Königsberg«, »Karlsruhe«, »Köln«) sowie im Oktober 1931 der Leichte Kreuzer »Leipzig«.

Als erstes »Dickschiff« und als Ersatz für das veraltete Linienschiff »Preußen« wurde am 5. Februar 1929 das Panzerschiff »Deutschland« auf Kiel gelegt. Es lief am 19. Mai 1931 vom Stapel und setzte am 1. April 1933 Flagge und Wimpel.

Dieser Schiffsneubau war politisch höchst umstritten. Er löste heftige innenpolitische Diskussionen aus. Die Fragen drehten sich dabei um den militärischen Wert, die finanziellen Möglichkeiten des Reiches und die eventuell entstehenden außenpolitischen Belastungen. Auf Grund der zeitweise instabilen innenpolitischen Lage stand die Verwirklichung des Bauvorhabens mehrfach auf der Kippe.

Zwei weitere Schwesterschiffen wurden 1931 und 1932 auf Kiel gelegt und liefen 1934 und 1936 als »Admiral Scheer« und »Admiral Graf Spee« der Flotte zu. Im Ausland wur-

Panzerschiff »Admiral Graf Spee« (links) und Schlachtschiff »Gneisenau« (rechts). Foto: Deutscher Marinebund

den die drei Panzerschiffe zunächst spöttisch, dann aber anerkennend, als »Pocket Battleships« bezeichnet.

In den Bauvorgaben wurden die Panzerschiffe als Schiffe verstanden, die nach den Bestimmungen des Washingtoner Flottenabkommens als Kreuzer einzustufen waren, jedoch hinsichtlich der Bewaffnung und der Panzerung kleinen Schlachtschiffen entsprechen sollten. Des weiteren war gefordert, dass sie schneller als herkömmliche Schlachtschiffe und stärker als die schnelleren Kreuzer anderer Nationen sein sollten, was bis auf wenige Ausnahmen auch gelungen ist. Die offizielle Verdrängung wurde mit 10.000 Tonnen angegeben. Das entsprach aber nicht so ganz den Tatsachen. Mit ihrem großen Fahrbereich waren sie für die Kreuzerkriegführung besonders geeignet.

Hintergrund für den Bauplan der Reichsmarine waren die operativen Beurteilungen der Marineleitung. Als möglicher Kriegsgegner wurde Polen angesehen. Die Abtrennung Ostpreußens vom übrigen Reichsgebiet machte eine sichere Seeverbindung notwendig, die auch in einem Konfliktfall aufrecht erhalten werden musste. Mit Frankreich, vom dem eine Blockade der deutschen Küste in der Nordsee befürchtet wurde, stand der nächste mögliche Gegner fest. Für das Küstenvorfeld waren die neuen Torpedoboote und für die Hohe See die Panzerschiffe und Kreuzer deshalb die geeignte Gegen- und Schutzmaßnahme. Einen Konflikt mit Großbritannien schloss man aus.

Den drei Panzerschiffen folgte bald die Planung für die ersten größeren Schlachtschiffe. Die ursprünglich als weitere Panzerschiffe geplanten und als solche auch im Januar 1934 beauftragten beiden Schlachtschiffe »Scharnhorst« und »Gneisenau sollten der »Deutschland«-Klasse hinsichtlich Artilleriebewaffnung und Geschwindigkeit entsprechen, jedoch eine größere Standfestigkeit besitzen. Im Vergleich mit den in Frankreich im Bau befindlichen Schlachtschiffen »Dunkerque« und »Strasbourg« stellte man fest, dass die neuen deutschen Schiffe diesen weit unterlegen waren. Es kam zur Umkonstruktion und zum Einbau von drei 28-cm-Drillingstürmen.

Mit der Machtübernahme der Nationalsozialisten, deren eine ihrer ersten Maßnahmen die Entfernung der schwarz-rot-goldene Gösch in der Reichskriegsflagge war, änderte sich auch schnell die Bauplanung der Reichsmarine, die am 1. Juni 1935 in Kriegsmarine umbenannt wurde. Eine rote Hakenkreuzflagge war zwischenzeitlich zur Reichskriegsflagge geworden. Neue Schiffbauprogramme wurden zunächst noch im Geheimen, weil unter den noch gegebenen Vertragsbedingungen nicht erlaubt, und dann nach dem deutsch-englischen Flottenabkommen ganz legal initiiert. Eine neue Aufrüstung der Marine setzte sich in Gang.

Die ab dem 14. März 1933 neue gültige Reichskriegsflagge ohne die schwarz-rot-goldene Gösch. Foto: Archiv Autor

Flagenwechsel unter den Nationalsozialisten. Foto: Deutscher Marinebund

Das deutsch-englische Flottenabkommen und die neue deutsche Marinerüstung

In dem von Elmar B. Potter, Chester W. Nimitz und Jürgen Rohwer herausgegeben umfangreichen Werk »Seemacht - Eine Seekriegsgeschichte von der Antike bis zur Gegenwart« wird auf Seite 463 zum deutsch-englischen Flottenvertrag folgendes ausgesagt:

»Vor dem Hintergrund sich verschärfender Spannungen und zunehmender Missachtung internationaler Verträge spielten sich vor allem von Großbritannien ausgehende Bemühungen ab, nochmals zu einer kollektiven Begrenzung der Seerüstung durch multilaterale Verträge und darüber hinaus auch durch bilaterale Abmachungen zu kommen. Vor allem der deutsch-britische Flottenvertrag vom 18. Juni 1935 stellte den ersten Versuch dar, die kaum noch zu erreichenden internationalen Verträge durch zweiseitige Abkommen zu ersetzen. Deutscherseits war dieser Vertrag politisch wie psychologisch zielbewußt vorbereitet worden. Nach gegenseitigen kameradschaftlichen Flottenbesuchen gab Hitler im Januar 1935 gegenüber Lord Hartwood seine Bereitschaft zu erkennen, auf der Basis einer Begrenzung der deutschen Flottenstärke auf 35 Prozent im Verhältnis zur britischen Stärke eine Rüstungsvereinbarung zu treffen, um jegliche Flottenrivalität zu vermeiden.«

Im Einzelnen sah das Abkommen vor:

- permanentes Stärkeverhältnis von 35 zu 100
- Deutschland verpflichtete sich, diese Grenze auch bei massiven Rüstungen anderer Mächte nicht zu überschreiten
- das Stärkeverhältnis galt für die Gesamttonnage wie auch gesondert für die einzelnen Schiffsklassen.
- bei den U-Booten durfte Deutschland bis zu 100 Prozent der britischen Stärke besitzen, jede Steigerung über 35 Prozent musste dabei zu Lasten der anderen Schiffsklassen gehen.
- Deutschland erklärte, vorerst nicht über 45 Prozent der britischen U-Bootstärke hinauszugehen.

Das Abkommen bedeutete für die Kriegsmarine eine Verdreifachung ihrer bisherigen Stärke. In der maximal erlaubten Verdrängung bei den einzelnen Schiffsklassen ausgedrückt ergab sich folgendes Bild:

- Schlachtschiffe 183.750 Tonnen
- Flugzeugträger 47.250 Tonnen
- Schwere Kreuzer 51.380 Tonnen
- Leichte Kreuzer 67.270 Tonnen
- Zerstörer / Torpedoboote 52.500 Tonnen
- U-Boote 18.445 Tonnen bei 35 Prozent
23.700 Tonnen bei 45 Prozent
52.700 Tonnen bei 100 Prozent

Mit diesem diplomatischen Schachzug Hitlers war der bereits begonnene Bau der Schlachtschiffe »Scharnhorst« und »Gneisenau« im nachherein legalisiert worden. Ebenso bedeutete dieser Vertrag die faktische Aufhebung des Versailler Vertrags im Hinblick auf die deutsche Flottenrüstung. Weiterhin schaffte er die Vorraussetzungen für den weiteren Ausbau der Kriegsmarine.

Auf den deutschen Werften setzte eine rege Bautätigkeit im Marineschiffbau ein. Die Schlachtschiffe »Scharnhorst« und »Gneisenau« wurden zügig fertiggestellt und kamen 1938 / 1939 in Dienst. Der Bau der Schlachtschiffe »Bismarck« und »Tirpitz« und des Flugzeugträgers »Graf Zeppelin« sowie der Schweren Kreuzer der »Admiral Hipper«-Klasse wurde initiiert. Diesen Großkampfschiffen folgten zahlreiche Zerstörer, U-Boote und kleinere Kampfeinheiten wie Minensuchboote und Schnellboote.

Gleichzeitig wuchs der Personalbestand der Kriegsmarine kräftig auf. Dank der im Versailler Vertrag geforderten langen Dienstzeiten, konnte auf einen gut ausgbildeten Personalstamm zurückgegriffen und aufgebaut werden. Dadurch ließ sich der vorhandene hohe Ausbildungsstand halten.

In den Jahren 1936 / 1937 kamen die Panzerschiffe sowie Leichte Kreuzer und Torpedoboote in spanischen Gewässern im Rahmen der internationalen Seekontrolle während des dortigen Bürgerkrieges zum Einsatz. Damit befand sich die deutsche Marine wieder auf gleicher Augeshöhe mit anderen Seemächten.

Die Außenpolitik der Nationalsozialisten wurde gegen Ende der 1930er Jahre immer aggresiver. Österreich wurde im März 1938 in das Deutsche Reich eingegliedert, ebenso das Sudetengebiet im Oktober 1938 und die sogenannte »Rest-Tschechei« im März 1939. Als Nächstes begann sich ein Konflikt mit Polen abzuzeichnen. Großbritannien und Frankreich gaben am 31. März 1939 eine Garantieerklärung für die Unabhängigkeit von Polen ab.

Hitler sollte damit vor weiteren Aggressionen gewarnt werden.

Das deutsch-englische Flottenabkommen stand nun der Außenpolitik - besser der Kriegspolitik - Hitlers im Wege. Eine englische Gegnerschaft wurde als möglich angenommen. Anlässlich des Stapellaufs des Schlachtschiffes »Tirpitz« ließ er schon am 1. April 1939 die Maske fallen und stellte in einer Rede in Wilhelmshaven den Flottenvertrag mit Großbritannien in Frage.

»Das Flottenabkommen basierte auf dem heißen Wunsch, nie in einen Krieg gegen England ziehen zu müssen. Dieser Wunsch kann aber nur ein beiderseitiger sein. Wenn dieser Wunsch in England nicht mehr besteht, dann ist die praktische Voraussetzung für dieses Abkommen damit beseitigt.«

Großbritannien führte am 26. April 1939 die allgemeine Wehrpflicht ein. Die Garantieerklärung für Polen nahm Hitler am 28. April 1939 zum Anlass, sowohl das deutsch-englische Flottenabkommen als auch den Nichtangriffspakt mit Polen einseitig zu kündigen. Die Zeichen standen nun endgültig auf Krieg.

Der Z-Plan der Kriegsmarine

Insgeheim hatte man in der Kriegsmarine das deutsch-englische Flottenabkommen als ein vorläufiges betrachtet. Interne Gedankenspiele über den Umfang und die Zusammensetzung einer größeren Wunschflotte waren offenkundig und nicht zu leugnen. Bereits Anfang 1937 gab es schon Überlegungen und Pläne für sechs Nachfolgebauten der erst in einem noch frühen Baustadium befindlichen Schlachtschiffe »Bismarck« und »Tirpitz«.

Da die englische Regierung angesichts der seit Anfang 1938 schwelenden Sudetenkrise, die Mitteleuropa in eine gefährliche Lage brachte, durchblicken ließ, notfalls gegen Deutschland zu kämpfen, erhielten die Rüstungsvorhaben der Kriegsmarine eine deutliche anti-englische Ausrichtung. Verschiedene detailierte Pläne für eine Aufrüstung der Kriegsmarine wurden ausgearbeitet.

Im Dezember 1938 kam die endgültige als Z-Plan bezeichnete Version der Flottenplanung zur Vorlage. Hitler stimmte der vorgeschlagenen Marineplanung im Januar 1939 zu, forderte aber nicht wie eigentlich vorgesehen deren Umsetzung innerhalb von zehn sondern von sechs Jahren.

Der Z-Plan umfasste den weiteren Neubau von nachfolgend aufgelisteten Einheiten, die die bereits im Dienst stehenden und die ohnehin schon im Bau befindlichen Schiffe ergänzen sollten. Im Einzelnen:

- 6 Schlachtschiffe
- 12 Panzerschiffe
- 2 Flugzeugträger
- 16 Leichte Kreuzer
- 22 Spähkreuzer
- 10 Minenschiffe
- 38 Zerstörer
- 90 Torpedoboote
- 249 U-Boote
- 75 Schnellboote
- 112 Minensuchboote
- 48 Räumboote
- 2 Minenschiffe
- 12 U-Jäger

In der Gesamtzahl waren dies 694 Einheiten. Mit den schon vorhandenen Schiffen wäre die Kriegsmarine auf über 740 Einheiten aufgewachsen. In einer Quelle wird sogar die Zahl 800 als mittel- bis langfristiges Endziel der in Dienst zu haltenden Einheiten genannt. Eine Personalstärke von rund 200.000 Mann war vorgesehen. Etatmäßig waren 33 Milliarden Reichsmark eingeplant.

Dieser gignatische Bauplan ließ sämtliche Abrüstungsverträge weit hinter sich. Er stand weder mit dem deutsch-englischen Flottenabkommen noch mit den internationalen Flottenverträgen im Einklang. Hitler und die Marineführung setzten mit dieser Planung wieder auf eine starke kampfkräftige Marine. Bedenkt man, dass die Admiralität und die hohen Offiziersdienstgrade alle in der Kaiserlichen Marine aufgewachsen und sozialisiert waren, ein durchaus naheligendes und nachvollziehbares Ansinnen. Ob die anderen Seemächte, insbesondere Großbritannien, diese massive Aufrüstung ohne rüstungstechnische Gegenmaßnahmen akzeptiert hätten, kann man mit Sicherheit ausschließen.

Mit dem Kriegsausbruch am 1. September 1939 wurde der Z-Plan dann hinfällig. Er wäre ohnehin in dem vorgegebenen Zeitraum sehr schwer umzusetzen gewesen und hätte die Schiffbau- und Zulieferindustrie vor erhebliche Probleme gestellt. Zum Einen standen bei den Werften nicht genügend Helgen zur Verfügen und zum Anderen herrschte ein Mangel an ausreichend qualifizierten Facharbeiter, um dieses gewaltige Bauprogramm in der geforderten Zeit bewältigen zu können.

Rüstung, Kriegsverlauf und Verbleib der großen Einheiten der Kriegsmarine

Die britische und französische Kriegserklärung vom 3. September 1939 bedeutete das Ende des Z-Planes. Mit Weisung vom 10. September ordnete Großadmiral Erich Raeder an, dass nur noch die im Bau weit fortgeschrittenen Schiffe fertigzustellen seien.

Das waren ausnahmslos Schiffe, deren Bau noch vor dem Z-Plan begonnen hatte und deren Fertigstellung zeitnah erfolgen konnte. Hiebei handelte es sich um die Schlachtschiffe »Bismarck« und »Tirpitz« sowie den Schweren Kreuzer »Prinz Eugen«.

Ein Baustopp erfolgte für den Flugzeugträger »Graf Zeppelin« und die beiden Schweren Kreuzer »Seydlitz« und »Lützow«. Alle drei Einheiten waren bereits vom Stapel gelaufen und befanden sich in einem fortgeschrittenen Bauzustand. Die Schlachtschiffe »H« und »J« sowie der Flugzeugträger »B« wurden auf den Hellingen wieder abgebrochen. Bei weiteren Einheiten des Z-Plans kam es, sofern schon vergeben, zur Stornierung der Aufträge.

Nunmehr konzentrierte sich die Marinerüstung nahezu vollständig auf den beschleunigten Bau von U-Booten und auf Fahrzeuge für den Einsatz im Küstenvorfeld, wie Zerstörer, Torpedoboote, Minensuchboote und Schnellboote. Neben der Sicherung der deutschen Küstenlinie stand die Bekämpfung der gegnerischen Versorgungswege im Atlantik im Aufgabenkatalog der Kriegsmarine an oberster Stelle.

Vorsorglich waren daher schon im August 1939 die Panzerschiffe »Deutschland« und »Admiral Graf Spee« mit dem Auftrag Handelskrieg zu führen auf Wartepositionen in den Atlantik geschickt worden. Die »Admiral Graf Spee« geriet im Dezember vor der La Plata-Mündung in ein Seegefecht mit englischen Kreuzern, lief zur Reparatur der Gefechtsschäden in Montevideo / Uruguay ein und musste sich in der Folge in aussichtsloser Lage selbst versenken.

Auch die anderen Großkampfschiffe der Kriegsmarine sowie Hilfskreuzer kamen im Handelskrieg mehr oder weniger erfolgreich zum Einsatz. Der Fehlschlag des »Bismarck«-Unternehmens im Mai 1941 leitete jedoch das Ende dieser Art der Kriegsführung ein. Die noch verbliebenen Schlachtschiffe und Schweren Kreuzer agierten bis Ende 1942 nicht besonders erfolgreich. Hitler wollte sie alle, da nach seiner Meinung nutzlos, außer Dienst stellen und abwracken lassen, was dann aber abgewendet werden konnte.

Als »fleet in being« lagen die großen Einheiten zusammen mit dem neuen Schlachtschiff »Tirpitz« in norwegischen Fjorden, wo sie häufigen englischen Luftangriffen ausgesetzt waren. Weihnachten 1943 ging das Schlachtschiff »Scharnhorst« bei einem Einsatz im Nordmeer verloren. Die Schweren Kreuzer wurden nach Deutschland zurückgeholt. Die »Tirpitz« musste in Norwegen verbleiben. Infolge der ständigen Luftangriffe und der danach immer wieder anfallenden Reparaturarbeiten war sie in der Regel nicht einsatzfähig. Am 12. November 1944 ist sie nach sechs Bombentreffern gekentert.

Die noch vorhandenen Schweren Kreuzer kamen in der Endphase des Zweiten Weltkriegs in der Ostsee zum Einsatz. Hier griffen sie mit ihrer Artillerie in die Landkämpfe ein, gingen dann aber auch nach und nach in Verlust oder wurden kampfunfähig.

Einzig der Schwere Kreuzer »Prinz Eugen« überstand von den großen Einheiten einsatzfähig den Zweiten Weltkrieg. Er wurde den USA als Kriegsbeute zugesprochen und dort ausgiebig erprobt. Im Juli 1946 kenterte das Schiff bei Atombombenversuchen im Bikini-Atoll.

Die Hauptlast des Handelskriegs trugen zweifellos die U-Boote. Die Versorgungsprobleme mit den im Einsatz befindlichen Übersee-Einheiten (Kreuzer, Hilfskreuzer, Blockadebrtecher) nahmen ständig zu. Die Kreuzerkriegführung kam ab Mitte 1941 zum Erliegen. Die mangelnde Verfügbarkeit von Öl wirkte sich auf die Treibstofflage und damit auf die Einsatzfähigkeit der Schiffe gravierend aus.

Die Werftindustrie und ihre Zulieferindustrie hatten im fortschreitenden Kriegsverlauf bei dem Neubau von dringend benötigter Schiffe und Boote sowie bei der Reparatur der durch die Kampfhandlungen beschädigten Einheiten erhebliche Schwierigkeiten zu überwinden. Rohstoffknappheit, Material- und Fachkräftemangel sowie der Bombenkrieg der Alliierten waren die entscheidenden Hemmnisse für eine reguläre und zeitnahe Abwicklung der Aufträge.

Gegen Mitte des Krieges, als sich dessen katastrophaler Ausgang bereits abzuzeichnen begann, beschäftigte sich die Marinerüstung bei den U-Booten mit bedeutenden innovativen technischen Entwicklungen, wie zum Beispiel dem Walter-Antrieb und den Elektro-U-Booten der Typen XXI und XXIII. Ab September 1943 kam der Schnorchelmast zur Einführung. Damit war es nun auch möglich die Diesel bei Unterwasserfahrt zu betreiben und die Batterie aufzuladen. Die U-Boote konnten sich so der Luft- und Radarüberwachung des Gegeners größtenteils entziehen. Für eine Wende im Kriegsverlauf kamen aber alle diese Arbeiten zu spät.

Bei den Überwassereinheiten blieb es technisch gesehen überwiegend beim Altbewärten. Wirkliche tiefgreifende innovative Entwicklungen und Konstruktionen kamen im Marineschiffbau nicht mehr zustande. Man musste sich auf die wirklich notwendigen Modernisierungen und Nachrüstungen beschränken, um so halbwegs den Erfordernissen der Kriegführung gerecht werden zu können. Insbesondere der Schutz gegen die Luftbedrohung durch eine vermehrte Einrüstung von Flak-Geschützen stand dabei im Vordergrund.

In Bildmitte ist ein nach dem Krieg an Großbritannien abgeliefertes U-Boot des Typs VII C mit Schnorchelanlage zu sehen. Zu erkennen ist die Zuluftleitung mit der Flanschverbindung für den klappbaren Schnorchel, der davor in der länglichen Decksaussparung untergebracht war und für den Schnorchelbetrieb aufgerichtet werden musste. Foto: Royal Navy

Kapitel 1

ÜBERWASSERSCHIFFE

1.1 - Schlachtschiffe

»Scharnhorst« und »Gneisenau«, Schlachtschiffe, Deutschland

Die Schlachtschiffe »Scharnhorst« und »Gneisenau« im Hafen. Foto: Deutscher Marinebund

Die ursprünglich als weitere Panzerschiffe geplanten und als solche auch so im Januar 1934 beauftragten beiden Schlachtschiffe »Scharnhorst« und »Gneisenau« sollten der »Deutschland«-Klasse hinsichtlich Artilleriebewaffnung und Geschwindigkeit entsprechen, jedoch eine größere Standfestigkeit besitzen. Insbesondere letzteres hatte eine größere Tonnage und damit auch einen größeren Leistungsbedarf bei der Antriebsanlage zur Folge. Darum musste man wieder von den Dieselmotoren abgehen - es gab sie in der erforderlichen Größe noch nicht - und auf einen Turbinenantrieb wechseln.

Beide Einheiten wurden am 14. Februar 1934 auf Kiel gelegt, die Bauarbeiten jedoch schon wenige Monate später am 5. Juli 1934 wieder eingestellt. Die Helling wurde von dem verbauten Material freigeräumt. Im Vergleich mit den in Frankreich im Bau befindlichen Schlachtschiffen »Dunkerque« und »Strasbourg« stellte man fest, dass die neuen deutschen Schiffe diesen weit unterlegen waren. Es kam zur Umkonstruktion und nun auch zum Einbau von drei 28-cm-Drillingstürmen.

Name	Bauwerft	Kiellegung	Stapellauf	Indienststellung
»Scharnhorst«	Kriegsmarinewerft, Wilhelmshaven	15.06.35	03.10.36	07.01.39
»Gneisenau«	Deutsche Werke, Kiel	06.05.35	08.12.36	21.05.38

Im Mai bzw. Juni 1935 erfolgte eine zweite Kiellegung der nun auch offiziell als Schlachtschiffe bezeichneten Einheiten. Die Einschränkungen des Versailler Vertrages ließen sich durch das deutsch-englische Flottenabkommen überwinden und damit auch die bisher gültige 10.000-t-Grenze in der Schiffsgröße fortfallen. Der eigentlich 1934 begonnene Bau der beiden Einheiten, die diese Grenze deutlich überschritten, wurde so nachträglich sanktioniert.

Die ersten großen, nach dem Krieg gebauten Kriegsschiffe der deutschen Marine waren Ersatzbauten für die aus der Kaiserlichen Marine übernommenen älteren Linienschiffe »Elsaß« und »Hessen« der »Braunschweig«-Klasse. Sie waren standfest und schnell, aber im internationalen Vergleich gesehen artilleristisch schwach ausgelegt.

Die Schlachtschiffe »Scharnhorst« und »Gneisenau« waren geschweißte Stahlbauten in Längsspant-Bänder-Bauweise. Sie hatten 21 wasserdichte Abteilungen. Der Gürtelpanzer wies Stärken zwischen 200 bis 350 Millimeter auf. Die Stärke des Panzerdecks variierte von 80 bis 95 Millimeter. Die offizielle Verdrängung wurde mit 26.000 Tonnen angegeben, war in Wirklichkeit jedoch wesentlich höher.

Die beiden Schlachtschiffe waren keine guten Seeschiffe. Sie drehten langsam an. Bei schlechtem Wetter war das Vorschiff bis zur Brücke extrem nass. Nach Verlängerung der Back und dem Anbau eines Atlantikbugs trat eine leichte Besserung bei den Seeeigenschaften ein. Der Turm A, also der erste Turm von vorne, blieb jedoch stets durch Nässe behindert.

Der Antrieb der Schlachtschiffe »Scharnhorst« und »Gneisenau« erfolgte über drei Sätze von Getriebetur-

Das Schlachtschiff »Scharnhorst« mit der ursprünglichen Bugform. Foto: Deutscher Marinebund

binen. Sie wirkten jeweils auf eine Welle und waren in drei Maschinenräumen aufgestellt. Aus zwölf Kesseln erhielten sie ihren Dampf. Die Schlachtschiffe kamen mit einem Schornstein aus.

Die von der Marine gewünschte Einrüstung von 38-cm-Geschützen wurde zunächst aus außenpolitischen Gründen abgelehnt. Sie standen aber zum Zeitpunkt des Baus ohnehin noch nicht zur Verfügung und waren erst ab 1940 lieferbar. Ein Beharren auf diesem Kaliber hätte eine nochmalige Bauverzögerung bedeutet.

Daher erhielten die beiden Schlachtschiffe zunächst neun 28-cm-Geschütze in drei Drillingstürmen eingerüstet. Zwei Drillingsgeschütze standen auf dem Vorschiff und eines auf dem Achterschiff. Eine spätere mit umfangreichen schiffbaulichen Änderungen verbundene Umarmierung auf 38-cm-Geschütze in Zwillingstürmen war friedensmäßig für 1940 / 1941 vorgesehen. Bei »Gneisenau« wurde dies auch im Jahr 1942 noch in Angriff genommen, aber nicht mehr zu Ende durchgeführt.

Acht 15-cm-Geschütze in Zwillingstürmen und vier in Einzellafette bildeten die Mittelartillerie der Schiffe. Zur Flugabwehr standen 14 Geschütze im Kaliber 10,5 cm in Doppellafetten zur Verfügung. Beide Geschütztypen waren an den Schiffsseiten über das Schiff verteilt. Mit acht Doppellafetten waren nochmals 16 3,7-cm-Geschütze zur Flugabwehr vorhanden.

Die während des Kriegs zunehmende Luftbedrohung führte zur Einrüstung weiterer Flak. In unterschiedlicher Anzahl waren nochmals zwischen zehn und 38 2-cm-Geschütze für die Flugabwehr vorhanden. An Munitionsvorrat konnten bis zu 76.000 Schuss an Bord gelagert werden.

Die Anzahl der Bordflugzeuge war unterschiedlich. Die ursprünglich geplanten vier Maschinen ließen sich aber nicht optimal an Bord unterbringen, sodass tatsächlich nur zwei im Hangar mitgeführt wurden. Über Katapulte erfolgte der Start der Schwimmerflugzeuge, die dann bei Rückkehr mit Hilfe eines Krans wieder eingenommen werden konnten.

Bis Kriegsausbruch führte das Schlachtschiff »Scharnhorst« intensive Erprobungen durch. Im Sommer 1939 erfolgte ein Umbau, bei dem das Schiff, wie schon zuvor

Das Schlachtschiff »Scharnhorst« mit geändertem Bug, dem sogenannten Atlantikbug, der eine leichte Besserung bei den Seeeigenschaften brachte. Foto: Deutscher Marinebund

Schlachtschiff »Gneisenau« als Hafenlieger. Foto: Deutscher Marinebund

auf der »Gneisenau« geschehen, einen sogenannten Atlantikbug erhielt. Zum ersten Kriegseinsatz kam es im November 1939. Bei einem Vorstoß nach Norden konnte der englische Hilfskreuzer »Rawalpindi« versenkt werden. Im Jahre 1940 war das Schiff erneut mehrmals im Einsatz gegen den englischen Schiffsverkehr und war Teil der Deckungsgruppe für die Verbände zur Besetzung von Norwegen. Im März 1941 lief die »Scharnhorst« nach einem erfolgreichen Einsatz gegen englische Geleitzüge im Atlantik in Brest / Frankreich ein.

Die ständigen Luftangriffe der Royal Air Force zwangen die Marineführung neben der »Scharnhorst« auch andere größere Einheiten nach Deutschland zurückzuführen. Unter großer Geheimhaltung wurde ein Durchbruch durch den Englischen Kanal vorbereitet und im Februar 1942 durchgeführt. Mit daran beteiligt war das Schwesterschiff »Gneisenau« und der Schwere Kreuzer »Prinz Eugen«. Die Rückverlegung der großen Marineeinheiten durch den Englischen Kanal war zwar ein taktischer Erfolg, aber eindeutig ein strategischer Rückzug.

Ein Jahr später verlegte die »Scharnhorst« nach Norwegen. Bei einem Einsatz gegen den englischen Konvoi JW 55 B kam es zur Gefechtsberührung mit dessen Fernsicherung. Auf dem Rückmarsch wurde das Schlachtschiff nördlich des Nordkaps von englischen Seestreitkräften gestellt und am 26. Dezember 1943 mit Artillerie und Torpedos versenkt. Im Oktober 2000 gelang es der norwegischen Marine das in 300 Meter Tiefe liegende Wrack mit Sonar zu orten und mit einer Unterwasserdrohne zu identifizieren.

Beim Stapellauf des Schlachtschiffes »Gneisenau« kam es zu einer Havarie. Infolge des Versagens der Stoppeinrichtungen kollidierte der Schiffskörper mit der gegenüber liegenden Kaimauer. Am Schiff selbst entstand nur ein geringer Schaden.

Die »Gneisenau« machte nach Kriegsausbruch zusammen mit Zerstörern einen ergebnislosen Vorstoß bis zur Südküste von Norwegen. Die danach stattfindenden Einsätze waren mit denen des Schwesterschiffes »Scharnhorst« identisch. Beide Schiffe blieben bis nach dem gemeinsamen Kanaldurchbruch unzertrennlich.

Bei einem englischen Luftangriff auf die Stadt Kiel erhielt das nach dem Kanaldurchbruch dort wegen eines Minentreffers zur Reparatur liegende Schlachtschiff einen schweren Bombentreffer. Das Vorschiff und Turm A brannten dabei vollkommen aus. Die »Gneisenau« wurde im April 1942 nach Gotenhafen geschleppt. Dort sollte sie repariert und umgebaut werden. Die Einrüstung von 38-cm-Geschützen war vorgesehen. Bereits Anfang 1943 wurden diese Arbeiten aber wieder eingestellt. Wie der bisherige Kriegsverlauf gezeigt hatte, war die Zeit der großen Dickschiffe vorbei. Kriegsentscheidende Einsätze wurden ihnen nicht mehr zugesprochen. Die »Gneisenau« wurde desarmiert und ihre Geschütze im Atlantikwall in Dänemark und Norwegen als Küstenbatterien neu verwendet. Nach dem Krieg blieben sie teilweise in beiden Ländern lange Jahre weiterhin Bestandteil der Küstenverteidigung.

Am 28. März 1945 erfolgte in der Einfahrt von Gotenhafen die Selbstversenkung des Schlachtschiffes. Ein polnisches Bergungsunternehmen hat in den Jahren 1947 bis 1951 die »Gneisenau« gehoben und abgebrochen. Sie war das bis dahin das größte gehobene Schiffswrack.

»Bismarck« und »Tirpitz«, Schlachtschiffe, Deutschland

Schlachtschiff »Bismarck«. Foto: Deutscher Marinebund

Nach dem Abschluss des deutsch-englischen Flottenabkommens vom 18. Juni 1935 war die Kriegsmarine nicht mehr an die Beschränkungen des Versailler Vertrages gebunden. Der Weg war jetzt frei für echte Großkampfschiffe, wie sie seiner Zeit von allen bedeutenden Marinen unterhalten wurden.

Nach dem Amtsentwurf 1933-36 entstanden die beiden Schlachtschiffe »Bismarck« und »Tirpitz«. Sie galten als Ersatzbauten für die alten aus der Kaiserlichen Marine übernommenen Linienschiffe »Hannover« und »Schleswig-Holstein« der »Deutschland«-Klasse.

Die in Quer- und Längsspantenbauweise gefertigten Stahlbauten besaßen 22 wasserdichte Abteilungen. Das Panzermaterial bestand größten teils aus KC-Panzerstahl (Krupp cemented). Der Gürtelpanzer wies eine Stärke von 220 bis 320 Millimeter auf und das Panzerdeck 100 bis 120 Millimeter. In den 38-cm-Türmen gab es stellenweise eine Panzerstärke von 360 Millimeter. Die offizielle Verdrängung wurde mit 35.000 Tonnen angegeben, war in Wirklichkeit jedoch wesentlich höher. Noch in der Bauphase erhielt die »Bismarck« den zunächst konstruktiv nicht vorgesehenen Atlantikbug. Mit einem geraden Vorsteven war sie noch vom Stapel gelaufen. Die »Tirpitz« hatte den Atlantikbug von Anfang an.

Die beiden Schlachtschiffe werden als optimale Konstruktion bewertet, die wohl das Beste darstellte, was im Schlachtschiffbau erreicht werden konnte. Sie hatten sehr gute Seeeigenschaften, drehten sehr schnell an und manövrierten sehr gut. Bei geringer Fahrt und Fahrt über den Achtersteven besaßen sie allerdings eine sehr geringe Steuerfähigkeit.

Ursprünglich war für die Schlachtschiffe »Bismarck« und »Tirpitz« ein turbo-elektrischer Antrieb vorgesehen. Man erhoffte sich damit einen größeren Fahrbereich zu bekommen. Wegen mangelnder Erfahrung mit solchen Anlagen bevorzugte man dann doch die schon auf »Scharnhorst« und »Gneisenau« gewählte Antriebsvariante. Drei aus zwölf Kesseln gespeiste Sätze Getriebeturbinen standen somit wieder in drei Maschinenräumen und wirkten jeweils auf eine Welle. Ein recht breiter Schornstein prägte die Silhouette der Schlachtschiffe.

Die »Bismarck« und die »Tirpitz« stellen zweifellos den Höhenpunkt aber gleichzeitig auch das Ende des deutschen Schlachtschiffbaus sowie der deutschen Artillerieentwicklung dar. Auf den beiden 50.000-t-Giganten waren acht 38-cm-Geschütze in jeweils zwei Zwillingstürmen auf dem Vor- und Achterschiff eingerüstet. Damit war man, von der Kalibergröße her betrachtet, wieder bei den letzten Linienschiffen der Kaiserlichen Marine, der »Bayern«-Klasse, angekommen, allerdings auf einem wesentlich besseren technischen Stand. International betrachtet waren allerdings schon Geschütze jenseits des 40-cm-Kalibers im Gebrauch.

Die Mittelartillerie bestand aus zwölf 15-cm-Geschützen. Je drei Zwillingstürme waren auf beiden Seiten im mittleren Schiffsbereich aufgestellt. Sie verfügten über Munitionsaufzüge. Das Laden selbst musste jedoch noch per Hand durchgeführt werden.

Insgesamt 16 10,5-cm-Geschütze kamen zur Flugabwehr an Bord. Auf jeder Schiffsseite standen vier Doppellafet-

Name	Bauwerft	Kiellegung	Stapellauf	Indienststellung
»Bismarck«	Blohm+Voss, Hamburg	01.07.36	14.02.39	24.08.40
»Tirpitz«	Kriegsmarinewerft, Wilhelmshaven	24.10.36	01.04.39	25.02.41

Das Schlachtschiff »Bismarck« in der Bauphase. Hier Werftarbeiter beim Montieren der Schrauben, die einen Durchmesser von 4,70 Meter hatten. In diesem Bereich erhielt das Schiff den unglücklichen Torpedotreffer eines Trägerflugzeugs, der zum schwerwiegenden Verlust der Manövrierfähigkeit führte und das Schicksal des Schlachtschiffes besiegelte. Foto: Bundesarchiv / Bild 193-30-5-31A / CC-BY-SA 3.0

ten. Ebenfalls der Flugabwehr dienten die 16 über das Schiff verteilt aufgestellten 3,7-cm-Geschütze.

Ergänzende Flugabwehr war mit der Einrüstung von 2-cm-Flak-Geschützen vorhanden. Deren Anzahl schwankte zwischen zwölf Geschützen auf der »Bismarck« und bis zu bis 58 Geschützen auf der »Tirpitz«. Ein Munitionsvorrat von bis zu 90.000 Schuss konnte für die Flak-Geschütze an Bord eingelagert werden.

Die sechs Bordflugzeuge Arado Ar 196 konnten über ein Katapult gestartet werden. Für ihre Unterbringung gab es an jeder Seite des Schornsteins einen Bereitschaftshangar sowie einen großen Hangar für vier Flugzeuge unterhalb des Großmastes.

Nach der in den Jahren 1940 / 1941 durchgeführten Ausbildung in der Ostsee war das Schlachtschiff »Bismarck« im Frühjahr 1941 einsatzbereit. Der in dieser Zeit gerade zu Ende gegangene erfolgreiche Atlantikeinsatz der Schlachtschiffe »Scharnhorst« und »Gneisenau« veranlasste die Seekriegsleitung nun auch die einsatzfähig gewordene »Bismarck« zusammen mit dem Schweren Kreuzer »Prinz Eugen« ebenfalls zum Handelskrieg in den Atlantik zu schicken.

Am 18. Mai 1941 liefen die beiden Schiffe aus Gotenhafen aus und verlegten nach Norden. Nach einem Zwischenstopp in norwegischen Fjorden versuchten sie durch die Dänemarkstraße zwischen Island und Grönland den Atlantik zu erreichen. Das gelang nicht unbemerkt. Die beiden deutschen Schiffe wurden in Folge vom englischen Schlachtschiff »Prince of Wales« und dem Schlachtkreu-

Das Schlachtschiff »Bismarck« mit Tarnbemalung, die dem Zweck diente, die Schiffskonturen zu verschleiern. Foto: Deutscher Marinebund

zer »Hood« abgefangen. Im anschließenden Gefecht wurde zwar die »Hood« versenkt und die »Prince of Wales« konnte entkommen, aber die »Bismarck« erlitt durch zwei schwere Treffer Beschädigungen, die zum Abbruch des Unternehmens zwangen. Die im Gefecht unversehrt gebliebene »Prinz Eugen« wurde aus dem Verband entlassen.

Die »Bismarck« versuchte nach Frankreich durchzukommen. Zunächst gelang es zwei Fühlungshalter, die Kreuzer »Suffolk« und »Norfolk«, abzuschütteln. Die Royal Navy verlor in Folge die »Bismarck« auf ihrem Lagebild. Ein langer Funkspruch des Schlachtschiffes führte aber dann wieder zum erneuten Erfassen durch die Engländer. Alle im Atlantik verfügbaren Einheiten wurden nun auf die »Bismarck« angesetzt. Der unglückliche Torpedotreffer eines Trägerflugzeugs in die Ruderanlage führte zum schwerwiegenden Verlust der Manövrierfähigkeit. Die heraneilenden englischen Kriegsschiffe hatten nun leichtes Spiel.

Am 27. Mai 1941 war nach einem schwerem Gefecht das Schlachtschiff »Bismarck« niedergekämpft. Als brennendes, aber immer noch schwimmfähiges Wrack hat sich das Schiff nach dem Verschießen seiner Munition dann selbst versenkt. Diese Selbstversenkung wird allerdings bis heute kontrovers diskutiert. Als Gegenthese steht im Raum, dass in der Endphase des Seegefechts die Versenkung durch Torpedoangriffe der am Kampf beteiligten englischen Kreuzer erfolgt sei. Von Forschungstauchern wurde 1989 das Wrack des wohl berühmtesten Schlachtschiffes aller Zeiten in 4750 Meter Tiefe entdeckt und mit Unterwasserdrohnen untersucht. Der Schiffskörper weist kaum Beschädigungen auf, was wiederum beim Grund des Untergangs für die Selbstversenkungsvariante spricht.

Mit der »Tirpitz« war Ende 1941 das letzte und auch das größte Schlachtschiff in der deutschen Marinegeschichte einsatzbereit. Sie ist zugleich auch das größte in Europa fertiggestellte Schlachtschiff und die Krönung des deutschen Schlachtschiffbaus.

Mittlerweile hatte sich jedoch die strategische Lage grundlegend zuungunsten Deutschlands verändert. Nach den Erfahrungen mit der »Bismarck« schied ein Einsatz im Handelskrieg für die »Tirpitz« aus. Da Hitler eine englische Landung in Norwegen befürchtete, mussten die noch einsatzfähigen großen Einheiten dort als sichernde Kampfgruppe zusammengefasst werden.

Am 14. Januar 1942 erfolgte die Verlegung des Schlachtschiffes »Tirpitz« in nördliche Gewässer, wo sie bis zu ih-

Das Schlachtschiff »Tirpitz« lief am 1. April 1939 auf der Kriegsmarinewerft in Wilhelmshaven von Stapel. Foto: Bundesarchiv / DVM 10 Bild-23-63-40 / CC-BY-SA 3.0

Das Schlachtschiff »Tirpitz« an der Ausrüstungspier. Foto: Deutscher Marinebund

rem Ende verbleiben sollte. Sie war zunächst in der Nähe von Drontheim und dann ab März 1943 im Altafjord stationiert. Damit bildete das Schlachtschiff eine ständige Bedrohung für England. Allein seine Anwesenheit band erhebliche Kräfte der Royal Navy. Durch die gele-

Schlachtschiff »Tirpitz«. Foto: Deutscher Marinebund

gentlichen Vorstöße des Schiffes kam es zur Störung und Beeinträchtigung der alliierten Eismeergeleitzüge nach Russland.

Ein Angriff englischer Klein-U-Boote führte im September 1943 auf dem im Altafjord in einem Netzkasten liegende Schlachtschiff zu schweren Beschädigungen und zu seinem Ausfall bis März 1944. Ständige englische Luftangriffe verursachten weitere Schäden am Schiff und bedingten ständige Reparaturarbeiten. Die »Tirpitz« war dadurch in der Regel nicht einsatzfähig. Im Oktober 1944 verlegte sie nach Tromsö. Hier erhielt das Schiff am 12. November 1944 bei einem englischen Luftangriff sechs Bombentreffer. Die 6-t-Spezialbomben brachten die »Tirpitz« zum Kentern. In den Jahren 1948 bis 1957 wurde das Wrack abgebrochen.

Das Schlachtschiff »Tirpitz« in einem norwegischen Fjord. Foto: US Navy

»King George V«-Klasse, Schlachtschiffe, Großbritannien

Im Washingtoner Flottenabkommen von 1922 versuchten die damaligen führenden Großmächte die maritime Rüstung zu begrenzen und ein neuerliches Wettrüsten zu vermeiden, was auch zunächst funktionierte. Ende der 1920er und Anfang der 1930er Jahre änderte sich jedoch die Lage. Deutschland begann, zunächst unter weitestgehender Beachtung des Versailler Vetrages, seine Flotte wieder aufzubauen und auf modernen Stand zu bringen. Ebenso rüsteten Frankreich und Italien im maritimen Sektor wieder auf. Ähnlich die Lage in den USA und in Japan, wo ebenfalls neue Flottenbauprogramme aufgelegt wurden.

Um nicht ins Hintertreffen zu geraten, beschloss auch Großbritannien mit dem Bau einer neuen Klasse von Schlachtschiffen diesen Weg zu gehen. In den Jahren 1937 bis 1942 entstand mit fünf Einheiten die »King George V«-Klasse. Es war die letzte englische Klasse von Schlachtschiffen, die noch im Zweiten Weltkrieg zum Einsatz kam.

Schlachtschiff »King George V«. Foto: US Navy

Die »King George V«-Klasse hatte einen Glattdecksschiffkörper mit einem leichten Deckssprung im Vorschiff. In Schiffsmitte befanden sich die Aufbauten, die durch eine größere Lücke in zwei Bereiche unterteilt waren und in denen jeweils ein Schornstein integriert war.

Die Seitenpanzerung der Schiffe betrug 356 bis 374 Millimeter. Das Deck war mit 127 bis 152 Millimeter gepanzert. Die Türme der Schweren Artillerie hatten eine Panzerstärke von 324 Millimeter (vorne), 222 Millimeter (Seite) und 152 Millimeter (Decke).

Die Antriebsanlage bestand aus vier Sätzen von Getriebeturbinen, die jeweils auf eine Welle wirkten. Acht Kessel erzeugten den notwendigen Dampfdruck.

Die Schwere Artillerie war vorne und achtern mit je einem 35,6-cm-Vierlingsturm eingerüstet. Überhöht angeordnet stand vor den Aufbauten noch ein 35,6-cm-Zwillingsturm. Je vier 13,3-cm-Zwillingstürme waren als Mitteartillerie an den beiden Schiffsseiten aufgestellt. Zur Flugabwehr waren insgesamt 32 über das Schiff verteilte 4-cm-Geschütze an Bord, wobei deren Anzahl im Laufe der Indiensthaltung variierte.

Die Schlachtschiffe der »King George V«-Klasse kamen überwiegend bei Sicherungseinsätzen im atlantischen Geleitzugsdienst zum Einsatz. Auch Operationen im Mittelmeer und in Fernost zählten zeitweise zu ihrem Aufgabenbereich.

Bis auf die »Prince of Wales« überlebten die Schlachtschiffe der »King George V«-Klasse den Zweiten Weltkrieg. Nach Kriegsende im Reservestatus stehend wurden sie Ende der 1950er Jahre endgültig ausgesondert und abgewrackt.

Die »Prince of Wales« war am 24. Mai 1941 in der Dänemarkstraße am Gefecht mit der deutschen Kampfgrupe bestehend aus dem Schlachtschiff »Bismarck« und dem Schweren Kreuzer »Prinz Eugen« beteiligt. Mit erhebli-

Name	Bauwerft	Kiellegung	Stapellauf	Indienststellung
»King George V«	Vickers-Armstrong, Newcastle	01.01.37	21.02.39	11.12.40
»Prince of Wales«	Cammel-Laird, Birkenhead	01.01.37	03.05.39	31.03.41
»Duke of York«	J. Brown, Clydebank	05.05.37	28.02.40	04.11.41
»Howe«	Fairfield, Govan	01.06.37	09.04.40	29.08.42
»Anson«	Swan-Hunter, Wallsend	20.07.37	24.02.40	22.06.42

Schlachtschiff »Prince of Wales«. Foto: US Navy

chen Beschädigungen musste sie abdrehen. Zusammen mit dem Schlachtkreuzer »Repulse« und vier Zerstörern bildete sie ab dem 2. Dezember 1941 in Singapur die Force Z. Zur Abwehr japanischer Landungstruppen lief die Kampfgruppe am 8. Dezember aus. Dabei erfolgten am 10. Dezember durch landgestützte japanische Flugzeuge Angriffe. Nach mehreren Torpedo- und Bombentreffern ist die »Prince of Wales« vor der Ostküste der malayischen Halbinsel gesunken. Auch die »Repulse« ging bei diesen Angriffen verloren. Sie sind die ersten Großkampfschiffe, die ausschließlich durch Flugzeuge versenkt wurden.

Japanische Flugzeuge versenkten am 10. Dezember 1941 den englischen Schlachtkreuzer »Repulse« (unten) und das englische Schlachtschiff »Prince of Wales« (oben). Sie sind die beiden ersten Großkampfschiffe, die ausschließlich durch Flugzeugangriffe verloren gegangen sind. Foto: Archiv Autor

Das Schlachtschiff »Anson« beim Einsatz seiner Schweren Artillerie. Foto: Royal Navy

»Richelieu«-Klasse, Schlachtschiffe, Frankreich

Schlachtschiff »Richelieu«. Foto: US Navy

Der französische Marinehaushalt sah den Bau von drei Schlachtschiffen ab Mitte der 1930er Jahre vor. Sie waren als Gegenmaßnahme zur italienischen Marinerüstung gedacht. Die beiden ersten Einheiten »Richelieu« und »Jean Bart« liefen noch vom Stapel. Erstere stellte auch noch provisorisch in Dienst. Das dritte Schiff »Clemanceau« wurde vor dem Krieg noch im Bau begonnen und ging dann durch Bomben amerikanischer Flugzeuge am 27. August 1944 verloren.

Charekteristisch für die »Richelieu«-Klasse sind die in Schiffsmitte vorhandenen Aufbauten, die an den Seiten mit dem Schiffskörper bündig sind. Daraus ragen vorne ein voluminöser Turmmast und achtern der mit den Messständen kombinierte Schornstein hervor.

Der Seitenpanzer hatte eine Dicke von 330 Millimeter. Das obere Panzerdecck war mit 150 Millimeter und das untere mit 40 Millimeter ausgelegt. Stark ausgelegt war die Panzerung der Geschütztürme der Schweren Artillerie. Sie betrug 430 Millimeter (vorne), 280 Millimeter (Seite) und 170 Millimeter (Decke). Mit 340 Millimeter war der Kommandoturm ebenfalls stark gepanzert.

Die Antriebsanlage bestand aus vier Sätzen von Getriebeturbinen, die jeweils auf eine Welle wirkten. Zur Dampferzeugung waren sechs Kessel vorhanden.

Auffallend bei der Bewaffnung ist, dass die Schwere Artillerie nur auf dem Vorschiff eingerüstet war. Sie bestand aus zwei 38-cm-Vierlingstürmen. Die drei 15,2-cm-Drillingstürme der Mittleren Artillerie befanden sich ausschließlich auf dem Achterschiff. Zur Flugabwehr standen in den Aufbauten beidseitig jeweils drei 10-cm-Zwillingsgeschütze. Weiterhin waren vier 3,7-cm-Zwillingsgeschütze vorhanden.

Nach provisorischer Indienststellung verlegte die »Richelieu« ab 18. Juni 1940 nach Dakar, um den vorrückenden deutschen Truppen zu entkommen. Im Juli und September hatte sie Gefechtsberührung mit der Royal Navy, was Beschädigungen zur Folge hatte. Im November 1940

Das Schlachtschiff »Richelieu« im Februar 1943 in New York. Foto: US Navy

Das bei einem amerikanischenm Angriff in Casablanca schwer beschädigte Schlachtschiff »Jean Bart«. Foto: US Navy

schloss sich das Schlachtschiff den Forces Navales Francaises Libres an. Im Jahre 1943 wurde die »Richelieu« in New York generalüberholt. Ab September 1943 folgten Einsätze mit der Royal Navy im Atlantik und im Mittelmeer. Im März 1944 verlegte das Schiff in asiatische Gewässer. Nach einem Zwischeneinsatz im Mittelmeer war es bis Juli 1945 wieder in Fernost am Kriegsgeschehen beteiligt. Nach einer Instandsetzungsphase in Durban / Südafrika kam es in Französisch-Indochina zum Einsatz und war im Februar 1946 wieder in Cherbourg. Bis 1952 blieb die »Richelieu« Flaggschiff der französischen Mittelmeerflotte, diente ab 1955 als Schulhulk, wurde im Dezember 1967 aus der Schiffsliste gestrichen und 1968 abgewrackt.

Name	Bauwerft	Kiellegung	Stapellauf	Indienststellung
»Richelieu«	Arsenal de Brest	22.10.35	17.01.39	15.06.40
»Jean Bart«	Chantiers de St. Nazaire	12.12.36	06.03.40	01.05.55
»Clemenceau«	Arsenal de Brest	17.01.39	-----	-----

Das noch nicht fertig gestellte Schalchtschiff »Jean Bart« konnte am 19. Juni 1940 in letzter Minute aus St. Nazaire herausgeschleppt werden und nach Casablanca dem deutschen Zugriff entkommen. Dort wurde es im November 1942 von einem amerikanischen Flottenverband angegriffen und schwer beschädigt. Bis Kriegsende blieb es vor Ort. Ab Februar 1946 erfolgte in Brest die Reparatur und Fertigstellung. Die Indienststellung konnte aber erst am 1. Mai 1955 stattfinden. Das Schiff blieb im Mittelmeer im Einsatz, ging im Januar 1961 in Reserve, wurde am 10. Februar 1970 aufgelegt und danach verschrottet.

Die »Clemenceau« fiel in einem unfertigen Zustand in Brest in deutsche Hände. Eine zunächst angedachte Fertigstellung für die Kriegsmarine wurde aufgegeben. Durch Bombentreffer amerikanischer Flugzeuge ist das Schiff am 27. August 1944 gesunken.

»Vittorio Veneto«-Klasse, Schlachtschiffe, Italien

Das vor Anker liegende Schlachtschiff »Vittorio Veneto«. Foto: tormentor4555

Die ab Mitte der 1930er Jahren gebauten vier Schlachtschiffe der »Vittorio Veneto«-Klasse waren die größten Neubauten der italienischen Marine. Allerdings stellten nur zwei Schiffe, die »Vittorio Veneto« und die »Littorio«, noch so rechtzeitig in Dienst, dass sie im Zweiten Weltkrieg noch eingesetzt werden konnten. Bei der »Roma« kam es ebenfalls noch zu einer Indienststellung, aber nicht mehr zu einem Kriegseinsatz. Die »Impero« wurde nicht mehr fertiggestellt.

Flache Aufbauten mit einem großen Turmmast und zwei Schornsteinen sowie die drei Geschütztürme der Schweren Artillerie prägten das äußere Bild der Schiffsklasse. Hinter dem zweiten Schornstein war noch ein kleinerer Turmmast vorhanden.

Die Seitenpanzerung bewegte sich zwischen 70 und 150 Millimeter. Das Hauptpanzerdeck hatte Stärken zwischen 100 und 162 Millimeter. Die drei 38-cm-Drillingstürme wiesen eine Panzerdicke von 350 Millimeter (vorne) und jeweils 200 Millimeter an der Seite und der Turmdecke auf.

Die Antriebsanlage bestand aus vier Sätzen von Getriebeturbinen, die jeweils auf eine Welle wirkten. Zur Dampferzeugung waren acht Kessel vorhanden.

Als Schwere Artillerie waren vorne zwei und achtern ein 38-cm-Drillingsturm eingerüstet. Vier 15,2-cm-Drillingstürme bildeten die Mittelartillerie. In zwölf Einzellafetten waren zur Flugabwehr 9-cm-Geschütze vorhanden. Diese wurden durch acht Doppellafetten und vier Einzellafetten von 3,7-cm-Geschützen ergänzt.

Die beiden im Krieg einsatzfähigen Einheiten »Vittorio Veneto« und »Littorio« kamen im Mittelmeer gegen die englische Royal Navy und die englischen Geleitzüge zum Einsatz. Am 14. Dezember 1941 erhielt die »Vittorio Veneto« einen Torpedotreffer von einem englischen U-Boot, was zu einem Werftaufenthalt bis Juni 1942 führte. Am 5. Juni 1943 musste das Schiff in La Spezia bei einem US-Luftangriff zwei Bombentreffer im Vorschiff verkraften. Mitte September erfolgte gemäß den Waffenstillstandsbedingungen die Überführung nach Malta und

Name	Bauwerft	Kiellegung	Stapellauf	Indienststellung
»Vittorio Veneto«	Cantieri Riuniti dell'Adriatico, Triest	28.10.34	25.07.37	28.04.40
»Littorio«	Cantieri Ansaldo, Genua	28.10.34	22.08.37	06.05.40
»Impero«	Cantieri Ansaldo, Genua	14.05.38	15.11.39	-----
»Roma«	Cantieri Riuniti dell'Adriatico, Triest	18.09.38	09.06.40	14.06.42

Schlachtschiff »Vittorio Veneto«, hohe Fahrt laufend. Foto: Archiv Autor

Die beiden vorderen 38-cm-Türme des Schlachtschiffes »Vittorio Veneto«. Im Hintergrund ist das Schwesterschiff »Littorio« zu erkennen. Foto: Archiv Autor

anschließend nach Alexandrien. Das Schiff wurde 1947 Großbritannien als Kriegsbeute zugesprochen, am 3. Januar 1948 außer Dienst gestellt und Anfang der 1950er Jahre abgebrochen.

Die »Littorio« war in der Regel gemeinsam mit ihrem Schwesterschiff im Einsatz. Am 19. Juni 1943 erhielt auch sie in La Spezia Bombentreffer durch amerikanische Flugzeuge. Nach dem italienischen Waffenstillstand kam das Schiff zunächst nach Malta. Auf der Überführungsfahrt wurde die »Littorio« erfolgreich von deutschen Flugzeugen angegriffen. Die entstandenen Schäden wurden nicht mehr repariert und das Schiff nach Alexandria überführt. Nach dem Krieg erhielten die USA das Schlachtschiff und ließen es Anfang der 1950er abwracken.

Die »Roma« hatte währends des Kriegs keine operativen Einsätze. Ebenso das unfertige vierte Schlachtschiff, die »Impero«. Erstere wurde nach dem Waffenstillstand auf dem Überführungsmarsch nach Malta durch deutsche Flugzeuge versenkt. Letztere wurde als deutsche Beute übernommen und ist am 20. Februar 1945 bei einem US-Luftangriff in Triest gesunken. Das Wrack wurde 1950 verschrottet.

»Iowa«-Klasse, Schlachtschiffe, USA

Das Schlachtschiff »Iowa« feuert eine volle Breitseite. Man beachte die vom Gasdruck verursachte Wellenbildung auf der Wasseroberfläche. Gut erkennbar sind auch die rund um den Schornstein angeordneten Startcontainer der Flugkörper. Foto: US Navy

Die vier Schlachtschiffe der »Iowa«-Klasse waren die einzigen Schlachtschiffe, die bis weit nach dem Zweiten Weltkrieg – zwar mit Unterbrechungen, aber immerhin bis Anfang der 1990er Jahre – im Dienst geblieben sind. Zwei weitere gegen Endes des Kriegs noch auf Stapel gelegte Einheiten wurden nicht mehr fertig gebaut. Als sogenannte High Speed Battleships wurde die Klasse ab 1938 geplant. Sie sollten in der Lager sein mit Flugzeugträgern zusammenzuarbeiten und zu derem Schutz beizutragen. Die Verdrängung war mit über 50.000 Tonnen vorgesehen und die Schwere Artillerie sollte ein Kaliber von über 40 Zentimeter aufweisen.

Die formschönen und schlanken Schiffe hatten einen leichten aber deutlich sichtbaren Deckssprung. Gemäß der Schiffbauregel »Länge läuft« waren sie mit 270 Metern sehr lang. Mit einer Breite von rund 33 Metern konnten sie - ein wichtiges Kriterium bei der US Navy - den Pana-

Name	Bauwerft	Kiellegung	Stapellauf	Indienststellung	außer Dienst
»Iowa«	New York Navy Yard	27.06.40	27.08.42	22.02.43	26.10.90
»New Jersey«	Philadelphia Navy Yard	16.09.40	07.12.42	23.05.43	08.02.91
»Missouri«	New York Navy Yard	06.01.41	29.01.44	11.06.44	31.03.92
»Wisconsin«	Philadelphia Navy Yard	25.01.41	07.12.43	16.04.44	30.09.91
»Illinois«	Philadelphia Navy Yard	15.01.45	12.08.45	-----	-----
»Kentucky«	Norfolk Navy Yard	06.12.44	20.01.50	-----	-----

Das Schlachtschiff »Iowa« im Oktober 1985 bei einem Besuch in Kiel. Foto: Hans Karr

makanal noch passieren. Die Aufbauten erstreckten sich über das halbe Schiff und waren recht flach gehalten. Ein Turmmast mit integriertem Schornstein und ein Einzelschornstein im achteren Bereich prägten die Silhoutette.

Der Seitenpanzer der »Iowa«-Klasse hatte eine Stärke von 309 bis 343 Millimeter. Das Hauptpanzerdeck war 121 bis 148 Millimeter stark. Die drei 40,6-cm-Drillingstürme waren mit 432 Millimeter (vorne), 241 Millimeter (Seite) und 184 Millimeter (Decke) geschützt.

Vier Sätze Getriebeturbinen, die ihren Dampf aus acht Kesseln erhielten, wirkten auf jeweils eine Welle. Die Maschinenleistung von 221.000 PS ermöglichte eine Geschwindigkeit von 32 Knoten. Über zwei Schornsteine wurden die Abgase abgeführt.

Die Hauptbewaffnung der »Iowa«-Klasse waren die drei Drillingstürme im Kaliber von 40,6 Zentimeter. Zwei Türme standen auf dem Vorschiff und einer war achtern hinter den Aufbauten platziert. Zehn 12,7-cm-Zwillingsgeschütze konnten sowohl gegen See- wie auch gegen Luftziele zum Einsatz kommen. Zwanzig 4-cm-Vierlingsgeschütze stellten mit ihren 80 Rohren eine starke Flugabwehrkapazität sicher.

Während des Zweiten Weltkriegs kamen die Schlachtschiffe der »Iowa«Klasse im Pazifik gegen Japan zum Einsatz. Sie schützten unter anderem Flugzeugträger und Landungsverbände und unterstützten durch Küstenbeschießung mit ihrer Schweren Artillerie die zahlreichen Landungsunternehmen. Eine weltgeschichtliche Rolle spielte die »Missouri«. Am 2. September 1945 wurden auf dem Oberdeck des vor Tokio ankernden Schiffes die japanische Kapitulation unterschrieben.

Nach dem Krieg wurden die Schiffe schon bald außer Dienst gestellt und in den Reservestatus überführt. Das Kriegsgeschehen hatte gezeigt, dass die Zeit der Schlachtschiffgiganten zu Ende war. Im Koreakrieg kamen sie jedoch erneut zum Einsatz und gingen dann Mitte der 1950er Jahre wieder erneut in die Reserve. Als einziges Schiff der Klasse nahm die »New Jersey« am Vietnamkrieg teil.

Anfang der 1980er Jahre folgte eine gründliche Modernisierung und Überholung der vier Schlachtschiffe und die anschließende Wiederindienststellung. Unter anderem wurden dabei 32 Marschflugkörper TOMAHAWK und 16 Schiff-Schiff-Flugkörpern HARPOON eingerüstet. Außerdem kamen vier Anlagen des Nah- und Nächstbereich Flugabwehrsystems PHALANX, unter anderem bestehend aus einem 20-mm-Gatling-Geschütz, an Bord. Ebenso kam die elektronische Ausrüstung auf den neuesten Stand der Technik.

Damit hatte die amerikansische Marine auf die Schnelle und kostengünstig ein Gegengewicht zur damaligen sowjetischen Seerüstung, unter anderem gegen die im Bau und im Zulauf befindlichen nuklear angetriebenen 25.000-t-Kreuzer der »Kirov«-Klasse, geschaffen.

Bis zu ihrer Außerdienststellung waren die vier Einheiten rund um den Globus bei zahlreichen Manövern und Übungen eingesetzt und zeigten in Krisengebieten Flagge. Zum Einsatz von Marschflugkörpern und der Schweren Artillerie kam es 1991 im Persischen Golf während des Golfkriegs.

Zum Zeitpunkt der Indienststellungen der »Iowa«-Klasse hatte das Schlachtschiff als Seekriegsmittel seinen Zenit bereits überschritten. Dennoch sind die vier Schiffe weltweit zu den am längsten im Dienst befindlichen Einheiten dieses Schifftyps geworden.

Zudem blieben sie der Nachwelt als Museumsschiffe erhalten. Als Zeugen einer längst vergangenen Ära haben die »Iowa«, die »New Jersey«, die »Missouri« und die »Wisconsin« in Los Angeles / Kalifornien, in Camden / New Jersey, in Pearl Harbor / Hawaii und in Norfolk / Virginia ihre letzten Liegeplätze gefunden.

Das amerikanische Schlachtschiff »New Jersey« (vorne) und das französische Schlachtschiff »Richelieu« (hinten) als Ankerlieger im September 1943. Foto: US Navy

Das reaktivierte Schlachtschiff »Wisconsin« im Sommer 1988. Foto: US Navy

»Yamato«-Klasse, Schlachtschiffe, Japan

Das Schlachtschiff »Yamato« und ihr Schwesterschiff »Musashi« waren die größten und kampfstärksten Schlachtschiffe, die je gebaut wurden. Foto: US Navy

Die japanischen Schlachtschiffe »Yamato« und »Musashi« waren die größten und kampfstärksten je von einer Marine gebauten Schlachtschiffe. Mit diesen Superschlachtschiffen wollte man den Amerikanern die Vormachtstellung im Pazifik strittig machen. Die Planung und der ab 1937 beginnende Bau von insgesamt fünf Einheiten verstieß eindeutig gegen die Flottenabkommen von Washington und London. Entsprechend streng geheim war die Beschaffungsmaßnahme eingestuft. Die Bauhelgen wurden gegen Einsichtnahme mit Sisalfasermatten geschützt.

Neben den fertig gebauten Schlachtschiffen »Yamato« und »Musashi« wurden mit der »Shinano« und der »Nr. 111« – vermutlich war der Name »Kii« vorgesehen – zwei weitere Einheiten auf Kiel gelegt. Bei der »Shinano« kam es im Dezember 1941 zum Baustopp und im Juni 1942 zum Weiterbau / Umbau als Flugzeugträger. Bei der »Nr. 111« erfolgte Anfang 1942 der Abbruch und die Annullierung des Baus. Für die fünfte Einheit »Nr. 797« gab es schon keinen Bauauftrag mehr.

Name	Bauwerft	Kiellegung	Stapellauf	Indienststellung
»Yamato«	Marinewerft, Kure	04.11.37	08.08.40	16.12.41
»Musashi«	Mitsubishi, Nagasaki	29.03.38	01.11.40	05.08.42
»Shinano« (1)	Marinewerft, Yokosuka	04.05.40	08.11.44	19.11.44
»Nr. 111« (2)	Marinewerft, Kure	07.11.40	-----	-----
»Nr. 797« (3)	-----	-----	-----	-----
Anmerkungen	(1) Stapellauf und Indienststellung als Flugzeugträger, (2) Bau abgebrochen, (3) kein Bauauftrag erteilt			

Bei der »Yamato«-Klasse war in Schiffsmitte ein gewaltiger kompakter Aufbautenkomplex vorhanden aus dem der massige Turmmast und ein Schornstein herausragten. Beim Bau war besonderer Wert auf Festigkeit des Schiffskörpers und der Verbände gelegt worden. Neben der üblichen Nietung wurde in vielen Bereichen auch die elektrische Schweißung eingestzt. Der großen Gewichte wegen mussten die drei Türme der Schweren Artillerie möglichst Nahe an die Aufbauten herangezogen werden.

Mit 410 Millimeter Dicke war der Seitenpanzerschutz recht stark ausgelegt. Das Hauptpanzerdeck hatte eine Panzerstärke von 200 bis 230 Millimeter. Auch die Türme der Schweren Artillerie besaßen mit 650 Millimeter (vorne), 440 Millimeter (Seite) und 270 Millimeter (Decke) einen starken Panzerschutz.

Die Superschlachtschiffe der »Yamato«-Klasse hatten als Antrieb vier Sätze Getriebeturbinen, die aus zwölf Kesseln mit Dampf versorgt wurden. Über vier Wellen erreichten die Schiffe damit 27,5 Knoten an Geschwindigkeit.

Nicht nur in der Schiffsgröße auch im Kaliber der Schweren Artillerie überschritt Japan die geltenden Grenzen der Flottenabkommen. Die drei 46-cm-Drillingstürme wogen einzeln jeweils 2770 Tonnen. Ein einziges Geschoss brachte rund 1,5 Tonnen auf die Waage und hatte eine Reichweite von 41.400 Meter. Die langfristige Planung sah für später sogar eine Umrüstung auf drei 51-cm-

Zwillingstürme vor, was auf Grund des Bauverlaufs und der Kriegsereignisse nicht mehr zum Tragen kam.

Die Mittlere Artillerie bestand aus zwölf 15,5-cm-Geschützen, die in vier Drillingstürmen angeordnet waren. Weiterhin waren insbesondere zur Flugabwehr zwölf 12,7-cm-Geschütze in sechs Zwillingstürmen vorhanden. Ebenfalls der Flugabwehr dienten die acht eingerüsteten 2,5-cm-Drillingslafetten.

Im Jahre 1942 war die »Yamato« an der Operation gegen Midway beteiligt, kam aber nicht zum Einsatz. Das Jahr 1943 war geprägt von Breitschaftsdienst und Geleitzugsoperationen. Außerdem musste das Schiff den Torpe-

Die Luftaufnahme des Schlachtschiffes »Yamato« zeigt eindrucksvoll die mächtigen Dimensionen dieses Schiffsgiganten. Foto: US Navy

Der Angriff amerikanischer Trägerflugzeuge auf das Schlachtschiff »Musashi« besiegelte am 24. Oktober 1944 das Schicksal des Schiffes. Im Hintergrund liegt ein japanischer Zerstörer ebenfalls im Angriffsfeuer der Flugzeuge. Foto: US Navy

Die vorderen Geschütztürme des Schlachtschiffes »Musashi«. Foto: Archiv Autor

dotreffer eines amerikanischen U-Bootes verkraften. Im Jahre 1944 wieder Sicherungsdienst. Im Oktober wurde erstmals die Schwere Artillerie gegen einen Gegner eingesetzt und dabei den amerikanischen Geleitflugzeugträger »Gambier Bay« sowie einen Zerstörer versenkt.

Am 6. April 1945 begann für die »Yamato« ein Kamikaze-Einsatz. Sie sollte zur Abwehr amerikanischer Landungen an der Westküste von Okinawa auf den Strand laufen und solange auf die angreifende US-Flotte feuern bis die Munition aufgebraucht war. Auf dem Anmarsch wurde sie am 7. April von über 380 amerikanischen Trägerflugzeugen angegriffen und nach 13 Lufttorpedo- und acht Bombentreffern versenkt.

Die »Musashi« war in den Jahren 1943 / 1944 ohne wesentlichen Gefechtsberührungen im Sicherungsdienst eingesetzt. Am 24. Oktober 1944 wurde das Schiff während der Schlacht um Leyte beim Anmarsch gegen die amerikanische Invasionsflotte zum Hauptziel der Trägerflugzeuge. Nach 18 Lufttorpedo- und 20 Bombentreffern ist das Schlachtschiff gesunken.

Im Dezember 1941 wurden wie bereits oben dargestellt das englische Schlachtschiff »Prince of Wales« und der englische Schlachtkreuzer »Repulse« ausschließlich durch Flugzeugangriffe versenkt. Mit der Versenkung der »Yamato« und »Musashi« hat sich dies wiederholt und erneut den Beweis erbracht, dass die Ära der Schlachtschiffe vorbei ist. Als neuer Star im Seekriegsgeschehen ist das Trägerflugzeug auf die Bühne getreten.

Tabelle Schiffsdaten Schlachtschiffe

Name / Klasse	»Scharnhorst«	»Bismarck«	»Tirpitz«	»King George V«	»Richelieu «	»Vittorio Veneto«	»Iowa«	»Yamato«
Schwesterschiffe	»Gneisenau«	»Tirpitz«	»Bismarck«	»Prince of Wales«, »Duke of York«, »Howe«, »Anson«	»Jean Bart«, »Clemenceau«	»Littorio«, »Impero«, »Roma«	»New Jersey«, »Missouri«, »Wisconsin«, »Illinois«, »Kentucky«	»Musashi«, »Shinano«, »Nr. 111«, »Nr. 797«
Land	Deutschland	Deutschland	Deutschland	Großbritannien	Frankreich	Italien	USA	Japan
Verdrängung (t)	38.100	50.300	52.600	42.237	44.708	45.750	57.540	71.658
Länge (m)	234,90	251,00	251,00	227,08	247,85	237,76	270,45	263,00
Breite (m)	30,00	36,00	36,00	31,46	33,08	32,92	32,96	38,90
Tiefgang (m)	9,90	9,90	10,60	10,41	9,90	10,44	11,58	10,80
Besatzungsstärke	1840	2200	2500	1582	1550	1920	2911	2400
Antriebsleistung (PS)	165.930	150.170	163.026	111.700	179.000	137.652	221.000	153.533
Antriebswellen	3	3	3	4	4	4	4	4
Geschwindigkeit (kn)	31,5	30,5	30,5	28	32,6	31	32	27,5
Fahrbereich (sm / kn)	7100 / 19	8525 / 19	8870 / 19	15.600 / 10	9836 / 16	4700 / 14	15.900 / 17	7000 / 16
Artilleriebewaff-nung	9 x 28 cm, 12 x 15 cm, 14 x 10,5 cm, 16 x 3,7 cm, 10-38 x 2 cm	8 x 38 cm, 12 x 15 cm, 16 x 10,5 cm, 16 x 3,7 cm, 12 x 2 cm	8 x 38 cm, 12 x 15 cm, 16 x 10,5 cm, 16 x 3,7 cm, 16-58 x 2 cm	10 x 35,6 cm, 16 x 13,3 cm, 32 x 4 cm	8 x 38 cm, 9 x 15,2 cm, 12 x 10 cm, 8 x 3,7 cm	9 x 38 cm, 12 x 15,2 cm, 12 x 9 cm, 20 x 3,7 cm	9 x 40,6 cm, 20 x 12,7 cm, 80 x 4 cm,	9 x 46 cm, 12 x 15,5 cm, 12 x 12,7 cm, 8 x 2,5 cm

1.2 - Die deutschen Panzerschiffe und Kreuzer

»Emden«, Leichter Kreuzer

Der Leichte Kreuzer »Emden« bei einer Passage des Kaiser-Wilhelm-Kanals (heute: Nord-Ostseekanal). Foto: Deutscher Marinebund

Die angespannte finanzielle Lage des Deutschen Reiches zu Anfang der 1920er Jahre ließ neben dem 1921 auf Kiel gelegten Leichten Kreuzer »Emden« zunächst keinen weiteren Spielraum für zusätzliche und von der Marine gewünschte größere Neubauten.

Auf Grund der damaligen politischen und finanziellen Lage, der inneren Unruhen und der zahlreichen Streiks ging die Fertigung bis zum Stapellauf nur schleppend voran. Einsprüche der Siegermächte während der Bauarbeiten waren dem Baufortschritt ebenfalls nicht förderlich. Erschwerte Stahlzulieferungen als Folge des durch Frankreich besetzten Ruhrgebietes taten ein Übriges, um das Bautempo zu drosseln.

Die »Emden« war der Ersatzbau für den Kleinen Kreuzers »Niobe« der »Gazelle«-Klasse und in erster Linie als Schulkreuzer im Auslandsdienst vorgesehen. Am 8. Dezember 1921 erfolgte die Kiellegung auf der Marinewerft in Wilhelmshaven, wo am 7. Januar 1925 das Schiff vom Stapel lief. Noch im gleichen Jahr konnte am 15. Oktober die Indienststellung vorgenommen werden.

Eine vollkommen neue Konstruktion war die »Emden« nicht. In ihrem Entwurf lehnte sie sich an die letzten im Krieg gebauten Kleinen Kreuzer der »Cöln«-Klasse an. Alle Erfahrungen und Lehren aus dem Krieg wurden bestmöglichst berücksichtigt. So gelang es einen bedingt neuen Kreuzertyp zu entwerfen und trotz aller Schwierigkeiten auch zu bauen. Bei der Festlegung der Schiffsgröße achtete man genau auf die erlaubte Obergrenze von 6000 Tonnen, die man allerdings dann doch geringfügig überschritt.

Der Schiffskörper war nach der gewichtssparenden und besser tragfähigen Längsspant-Bänder-Bauweise hergestellt und in 23 wasserdichte Abteilungen unterteilt. Der in die Festigkeit des Schiffes mit einbezogene Gürtelpanzer hatte eine Stärke von 50 Millimeter und das Panzerdeck war 20 bis 40 Millimeter stark.

Der Leichte Kreuzer »Emden« war das erste größere Schiff der Welt mit weitestgehend geschweißten Verbänden. Die Reichsmarine wurde dadurch weltweit zum Schrittmacher im modernen Marineschiffbau. Die gegenüber der Vernietung eingesparten Gewichtsanteile konnten wieder anderweitig beim eigentlichen Kampfwert verbraucht werden.

Zwei Sätze Getriebeturbinen wirkten jeweils auf eine Welle. Zur Dampferzeugung dienten vier kohlebefeuerte- und sechs ölbefeuerte Kessel. Erstere wurden 1933 durch die gleiche Anzahl von Ölkesseln ersetzt. Zur Ableitung von Rauch und Abgasen waren zwei Schornsteine vorhanden.

Die vorgesehene Ausrüstung mit acht modernen 15-cm-Geschützen in Doppellafetten wurde durch die alliierte Abrüstungskommission verhindert. Sie hätten gegenüber den ausländischen Kreuzern der »Emden« eine deutliche artilleristische Überlegenheit verliehen.

Der Leichte Kreuzer »Emden« im Jahr 1928 in einer Kieler Kanalschleuse. Wie auch schon zuvor der Kleine Kreuzer »Emden (II)« der Kaiserlichen Marine führte auch die neue »Emden« das Eiserne Kreuz am Bug. Es sollte an die wegen ihres ritterlichen Handelskriegs und daher auch international wohl bekannte erste »Emden« erinnern. Foto: Bundesarchiv / Bild 102-00703 / CC-BY-SA 3.0

An Stelle dessen kamen nun aus noch vorhandenen Reservebeständen acht mit Schutzschilden versehene 15-cm-Geschütze an Bord. Je zwei standen vorne und achtern in der Mittschiffslinie. Beidseitig der vorderen Aufbauten waren auf dem verlängerten Backdeck je ein Geschütz eingerüstet. Die beiden übrigen Geschütze befanden sich beidseitig der hinter dem zweiten Schornstein gelegen Aufbauten. Eine noch 1940 ausgearbeitete Umrüstung auf vier 15-cm-Zwillingstürme kam wegen der Kriegslage nicht mehr zur Durchführung.

Im Bereich der hinteren Aufbauten waren die drei ebenfalls mit Schutzschilden versehenen 8,8-cm-Geschütze aufgestellt. Auch sie antiquierte Modelle aus dem Ersten Weltkrieg. Im Krieg wurde die Flak-Bewaffnung mit 2-cm-Geschützen verstärkt.

Nach Abschluss der Erprobungsfahrten nahm der Leichte Kreuzer »Emden« seinen vorgesehenen Dienst als Schulkreuzer auf. Vom 14. November 1926 bis 14. März 1928 war das Schiff auf seiner ersten Weltreise unterwegs. Von Dezember 1928 bis Dezember 1929 folgte dann auch schon die zweite. Die dritte Ausbildungsreise führte das Schiff in der ersten Jahreshälfte 1930 nach Nord- und Mittelamerika gefolgt von einer weiteren Weltreise in 1930 / 1931. Danach kam es auch im Flottendienst zum Einsatz. Nach Umbauarbeiten in den Jahren 1933 / 1934 war der Leichte Kreuzer bis zum Kriegsausbruch wieder im Ausbildungsdienst als Schulkreuzer in Verwendung. Insgesamt hat die »Emden« von 1926 bis 1938 neun große Auslandsreisen durchgeführt.

Während des Kriegs erfolgte eine gemischte Verwendung als Schulschiff sowie als Flotteneinheit mit Einätzen in Norwegen und in der Ostsee. Ende Januar 1945 verlegte das Schiff nach Kiel. Den schweren Bombentreffern Anfang April folgte am 14. April mit Schleppern das Verholen des beschädigten und gerade noch schwimmfähige Schiffes in die Heikendorfer Bucht, wo es auf Strand gesetzt wurde. Am 26. April 1945 kam dann die offizielle Außerdienststellung. Das Wrack der »Emden« wurde am 3. Mai 1945 zusätzlich gesprengt und nach dem Krieg abgebrochen.

»Königsberg«-Klasse, Leichte Kreuzer

Leichter Kreuzer »Königsberg«. Foto: Deutscher Marinebund

Als weitere Neubauten folgten dem Leichten Kreuzer »Emden« – bezogen auf die Kiellegung waren es fünf Jahre später – die drei Leichten Kreuzer der »Königsberg«-Klasse. Wegen des gemeinsamen Anfangsbuchstaben der Schiffsnamen werden sie auch oft als »K«-Klasse bezeichnet. Im Gegensatz zur »Emden« waren die neuen Leichten Kreuzer eine komplette Neuentwicklung.

Der Bau der »Königsberg«-Klasse, die als Ersatz für drei ältere Kleine Kreuzer der »Gazelle«-Klasse in Auftrag gegeben wurde, stand unter den Restriktionen des Versailler Vertrages und den Zwängen der finanziellen und innenpolitischen Lage der Weimarer Republik. Ein Ersatz der alten Kreuzer, die unmittelbar nach der Jahrhundertwende vom Stapel gelaufen waren und für ein Kriegsschiff ein wirklich betagtes Alter hatten, war aber trotz aller Widrigkeiten dringend geboten.

Als Novum in der deutschen Marine erhielt die »K«-Klasse 15-cm-Geschütze in Drillingstürmen. Diese beanspruchten weniger Gewicht als vier Zwillingstürme, wie sie bisher in der deutschen Marine üblich waren. Weiterhin erhielten die Schiffe, auch das war neu, zu den Getriebeturbinen Dieselmotoren für die Marschfahrt eingebaut.

Die Leichten Kreuzer der »Königsberg«-Klasse waren Längsspant-Bänder Stahlbauten mit 16 wasserdichte Abteilungen. Aus Gründen der Gewichtsersparnis waren sie geschweißt und nicht vernietet. Außerdem griff man in verstärktem Maße auf Leichtmetalle zurück. Mit einer sehr knapp bemessenen Materialstärke wollte man zusätzlich weiteres Gewicht einsparen, um trotz der Tonnagebeschränkungen des Versailler Vertrages mehr Reserven zur Ausgestaltung der Kampfkraft zu haben. Doch dies führte bei den Einheiten im Laufe der Indiensthaltung als Folge der hohen Beanspruchungen im Seebetrieb zu Schäden an den Schiffskörpern. Man beschloss daher den Leichten Kreuzern eine neue Außenhaut über die alte zu legen. Dieses Vorhaben kam aber nur noch auf der »Karlsruhe« zur Umsetzung.

Name	Bauwerft	Kiellegung	Stapellauf	Indienststellung
»Königsberg«	Marinewerft, Wilhelmshaven	12.04.26	26.03.27	17.04.29
»Karlsruhe«	Deutsche Werke, Kiel	27.07.26	28.08.27	06.11.29
»Köln«	Marinewerft, Wilhelmshaven	07.08.26	23.05.28	15.01.30

Die »Königsberg«-Klasse war nur leicht gepanzert. Ihr Gürtelpanzer umfasste 50 bis 70 Millimeter und das Panzerdeck war 20 bis 40 Millimeter stark.

Vier Sätze Getriebeturbinen standen in vier Maschinenräumen und arbeiteten über ein Getriebe zu je zweien auf eine der beiden Wellen. Aus sechs Kesseln erhielten sie ihren Dampf. Zusätzlich wurden die Leichten Kreuzer der »Königsberg«-Klasse mit zwei Dieselmotoren ausgerüstet, die für die Marschfahrt vorgesehen waren und jeweils über eine hydraulische Kupplung auf die Wellen wirkten. Sie gewährleisteten einen wirtschaftlichen Betrieb und eine Geschwindigkeit von 10 Knoten. Für die Höchstfahrt bedeuteten die Motoren allerdings ein Totgewicht, da hierzu nur die Turbinen eingesetzt werden konnten. Beim Wechseln von der einen in die andere Betriebsart musste das Schiff stoppen.

Die Hauptartillerie bestand aus neun 15-cm-Geschützen. Sie waren in Drillingstürmen auf der Back und im Achterschiff aufgestellt. Bemerkenswert ist die seitliche Versetzung aus der Mittschiffslinie bei den beiden hinteren

Türmen. Damit konnte man, zumindest in der Theorie, an den Aufbauten vorbei schießen und so einen größeren Bereich nach vorne abdecken. Das scheint aber doch nicht die ideale Lösung gewesen zu sein, denn bei den Nachfolgebauten ging man wieder zur traditionellen symmetrischen Aufstellung zurück.

Zur Flugabwehr erhielten die Leichten Kreuzer zunächst zwei 8,8-cm-Geschütze in Einzellafette auf den achteren Aufbauten eingerüstet. Sie stammten noch aus der Kaiserlichen Marine und wurden später durch modernere 8,8-cm-Geschütze ersetzt. Im Laufe der Zeit gab es jedoch auf den Einheiten verschiedene Veränderungen in der Anzahl wie auch im Kaliber.

Obwohl zur Zeit des Baues wegen des Versailler Vertrages keine Flugzeuge erlaubt waren, waren die Einrichtungen für den Betrieb von Bordflugzeugen als Raum und Gewichtsreserven eingeplant worden. Die eigentliche Einrüstung konnte aber erst ab 1935 erfolgen. Zwei Schwimmerflugzeuge Heinkel He 60 kamen an Bord; eines zerlegt unter Deck, das andere startklar auf dem Katapult zwischen den beiden Schornsteinen. Ein Hangar war nicht vorhanden.

Die Leichten Kreuzer der »Königsberg«-Klasse kamen nach ihren Indienststellungen neben dem Flottendienst überwiegend als Schulkreuzer zum Einsatz und führten zahlreiche große Auslandsreisen durch. Die »Königsberg« wurde von 1936 bis 1939 hauptsächlich als Artillerieschulschiff verwendet. Während des spanischen Bürgerkriegs waren die Einheiten im Rahmen der internationalen Seekontrolle in spanischen Gewässern im Einsatz.

Bei der »Karlsruhe« erfolgte 1938 / 1939 auf der Kriegsmarinewerft in Wilhelmshaven ein größerer Umbau. Das Schiff erhielt dabei unter anderem eine neue Außenhaut, einen neuen Großmast und einen Flugzeugkran. Außerdem wurden die 8,8-cm-Geschütze gegen 10,5-cm-Geschütze ausgetauscht. In Folge des Kriegsausbruchs kamen diese Maßnahmen auf den Schwesterschiffen nicht mehr zur Durchführung.

Alle drei Leichten Kreuzer nahmen 1940 an der Besetzung von Norwegen teil. «Königsberg« und «Karlsruhe« gingen dabei verloren. Nur die »Köln« überlebte diesen und zahlreiche weitere Kriegseinsätze in der Nord- und Ostsee sowie in norwegischen Gewässern. Im März 1945 ist das Schiff in Wilhelmshaven nach Bombentreffern auf ebenen Kiel gesunken. Teile der Artillerie kamen weiter gegen die Landfront zum Einsatz. Beim Herannahen englischer Truppen wurde der Leichte Kreuzer »Köln« am 2. Mai 1945 von der noch an Bord vorhandenen Restbesatzung gesprengt. Ab 1946 erfolgte vor Ort der Abbruch des Wracks.

Der Leichter Kreuzer »Königsberg« als Ankerlieger. Foto: US Navy

Der Leichte Kreuzer »Karlsruhe« läuft hohe Fahrt. Foto: Deutscher Marinebund

»Leipzig« und »Nürnberg«, Leichte Kreuzer

Leichter Kreuzer »Leipzig«. Foto: Deutscher Marinebund

Aus den Leichten Kreuzern der »Königsberg«-Klasse wurden die beiden Leichten Kreuzer »Leipzig« und »Nürnberg« entwickelt. Der Hauptunterschied lag in der Rückkehr zur normalen Aufstellung der beiden hinteren Drillingstürme in der Mittschiffslinie sowie die zusätzliche dritte Antriebswelle, auf welche ausschließlich die nunmehr vier Marschdieselmotoren alleine wirkten.

Im äußeren Erscheinungsbild gab es zwischen den beiden Schiffen, deren Kiellegungen fünf Jahre auseinander lagen, einige Unterschiede wie zum Beispiel im Aussehen des Schornsteins, des Brückenaufbaus oder die Platzierung des Flugzeugkatapults.

Mit dem Bau dieser Einheiten war die gemäß Versailler Vertrag der Reichsmarine zugestandene Anzahl an Leichten Kreuzern ausgeschöpft. Sie waren die Ersatzbauten für zwei ältere Kleine Kreuzer der »Gazelle«-Klasse aus der Kaiserlichen Marine.

Auch die beiden Leichten Kreuzer »Leipzig« und »Nürnberg« waren Stahlbauten nach dem Längsspant-Bänder-System. Der geschweißte Schiffskörper hatte 16 wasserdichte Abteilungen und eine ebenso leichte Konstruktion wie die »Königsberg«-Klasse. Die Panzerung bestand aus einem Gürtelpanzer von 35 bis 50 Millimeter und einem Panzerdeck von 20 Millimeter.

Name	Bauwerft	Kiellegung	Stapellauf	Indienststellung
»Leipzig«	Marinewerft, Wilhelmshaven	18.04.28	18.10.29	08.10.31
»Nürnberg«	Deutsche Werke, Kiel	04.11.33	08.12.34	02.11.35

Um die bei der leichten Bauweise aufgezeigten Schwächen der Schiffskonstruktion zu beseitigen, sollten die beiden Einheiten, genau wie die vorangegangene »Königsberg«-Klasse, umgebaut werden. Der Kriegsausbruch hat die Umsetzung dieser Absichten jedoch verhindert. Andererseits unterlagen sie während ihrer gesamten Lebenszeit, insbesondere aber während des Kriegs, häufigen Umbauten, Veränderungen und Umrüstungen.

Der Antrieb war ähnlich konzipiert wie auf der »Königsberg«-Klasse, wies aber erhebliche Unterschiede auf. »Leipzig« und »Nürnberg« hatten drei Wellen, wobei vier in zwei Motorenräumen stehenden Dieselmotoren über ein zentrales Getriebe auf die Mittelwelle geschaltet waren. Damit ließ sich eine Geschwindigkeit von 16,5 Knoten Geschwindigkeit erreichen.

Die beiden Außenwellen wurden jeweils über einen Satz Getriebeturbinen angetrieben. Sie standen in vier Maschinenräumen und wurden aus sechs Kesseln gespeist. Gegenüber der »Königsberg«-Klasse waren nur noch drei Kesselräume notwendig, sodass die beiden Einheiten mit einem einzigen Schornstein für die Abführung der Abgase auskamen.

Wie bei den Leichten Kreuzern der »Königsberg«-Klasse musste auch bei dieser Maschinenanlage für das Zu- und Abschalten der einzelnen Antriebskomponenten zeitweise das Schiff gestoppt werden. Je nach Situation, insbesondere im Kriegsfall, ein erhebliches Risiko für das Schiff, das einkalkuliert und bedacht werden musste. Bei einem solchen Schaltvorgang auf »Leipzig« kam es im Oktober 1944 zur Kollision mit dem Schweren Kreuzer »Prinz Eugen«.

Die Hauptartillerie der Leichten Kreuzer »Leipzig« und »Nürnberg« bestand aus neun in Drillingstürmen untergebrachten 15-cm-Geschützen. Die beiden achteren Türme waren wieder in der Mittschiffslinie aufgestellt.

Die Flak-Bewaffnung war auf beiden Schiffen unterschiedlich. »Leipzig« hatte zunächst zwei antiquierte 8,8-cm-Geschütze aus der Kaiserlichen Marine erhalten, die sich später auf vier erhöhten. Endgültig eingerüstet waren sechs moderne 8,8-cm-Geschütze in Doppellafette. Auf der »Nürnberg« waren von Anfang an vier 8,8-cm-Geschütze vorhanden. Ergänzt wurde diese Flak-Bewaffnung durch eine unterschiedliche Anzahl von 3,7-cm- und 2-cm-Geschützen.

Wie auf der »Königsberg«-Klasse befanden sich auch auf »Leipzig« und »Nürnberg« zwei Bordflugzeug Heinkel He 60 an Bord; davon eines zerlegt unter Deck und das zweite betriebsbereit auf dem Katapult.

Die beiden Leichten Kreuzer »Leipzig« und »Nürnberg« hatten in Friedenszeiten nahezu das gleiche Einsatzspektrum, das aus Flottendienst und Auslandsreisen bestand. Beide Schiffe kamen 1936 / 1937 in spanischen Gewässern im Rahmen der internationalen Seekontrolle während des dortigen Bürgerkriegs zum Einsatz. Anschließend blieben die Einheiten in den Heimatgewässern.

Der Leichte Kreuzer »Leipzig« war nach Kriegsbeginn in der Nord- und Ostsee aktiv und erhielt am 13. Dezember 1939 einen schwerwiegenden Torpedotreffer durch das englische U-Boot »Salmon«. Danach konnte bei den Reparaturarbeiten die volle Wiederherstellung der Betriebsbereitschaft der stark in Mitleidenschaft gezogenen Maschinenanlage nicht mehr erreicht werden. Es folgte der Umbau zum Schulschiff. Zwei dafür hergerichtete ehemalige Heizräumen erfüllten nun den Zweck von Schul- und Wohndecks für Kadetten. In Folge war mit den vier verbliebenen Kesseln nur noch eine Höchstfahrt von 24 Knoten möglich.

Der Leichte Kreuzer verblieb nun als Schulschiff in der Ostsee, nahm aber auch an Flotteneinsätzen teil. Im Oktober 1944 hatte das Schiff vor Gotenhafen eine Kollision mit dem Schweren Kreuzer »Prinz Eugen«, der die »Leipzig« mittschiffs rammte und dabei beinahe in zwei Teile geschnitten hätte. Rund 19 Stunden waren die beiden Schiffe ineinander verkeilt. »Leipzig« blieb trotz schwerer Schäden schwimmfähig, konnte nach Gotenhafen eingebracht und behelfsmäßig repariert werden. Sie blieb als stationäres Schulschiff vor Ort, griff mit ihrer Artillerie in die Landkämpfe ein und verlegte im März 1945 mit Flüchtlingen an Bord nach Apenrade in Dänemark. Bis 1946 diente sie in Wilhelmshaven als Wohnschiff, um dann von englischer Seite im Juli 1946 mit Gasmunition beladen in der Nordsee versenkt zu werden.

Auch der Leichte Kreuzer »Nürnberg« war nach Kriegsbeginn in der Nord- und Ostsee tätig. Im Verband mit der »Leipzig« fahrend erhielt auch er am 13. Dezember 1939 einen Torpedotreffer vom englischen U-Boot »Salmon«, dessen Auswirkungen in Kiel repariert werden konnten. In den Jahren 1940 bis 1944 bestimmten Einsätze in der Nord- und Ostsee sowie in Norwegen das Geschehen. Ab 1941 war die »Nürnberg« auch zusätzlich als Schulschiff gefordert.

Zum Kriegsende hin hatten Geleit- und Mineneinsätze in der Ostsee erste Priorität. Das Kriegsende erlebte die »Nürnberg« in Kopenhagen. Als Kriegsbeute der Sowjetunion zugesprochen, verlegte der Leichte Kreuzer »Nürnberg« mit deutscher Besatzung im Januar 1946 nach Libau zur Übergabe. In der Roten Flotte fuhr das Schiff als »Admiral Makarov« weiter zur See bis es 1959 außer Dienst gestellt wurde und dann als Wohnschiff weitere Verwendung fand. In den Jahren 1967 / 1968 ist der Leichte Kreuzer »Nürnberg« abgewrackt worden.

Leichter Kreuzer »Nürnberg« mit dem Bordflugzeug vom Typ Heinkel He 60. Foto: Deutscher Marinebund

Das Panzerschiff »Deutschland«, später in Schwerer Kreuzer »Lützow« umbenannt, lief am 19. Mai 1931 bei den Deutschen Werken in Kiel vom Stapel. Foto: Bundesarchiv / Bild 102-11704 / CC-BY-SA 3.0

Die Frage des dringend benötigten Ersatzes der alten Linienschiffe, deren militärischer Gefechtswert, zu dem die Unterhaltungskosten im grassen Widerspruch standen, äußerst bescheiden war, blieb zunächst in der Reichsmarine offen. Rein technisch-militärische Probleme, innen- und außenpolitische Rücksichtsnahmen sowie finanzielle Zwänge galt es in Einklang zu bringen. Auch spielten die Auflagen des Versailler Vertrages mit seiner 10.000-t-Grenze für den Linienschiffsersatz eine ausschlaggebende Rolle. Nach zahlreichen und jahrelangen marineinternen Diskussionen und Bewertungen verschiedener Vorentwürfe einigte man sich Mitte 1927 auf einen als Panzerschiff bezeichneten kreuzerähnlichen Schiffstyp. Es hatte sich gezeigt, dass mit der Grenze von 10.000 Tonnen kein wirkliches Linienschiff konstruktiv möglich war.

Das so in Angriff genommene Panzerschiff sollte sechs 28-cm-Geschützen und eine Geschwindigkeit von 27 Knoten aufweisen. Innovativ war der ausschließlich aus Dieselmotoren bestehende Antrieb, der einen großen Fahrbereich ermöglichen würde. Damit konnte das Schiff auch in entfernteren Seegebieten, zum Beispiel für den Handelskrieg im Atlantik, eingesetzt werden.

Des Weiteren konnte die Forderung, dass das Schiff schneller als stärkere und stärker als schnellere ausländische Kriegsschiffe sein sollte, erfüllt werden. Mit Ausnahme der englischen Schlachtkreuzer »Hood«, »Repulse« und »Renown« ist dies auch gelungen. Als Reaktion begann die französische Marine mit der Entwicklung und dem Bau der überlegenen Schlachtschiffen der »Dunkerque«-Klasse.

Die Entscheidung für das Panzerschiff »A«, so seine Projektbezeichnung, löste heftige innenpolitische Diskussionen aus. Die Fragen drehten sich dabei um den militärischen Wert, die finanziellen Möglichkeiten des Reiches und die eventuell entstehenden außenpolitischen Belastungen. Auf Grund der teilweise instabilen innenpolitischen Lage stand die Verwirklichung das Bauvorhaben mehrfach auf der Kippe. Selbst die Freigabe des Baues durch den Kabinettsbeschluss vom 10. August 1928 brachte den politischen Streit nicht zum Erliegen.

Name	Bauwerft	Kiellegung	Stapellauf	Indienststellung
»Deutschland«	Deutsche Werke, Kiel	05.02.29	19.05.31	01.04.33
»Admiral Scheer«	Marinewerft, Wilhelmshaven	25.06.31	01.04.33	12.11.34
»Admiral Graf Spee«	Marinewerft, Wilhelmshaven	01.10.32	30.06.34	06.01.36

Das Panzerschiff »Deutschland« passiert den Kaiser-Wilhelm-Kanal (heute: Nord-Ostsee-kanal). Foto: Deutscher Marinebund

Der Kiellegung im Februar 1929 folgten im Juni 1931 und Oktober 1932 die Kiellegungen der beiden im Schiffsentwurf überarbeiteten Schwesterschiffe. Zwei weitere Einheiten waren geplant, wurden als Panzerschiffe auch noch auf Kiel gelegt, dann aber als Schlachtschiffe umkonstruiert und als »Scharnhorst« und »Gneisenau« fertig gestellt. Die drei Panzerschiffe der »Deutschland«-Klasse erhielten im Ausland sehr bald - zunächst spöttisch, dann aber anerkennend - die Bezeichnung »Pocket Battleships«.

Die Panzerschiffe der »Deutschland«-Klasse waren Stahlbauten in Längsbänder- und Querspantbauweise. Die Anwendung des Schweißverfahrens an Stelle der Nietung ersparte wiederum Gewicht, das für andere Zwecke dann zur Verfügung stand. Die Stahlbauten hatten zwölf wasserdichte Abteilungen. Die Panzerung war als tragender Verband angeordnet. Der Gürtelpanzer hatte eine Stärke von 60 bis 80 Millimeter und das Panzerdeck war 30 bis 40 Millimeter dick. Die offizielle Verdrängung wurde mit 10.000 Tonnen angegeben, was aber nicht ganz den Tatsachen entsprach.

Acht Dieselmotoren, die jeweils zu viert über ein gemeinsames Getriebe auf eine Welle wirkten, bildeten die Antriebsanlage der Panzerschiffe. Es war das erste Mal, dass Schiffe dieser Größe eine ausschließlich aus Dieselmotoren bestehenden Antrieb erhielten. Erheblicher Raumgewinn durch den Wegfall der Kessel, sofortige Betriebsbereitschaft, Personalersparnis und größerer Fahrbereich sind einige der Vorteile, die diese Antriebsvariante vorweisen kann. Nachteilig war allerdings der größere Gewichtsbedarf.

Die Schwere Artillerie bestand aus 28-cm-Geschützen. Dieses Kaliber war eine bewährte Waffe, die lange Jahre in der Kaiserlichen Marine verwendet und kontinuierlich weiterentwickelt wurde. Zur Einrüstung kamen sie in zwei Drillingstürmen. Je ein Turm stand vorne und achtern. Nach den 15-cm-Drillingstürmen auf den Leichten Kreuzern der »Königsberg«-Klasse war dies nun die zweite deutsche Entwicklung von Drillingstürmen; dieses Mal für die Schwere Artillerie und damit ein weiteres Novum in der deutschen Marine.

An Mittelartillerie waren acht 15-cm-Geschütze an Bord.

Das Panzerschiff »Admiral Scheer« unter festlichem Flaggenschmuck an der Festmachertonne. Foto: Deutscher Marinebund

Panzerschiff »Admiral Scheer«. Foto: Deutscher Marinebund

Sie standen im Mittelschiffsbereich beidseitig der Aufbauten. Auch hier ein bewährtes und kontinuierlich weiter entwickeltes Kaliber, das sich schon bei der Kaiserlichen Marine in der Nutzung befand.

Die Flugabwehr bestand aus sechs 10,5-cm- Geschützen in Doppellafette. Sie standen beidseitig des Schornsteins und auf den achteren Aufbauten hinter dem Drillingsturm der Schweren Artillerie. Sie ersetzten ab 1938 die ursprünglich auf den Schiffen vorhandenen 8,8-cm-Geschütze. Während des Kriegs waren auf den Panzerschiffen in größerer Anzahl und in unterschiedlichen kleinen Kalibern zusätzliche Flugabwehrgeschütze eingerüstet.

Nach seiner Indienststellung wurde das Panzerschiff »Deutschland« ausgiebig erprobt. Es unternahm zahlreiche Auslandsreisen und war zeitweise Flottenflaggschiff. In den Jahren 1936 bis 1938 erfolgten während des spanischen Bürgerkriegs im Rahmen der internationalen Seekontrolle mehrmals Einsätze in spanischen Gewässern. Dabei wurde das Schiff am 29. Mai 1937 auf der Reede vor Ibizza von rotspanischen Flugzeugen angegriffen und erhielt zwei Bombentreffer.

Während der Sudetenkrise kam es im September 1938 zur Dislozierung des Schiffes im Atlantik. Ein Jahr später war es Ende August 1939 wieder auf Warteposition im Nordatlantik und begann im September 1939 den Handelskrieg. Nach dem Einlaufen in Gotenhafen erhielt das Panzerschiff im November 1939 den Namen »Lützow« und wurde im Februar 1940 als Schwerer Kreuzer umklassifiziert.

Es folgten im April 1940 die Teilnahme an der Besetzung von Oslo. Auf dem Rückmarsch erhielt die »Lützow« im Skagerrak einen Torpedotreffer vom englischem U-Boot »Spearfish« und musste nach Kiel eingeschleppt werden. Nach sich anschließender Reparatur und Umbau sollte die »Lützow« zum Handelskrieg in den Indischen Ozean verlegen. Doch der Durchbruchsversuch misslang. Ein englischer Lufttorpedotreffer zwang das Schiff zur Rückkehr. Danach folgten Einsätze in Norwegen und in der Ostsee. Mit seiner Artillerie griff der Schwere Kreuzer »Lützow« 1944 / 1945 in die Kämpfe an der Landfront ein. Im April 1945 erhielt die »Lützow« in Swinemünde bei einem Bombenangriff durch englische Flugzeuge schwere Beschädigungen und sank auf flachem Wasser.

Das Endschicksal des Schiffes ist nicht ganz eindeutig geklärt. Von den Sowjets 1947 gehoben und schwimmfähig gemacht, sollte es nach Osten geschleppt werden. Dabei ist es vermutlich infolge einer instabilen Schwimmlage gekentert und vor Kolberg gesunken.

Das Panzerschiff »Admiral Scheer« hatte in Friedenszeiten nahezu den selben Lebenslauf wie sein Schwesterschiff »Deutschland«. Bei Kriegsausbruch lag es nicht voll einsatzfähig in Wilhelmshaven. Im Februar 1940 zum Schweren Kreuzer umklassifiziert, lief die »Admiral Scheer« im Oktober 1940 zum Handelskrieg in den Südatlantik und in den Indischen Ozean aus. Nach der Rückkehr folgten Einsätze in der Ostsee, in Norwegen und dann wieder in der Ostsee. Ab Oktober 1944 dann Bekämpfung der vorrückenden russischen Landfront. Im März 1945 erfolgte die Rückverlegung mit Flüchtlingen an Bord nach Kiel, wo das Schiff bei einem englischen Luftangriff nach schweren Bombentreffern kenterte. Das Wrack wurde nach dem Krieg unter Spreng- und Trümmerschutt begraben.

Das Panzerschiff »Admiral Graf Spee« kam wie seine beiden Schwesterschiffe während des spanischen Bürgerkriegs mehrmals in spanischen Gewässern zum Einsatz. Ende August 1939 stand es auf Warteposition im Südatlantik und begann im September 1939 den Handelskrieg. Am 13. Dezember 1939 kam es mit einer auf das Schiff angesetzten englischen Suchgruppe vor der La Plata-Mündung zum Gefecht.

Zur Reparatur der Gefechtsschäden lief die »Admiral Graf Spee« in Montevideo / Uruguay ein. Entgegen internationaler Gepflogenheit und auf englischen Druck hin sollte sie jedoch innerhalb von 72 Stunden den Hafen wieder verlassen. Da in diesem Zeitfenster eine Reparatur nicht erfolgen konnte und der Kommandant, Kapitän zur See Hans Langsdorff, vor der La Plata-Mündung zwischenzeitlich weitere englische Seestreitkräfte vermutete bzw. ihm solche Informationen zugespielt wurden, ließ er

Panzerschiff »Admiral Graf Spee« über die Toppen geflagt. Im Hintergrund sind die beiden Schwesterschiffe zu erkennen. Foto: Deutscher Marinebund

in scheinbar aussichtsloser Lage am 17. Dezember 1939 in der La Plata-Mündung das Panzerschiff »Admiral Graf Spee« selbst versenken. Die Besatzung begab sich nach Buenos Aires / Argentinien in die Internierung. Dort nahm sich Langsdorff das Leben.

Das nach seiner Selbstversenkung in der La Plata-Mündung brennende Panzerschiff »Admiral Graf Spee«. Foto: Deutscher Marinebund

»Admiral Hipper«-Klasse, Schwere Kreuzer

Schwerer Kreuzer »Admiral Hipper«. Foto: Deutscher Marinebund

Deutschland hatte nach dem deutsch-englischen Flottenabkommen von 1935 das Recht fünf Schwere Kreuzer zu bauen. Zunächst wollte man sich mit drei Einheiten begnügen und zudem zwei Leichte Kreuzer auf Stapel legen. Ende Dezember 1938 kündigte jedoch Deutschland Großbritannien an, doch das Recht auf fünf Schwere Kreuzer ausschöpfen zu wollen. Die beiden bereits als Leichte Kreuzer begonnenen Schiffe wurden diesbezüglich von 15-cm-Geschützen in Drillingstürmen auf 20,3-cm-Geschütze in Zwillingstürmen umkonstruiert und dann als Schwere Kreuzer weitergebaut. Da ihr Basisentwurf bereits von Anfang an dem Entwurf der Schweren Kreuzer angeglichen war, machte diese Umdisponierung keine grundsätzlichen Schwierigkeiten.

Die ersten drei Einheiten stellten auch noch als »Admiral Hipper«, »Blücher« und »Prinz Eugen« in Dienst, aber die beiden anderen - »Seydlitz« und »Lützow« - wurden nach ihrem Stapellauf nicht mehr für die Kriegsmarine fertiggestellt.

Name	Bauwerft	Kiellegung	Stapellauf	Indienststellung
»Admiral Hipper«	Blohm+Voss, Hamburg	06.07.35	06.02.37	29.04.39
»Blücher«	Deutsche Werke, Kiel	15.08.35	08.06.37	20.09.39
»Prinz Eugen«	Germaniawerft, Kiel	23.04.36	22.08.38	01.08.40
»Seydlitz«	Deschimag, Bremen	29.12.36	19.01.39	-----
»Lützow«	Deschimag, Bremen	02.08.37	01.07.39	-----

Die Schweren Kreuzer der »Admiral Hipper«-Klasse erfüllten die in sie gesetzten Erwartungen jedoch nicht. Insbesondere im Vergleich mit den vorher gebauten und mit ihren Dieselmotoren über einen wesentlich größeren Fahrbereich verfügenden Panzerschiffen der »Deutschland«-Klasse stehen sie hintenan. Im Gegensatz zu diesen waren sie keine optimale Lösung für den Handelskrieg.

Die Einheiten der »Admiral Hipper«-Klasse waren Längsspant-Bänder-Stahlbauten mit 14 wasserdichten Abteilungen. Der Gürtelpanzer wies eine Stärke von 70 bis 80 Millimeter auf und das Panzerdeck umfasste eine Dicke von 30 bis 50 Millimeter. Alle Schweren Kreuzer liefen noch mit einem geraden und steilen Vorsteven vom Stapel. Sie erhielten später einen ausfallenden und geschwungenen Atlantikbug nachgerüstet.

Nachdem die Panzerschiffe der »Deutschland«-Klasse einen Antrieb mit Dieselmotoren erhalten hatten, ist man bei den Schweren Kreuzern wieder auf eine Turbinenanlage gegangen. Drei Sätze Getriebeturbinen standen in zwei Maschinenräumen und wirkten jeweils auf eine Welle. Aus zwölf Kesseln erhielten sie auf den drei ersten Schiffe der Klasse ihren Dampf. Auf der »Seydlitz« und der »Lützow« waren nur neun Kessel vorhanden. Die Turbinenanlagen waren von unterschiedlichen Fabrikaten und auf den Schiffen somit nicht einheitlich. Außerdem waren die Maschinenanlagen sehr störanfällig und gaben wiederholt Anlass zu Beanstandungen und Einschränkungen im Einsatz.

Die Schwere Artillerie umfasste acht 20,3-cm-Geschütze, die vorne und achtern in jeweils zwei Zwillingstürmen aufgestellt waren. Mit 36.000 Meter hatten die vollkommen neu konstruierten Geschütze, deren Kalibergröße erstmals in Deutschland entwickelt und bei der Marine eingeführt worden war, eine sehr große Schussweite und zugleich eine sehr effektive Wirkung am Ziel.

Auf den beiden Schiffsseiten standen je drei Doppellafetten mit den 10,5-cm-Geschützen. Sie dienten im Wesentlichen als schwere Flak zur Flugabwehr. Den gleichen Zweck hatten die über das Schiff verteilten sechs Doppellafetten mit 3,7-cm-Geschützen. Zusätzlich waren in unterschiedlicher Anzahl und in unterschiedlicher Zusammensetzung weitere Geschütze kleineren Kalibers als weitere Flak vorhanden.

Konstruktionsmäßig war auf den Schweren Kreuzern der »Admiral Hipper«-Klasse die Mitnahme von drei Bordflugzeugen Arado Ar 196 vorgesehen. Zur Unterbringung diente ein Hangar. Über das direkt hinter dem Schornstein eingerüstete Katapult wurden die Flugzeuge gestartet. Bei der Rückkehr machte das Schiff durch hartes Drehen einen sogenannten »Ententeich« auf dem die Schwimmerflugzeuge dann in ruhigem Wasser landen und dann mit dem Kran an Bord gehievt werden konnten.

Der Schwere Kreuzer »Admiral Hipper« stellte als einziges der fünf Schiffe noch vor Kriegsbeginn in Dienst, war aber im September 1939 noch nicht kriegsbereit. Der erste größere Einsatz erfolgte dann im April 1940 mit der Teilnahme an der Besetzung Norwegens. Danach schlossen sich mehrere Einsätze in nördlichen Gewässern an. Ende 1940 lief das Schiff zum Handelskrieg in den Atlantik aus, um aus diesem Einsatz heraus nach Brest zu gehen. Von dort erfolgte 1941 nochmals ein kurzer Handelskriegseinsatz mit Rückkehr nach Brest. Im März 1941 kam dann die Rückverlegung nach Kiel. Nach der Werftüberholung ging es im März 1942 nach Norwegen. Rund ein Jahr später kehrte das Schiff nach Wilhelmshaven zurück und wurde außer Dienst gestellt. Am 1. März 1944 erneut in Dienst gestellt, war es zunächst Ausbildungsschiff in der Ostsee und verlegte Ende Januar 1945 mit Flüchtlingen an Bord nach Kiel. Bei englischen Bombenangriffen erlitt der im Dock liegende Schwere Kreuzer »Admiral Hipper« schwere Beschädigungen, wurde in Folge in der Heikendorfer Bucht auf Grund gesetzt und nach dem Krieg abgewrackt.

Der Schwere Kreuzer »Blücher« hatte von den fünf Schiffen der »Admiral Hipper«-Klasse die kürzeste Lebenszeit. Unmittelbar nach der durchgeführten Ausbildung der Besatzung kam der erste Einsatz bei der Besetzung

Der bei englischen Bombenangriffen stark beschädigte Schwere Kreuzer »Admiral Hippper« im Mai 1945 in Kiel. Foto: Royal Navy

Am 8. Juni 1937 lief der Schwere Kreuzer »Blücher« bei den Deutschen Werken in Kiel vom Stapel. Foto: Archiv Autor

Am 9. April 1940 wird der Schwere Kreuzer »Blücher« im Oslo Fjord von norwegischen Küstenbatterien versenkt. Foto: Archiv Autor

von Norwegen. Es sollte auch der letzte sein. Am 9. April 1940 wurde das Schiff in der Dröbak-Enge, der schmalsten Stelle des Oslo-Fjords, von einer norwegischen Küstenbatterie mit Artillerie und Torpedos versenkt.

Nach abgeschlossener Ausbildung verließ am 18. Mai 1941 der Schwere Kreuzer »Prinz Eugen« zusammen mit dem Schlachtschiff »Bismarck« Gotenhafen, um im Atlantik Handelskrieg zu führen. Das Unternehmen wurde zu einem totalen Misserfolg und führte zur Versenkung der »Bismarck«. Die »Prinz Eugen« lief am 1. Juni in Brest ein und war hier häufigen Luftangriffen ausgesetzt. Zusammen mit den Schlachtschiffen »Scharnhorst« und »Gneisenau« begann am 11. Februar 1942 die Rückverlegung durch den Englischen Kanal nach Deutschland. Die anschließend geplante weitere Verlegung nach Norwegen scheiterte an einem Torpedotreffer des englischen U-Bootes »Trident«. Ein abgeknicktes Heck zwang zunächst zur Notreparatur in Norwegen bevor der Schwere Kreuzer im Mai 1942 seinen Rückmarsch nach Kiel zur eigentlichen Instandsetzung antreten konnte. Es folgten die Verwendung als Ausbildungsschiff und dann 1943 / 1944 Einsätze in der Ostsee sowie das Vorgehen gegen die vorrückende russische Landfront. Bei der Kapitulation lag der Schwere Kreuzer »Prinz Eugen« in Kopenhagen. Er wurde den USA als Kriegsbeute zugesprochen und setzte am 5. Januar 1946 als USS IX 300 »Prinz Eugen« die amerikanische Flagge. Im Juli 1946 kenterte das Schiff bei Atombombenversuchen im Bikini-Atoll.

Die zunächst als Leichter Kreuzer im Bau begonnene und dann als Schwerer Kreuzer weitergebaute »Seydlitz« war das vierte Schiff der »Admiral Hipper«-Klasse. Sie befand sich bei Kriegsbeginn noch in einem unfertigen Zustand. Der Baufortschritt ging kriegsbedingt schleppend voran. Im Mai / Juni 1942 wurde die Umplanung in einen Flugzeugträger geprüft. Die Marine hielt ein solches Unterfangen für wenig sinnvoll, denn dazu mussten im großen Umfang wieder Teile demontiert werden, um Platz für das Flugdeck und die Flugeinrichtungen zu schaffen.

Schwerer Kreuzer »Prinz Eugen«. Foto: Deutscher Marinebund

Der Schwerer Kreuzer »Prinz Eugen« an einer Festmachertonne. Foto: Deutscher Marinebund

Außerdem war der Neubau mittlerweile zu 90 Prozent fertig. Dennoch: Im August 1942 kam definitiv von ganz oben der Umbaubefehl. Die schon eingerüstete schwere Artillerie kam wieder von Bord und bei den Aufbauten begannen die Rückbauarbeiten. Doch schon bald wurde wieder alles eingestellt. Schließlich wurde der unfertige Kreuzer nach Königsberg geschleppt, um ihn aus dem Gefahrenbereich der alliierten Bomberflotten zu bringen. Im Januar 1943 erfolgte dann der endgültige Baustopp. Vor dem Einrücken der Roten Armee wurde die schon im Januar 1945 selbst versenkte »Seydlitz« im April 1945 nochmals gesprengt. Ab 1958 erfolgte vermutlich die endgültige Abwrackung. Nach anderer Quelle soll der Schwere Kreuzer 1947 als Zielschiff durch sowjetische Kriegsschiffe versenkt worden sein.

Ebenfalls zunächst als Leichter Kreuzer auf Kiel gelegt und dann als Schwerer Kreuzer weitergebaut, lief die »Lützow« noch vor dem Krieg als letztes Schiff der »Admiral Hipper«-Klasse vom Stapel, wurde aber nicht mehr fertiggestellt. Im Rahmen des deutsch-russischen Nichtangriffspakts wurde der unfertige Rumpf im Februar 1940 an die Sowjetunion verkauft, im April 1940 nach Leningrad geschleppt und in »Petropavlovsk« umbenannt. Zunächst erfolgte dort noch ein zögerlicher Weiterbau mit deutscher Unterstützung. Im April 1942 wurde das immer noch unfertige Schiff durch Bombentreffer beschädigt und in Mitleidenschaft gezogen, diente dann aber noch als schwimmende Batterie bei der Verteidigung von Leningrad gegen deutsche Truppen. Fertig gebaut wurde die ehemalige »Lützow« jedoch nicht. Sie endete 1959 / 1960 durch Abbruch.

Der Schwere Kreuzer »Prinz Eugen« im Juni 1946 unter amerikanischer Flagge. Foto: US Navy

Tabelle Schiffsdaten Panzerschiffe und Kreuzer, Deutschland

Name / Klasse	»Emden«	»Königsberg«	»Leipzig«	»Deutschland«	»Admiral Hipper«
Schwesterschiffe	keine	»Karlsruhe«, »Köln«,	»Nürnberg	»Admiral Scheer«, »Admiral Graf Spee«	»Blücher«, »Prinz Eugen«, »Seydlitz«, »Lützow«
Schiffstyp	Leichter Kreuzer	Leichter Kreuzer	Leichter Kreuzer	Panzerschiff / Schw. Krz.	Schwerer Kreuzer
Verdrängung (t)	6990	7700	8100	14.290	18.200
Länge (m)	155,10	174,00	177,00	186,00	205,90
Breite (m)	14,20	15,20	16,30	21,34	22,00
Tiefgang (m)	5,93	6,28	5,69	7,25	7,20
Besatzungsstärke	483 + 162	514	534	951	1382
Antriebsleistung (PS)	45.900	68.200 + 1800	65.585 + 12.400	52.050	133.631
Antriebswellen	2	2	3	2	3
Geschwindigkeit (kn)	29,5	32	32	28	32,5
Fahrbereich (sm / kn)	6700 / 12	5700 / 19 (Tu) 8000 / 10 (DM)	2800 / 16 (Tu) 3900 / 10 (DM)	9100 / 20	6800 / 20
Artilleriebewaffnung	8 x 15 cm, 3 x 8,8 cm	9 x 15 cm, 2 x 8,8 cm	9 x 15 cm, 2 x 8,8 cm	6 x 28 cm, 8 x 15 cm, 6 x 10,5 cm	8 x 20,3 cm, 12 x 10,5 cm, 12 x 3,7 cm

1.3 - Zerstörer

Vorbemerkung

Der Schiffstyp Zerstörer geht bis in das Jahr 1892 zurück. In diesem Jahr wurde bei der englischen Admiralität erstmals für einen Schiffstyp die Bezeichnung Torpedo Boat Destroyer verwendet. Darunter verstand man ein Fahrzeug, das für die Abwehr von Torpedobooten verwendet werden sollte, deren Bau Ende des 19. Jahrhunderts bei nahezu allen bedeutenden Marinen forciert betrieben wurde. Vor allen Dingen nachts konnten diese schnellen aber artilleristisch nur schwach bewaffneten Torpedoträger, die sich im Feuerlee der eigenen Linienschiffe aufhielten, mit einem ausfallartigem Durchbruch durch die Linie zu einer ernsten Gefahr für die Großkampfschiffe werden. Ein Torpedotreffer in derem ungepanzerten Unterwasserschiff konnte fatale Folgen haben. Die ersten Zerstörer in diesem Sinne entstanden daher noch vor dem ersten Weltkrieg in England aber auch in Russland.

Bei der Kaiserlichen Marine ging man jedoch zunächst einen anderen Weg. Zur Abwehr gegnerischer Torpedoboote wurden die Linienschiffe und Großen Kreuzer mit einer verstärkten Bewaffnung an 8,8-cm-Geschützen ausgerüstet.

Nach und nach erhielten aber auch die neu gebauten Torpedoboote eine bessere Geschützarmierung und vergrößerten sich in ihrer Tonnage. So entstand in Deutschland der Typ des Großen Torpedobootes. Dieses bildete sozusagen die Vorstufe zum Zerstörer. Dabei sollte es dann zunächst auch mal bleiben. Mit dem Ende des Ersten Weltkriegs und in Folge der Bestimmungen des Versailler Vertrages, wonach bei den Ersatzbauten für ältere Einheiten eine Tonnagegrenze von 800 Tonnen einzuhalten war, war auch diese Entwicklungsrichtung wieder beendet.

Nach dem Ersten Weltkrieg entwickelte sich international der Schiffstyp Zerstörer zu einem schnellen und universellen Kampfschiff mit starker Artillerie-, Torpedo- und U-Jagdbewaffnung. Der Einsatz erfolgte sowohl in Einzelunternehmungen als auch zum Schutz der großen Kampfschiffe und von Schiffsverbänden. Die Sicherung von Geleitzügen und die U-Bootbekämpfung waren weitere wichtige typentsprechende Aufgaben und Einsatzszenarien.

Zerstörer 1934, Deutschland

Im Oktober 1934 begann mit der Kiellegung des Zerstörers »Z 1 Leberecht Maass« der eigentliche deutsche Zerstörerbau. Nach etwas mehr als zwei Jahren Bauzeit stellte das Schiff am 14. Januar 1937 in Dienst. Die drei Schwesterschiffe dieser als Zerstörer 1934 bezeichneten Bauserie folgten bis Mitte Mai des gleichen Jahres.

Die Namen der Einheiten setzten sich zusammen aus einer fortlaufenden alphanumerischen Bezeichnung und den Namen ehemaliger Offiziere, Unteroffiziere und Mannschaften der Kaiserlichen Marine, die sich während des Ersten Weltkriegs besonders ausgezeichnet hatten und gefallen waren. Die vor dem Krieg groß auf den Bordwänden aufgemalten Nummern hatten direkt nichts mit dem Schiffsnamen zu tun. Es waren taktische Nummern, die auf die Divisionszugehörigkeit verwiesen und auch mehrfach vergeben wurden. Im November 1939 sind sie entfernt worden.

In Folge der Beschränkungen des Versailler Vertrages war man in Deutschland entwicklungstechnisch jedoch nicht mehr auf dem neuesten Stand. Mit Risiko behaftet musste vielfach Neuland betreten werden. Rückschläge waren sozusagen vorprogrammiert. Diese ersten Neubauten von Zerstörern zeigten daher nach Zulauf auch schwerwiegende Mängel.

Zu hoch liegende Gewichte verminderten den Freibord und verursachten eine geringe Stabilität. Dies machte eine Verbrauchsbeschränkung beim Brennstoff notwendig. Das Minimum der Bunkerbefüllung durfte 30 Prozent nicht unterschreiten. Weiterhin beeinträchtigte starke Spritzwasserbildung bei hohen Fahrtstufen den Einsatz der Artillerie auf dem Vorschiff. Bei schwerer See nahmen die Schiffe viel Wasser über. Ein mittelmäßiges Manövrierverhalten und schlechte Dreheigenschaften waren weitere Minuspunkte. Nachträgliche schiffbauli-

Zerstörer »Z 3 Max Schultz«. Foto: Deutscher Marinebund

che Änderungsmaßnahmen brachten jedoch nicht die gewünschten Erfolge. Schon bald wurde sogar in Erwägung gezogen, die Schiffe aus dem Frontdienst zu nehmen und sie nur noch für Schulungszwecke zu nutzen. Der Kriegsausbruch machte jedoch diese Überlegungen überflüssig. Die Zerstörer wurden dringend gebraucht.

Die Antriebsanlage bestand aus zwei Satz Wagner-Turbinen mit Rädergetrieben und sechs Wagner-Hochdruck-Kessel (70 atü / 450°C). Mit der insgesamt erzeugten Leistung von 70.000 PS erreichten die Zwei-Schrauben-Schiffe eine Höchstgeschwindigkeit von 36 Knoten. Bei einer Bunkerkapazität von 770 Tonnen Öl war mit 19 Knoten ein Fahrbereich von 1900 Seemeilen möglich.

Die Hauptbewaffnung der Zerstörer bildeten fünf 12,7-cm-Geschütze. Zwei Geschütze standen auf dem Vorschiff und die drei übrigen auf und hinter den achteren Aufbauten. Zur Flugabwehr waren zwei 3,7-cm-Geschütze in Doppellafette an Bord. Während des Kriegs wurden zusätzliche 2-cm-Geschütze nachgerüstet.

Zwischen und hinter den beiden Schornsteinen waren an Oberdeck je ein 53,3-cm-Torpedorohrsatz mit vier Rohren vorhanden. Zur Mitnahme von bis zu 60 Minen dienten die verlegten Minenschienen. An Steuerbord endeten diese vor dem achteren Schornstein. An Backbord führten sie bis zum Backdeck. Damit war bei Bedarf ein Einsatz der Zerstörer als schnelle Minenleger möglich. Zur Bekämpfung von U-Booten standen Wasserbomben zur Verfügung. Der Einsatz erfolgte zunächst mit Werfern und später über Ablaufbühnen.

Diese Zusammensetzung und Anordnung der Bewaffnung mit Artillerie und Unterwasserwaffen wurde auch bei allen nachfolgenden Bauserien vom Grundsatz her so beibehalten. Änderungen gab es jedoch fallweise in den Details. Die technischen Weiterentwicklungen und Verbesserungen wurden eingepasst und so die Waffenausrüstung auf modernem Stand gehalten.

Bereits am 22. Februar 1940 wurden »Z 1 Leberecht Mass« und »Z 3 Max Schultz« bei einem Vorstoß zur Doggerbank irrtümlich durch deutsche Bomber angegriffen und versenkt. Am 13. April 1940 ging »Z 2 Georg Thiele« im Gefecht mit englischen Zerstörern im Rombakenfjord verloren. Nach dem Verschuss seiner Munition lief der Zerstörer mit hoher Fahrt auf die Felsen des Fjords und wurde dann von seiner Besatzung gesprengt. »Z 4 Richard Beitzen« hingegen überlebte den Krieg und wurde englische Kriegsbeute. Im Jahre 1947 erfolgte der Abbruch.

Zerstörer 1934A, Deutschland

Mit der Bauserie Zerstörer 1934A kamen nochmals zwölf weitere Schiffe bis zum August 1938 in Dienst. Diese um zwei Meter längere und zwei Knoten schnellere Zerstörer unterschieden sich nur leicht von den Vorgängern und

Zerstörer »Z 5 Paul Jacobi«. Foto: Deutscher Marinebund

hatten die gleichen Schwierigkeiten. Ab »Z 9 Wolfgang Zenker« kamen in der Maschine Benson-Kessel (110 atü / 510°C) zum Einbau. Dieser Kesseltyp erwies sich jedoch als sehr störanfällig, so dass die nachfolgenden Zerstörertypen wieder den Wagner-Kessel erhielten. »Z 5 Paul Jacobi«, »Z 10 Hans Lody« und »Z 15 Erich Steinbrink« hatten ab 1944 nur noch vier 12,7-cm-Geschütze sowie eine wesentlich verstärkte Flugabwehrbewaffnung an 3,7-cm-Geschützen. Die Ausrüstung bei den Unterwasserwaffen blieb gegenüber den Vorgängern unverändert. Fünf Einheiten der Zerstörer 1934A haben den Krieg überlebt und wurden Kriegsbeute der Siegermächte.

Zerstörer 1936, Deutschland

Mit dem neuen Amtsentwurf 1936 gelang es die bei den Zerstörern bisher aufgetretenen Mangelerscheinungen weitestgehend zu beseitigen und bedeutende Verbesserungen zu erreichen. Mit weniger hohen Aufbauten und geringerer Schornsteinhöhe wurde bei den nun als Zerstörer 1936 bezeichneten Schiffen eine bessere Stabilität erzielt. Allerdings ließ sich die Topplastigkeit nicht gänzlich beseitigten. Die Verbrauchsbeschränkungen beim Kraftstoff konnten hingegen entfallen. Die neuen Zerstörer hatten zudem ein besseres See- und Manövrierverhalten als ihre Vorgänger. Durch die modifizierte Anordnung der Schrauben ergab sich auch eine verbesserte Drehfähigkeit. Mit »Z 17 Diether von Roeder« stellte das erste Schiff aus dieser verbesserten Bauserie am 29. August 1938 in Dienst. Noch vor Kriegsbeginn lief »Z 21 Wilhelm Heidkamp« zu. Den Abschluss bildete als sechste Einheit der Zerstörer »Z 22 Anton Schmitt«, der am 24. September 1939 erstmals Flagge und Wimpel setzte.

Die ersten drei Zerstörer 1936 wurden noch wie die Zerstörer 1934 und 1934A mit einem Vorsteven gebaut, der fast senkrecht abfiel. Die drei Schwesterschiffe erhielten

Zerstörer »Z 20 Karl Galster«. Foto: Deutscher Marinebund

einen sogenannten Sichel- oder Klipperbug, was zu einer verbesserten Seefähigkeit und zu einer geringerer Beeinträchtigung durch Spritzwasser führte. Beide Bauvarianten hatten unterschiedliche Schiffslängen von 123,40 und 125,10 Meter. Bei einer Breite von 11,80 Meter einem Tiefgang von 4,50 Meter ergab sich eine Einsatzverdrängung von 3415 Tonnen.

Die technische Auslegung der Antriebsanlage entsprach weitestgehend den Zerstörern 1934 und 1934A. Die Schiffe erreichten eine Höchstgeschwindigkeit von 38,5 Knoten. Bei einer Bunkerkapazität von 787 Tonnen Öl war mit 19 Knoten ein Fahrbereich von 2020 Seemeilen möglich.

Die Hauptbewaffnung der Zerstörer 1936 bestand aus fünf 12,7-cm-Geschützen. Zur Flugabwehr waren zwei 3,7-cm-Geschütze in Doppellafette an Bord. Auf »Z 20 Karl Galster« wurden während des Kriegs zusätzlich 2-cm-Geschütze eingebaut. Torpedo-, Wasserbomben- und Minenbewaffnung waren wie bisher gehabt unverändert eingerüstet.

Fünf der sechs Einheiten gingen bereits im April 1940 während der Besetzung Norwegens im Raume Narvik verloren. Der wegen eines Werftaufenthaltes nicht am Einsatz beteiligte Zerstörer »Z 20 Karl Galster« überlebte hingegen den Krieg. Als sowjetische Kriegsbeute war er als »Prochnyj« weiterhin im Dienst, wurde 1954 Wohnschiff und dann 1958 aus der Schiffsliste gestrichen und verschrottet.

Zerstörer 1936A, Deutschland

Mit dem Typschiff »Z 23« der acht Einheiten umfassenden Bauserie Zerstörer 1936A erfolgte erstmals bei den Zerstörernamen nur noch eine Nummernvergabe. Der Schiffskörper war gegenüber den Vorgängern leicht modifiziert und um 1,90 Meter länger und 20 Zentimeter breiter. Die Einsatzverdrängung wuchs geringfügig an und variierte bei den verschiedenen Schiffen. Das Vorschiff blieb weitestgehend so erhalten wie auf den letzten drei Zerstörern 1936. Änderungen erfuhr das Achterschiff. So ergab die Anordnung von zwei Rudern im Schraubenstrom bessere Manövriereigenschaften. Das verlängerte Totholz verbesserte die Eigenschaften beim Kurshalten. Weiterhin konnte durch eine geänderte Verteilung der Bunker und Zellen eine Erhöhung der Stabilität erreicht werden. Die Antriebsanlage war wie auf den Zerstörern 1936 ausgelegt, jedoch kamen verbesserte Wagner-Deschimag-Turbinen zum Einbau.

Hinsichtlich der Hauptartillerie verfügten die Zerstörer 1936A bei der Indienststellung jeweils über vier 15-cm-Geschütze in Einzellafetten. Damit waren sie weltweit die einzigen Zerstörer mit einem solchen Kaliber. Während es bei dem Zerstörer »Z 28«, der als Führungsschiff vorgesehen war, so belassen wurde, erhielten ab 1942 »Z 23«, »Z 24«, »Z 25« und »Z 29« auf der Back einen 15-cm-Zwillingsturm. Achtern standen weiterhin drei 15-cm-Geschütze in Einzeltürmen. Bei »Z 26« kam es zu keiner diesbezüglichen Umrüstung. Der Zerstörer ging bereits im März 1942 im Nordmeer verloren. Auch »Z 27« geriet vor seiner geplanten Umrüstung in Verlust. Bei »Z 30« wurde von dieser Maßnahme abgesehen, weil der Zerstörer im Herbst 1944 größere Beschädigungen durch einen Minentreffer erhalten hatte. Die Flak-Bewaffnung der acht Zerstörer unterlag kriegsbedingt starken Veränderungen. 3,7-cm- und 2-cm-Geschütze waren in unterschiedlicher und wechselnder Anzahl und Ausführung eingerüstet. Torpedorohrsätze, Wasserbomben und Minenschienen blieben wieder unverändert.

Die Zerstörer 1936A kamen auf allen Seekriegsschauplätzen vom Nordmeer bis zur Biskaya sowie in der Nord- und Ostsee zum Einsatz. Fünf Einheiten gingen durch Kriegsereignisse verloren. »Z 25« war bis Ende der 1950er Jahre als »Hoche« im Dienst der französischen Marine. »Z 29« wurde als amerikanische Kriegsbeute mit Gasmunition beladen im Juni 1946 im Skagerrak versenkt. Ein ähnliches Endschicksal hatte der Zerstörer »Z 30«, der der englischen Marine zu Sprengversuchen diente.

Zerstörer »Z 25«. Foto: Deutscher Marinebund

Zerstörer 1936A mob, Deutschland

Für die Baureihe Zerstörer 1936A mob waren ursprünglich zwölf Einheiten vorgesehen, die die Namen »Z 31« bis »Z 42« erhalten sollten. Die Bauaufträge für »Z 35« und »Z 36« sowie für »Z 40« bis »Z 42« wurden allerdings wieder annulliert. Während »Z 35« und »Z 36« dann als Zerstörer 1936B mob gebaut wurden, blieb es bei den anderen drei Schiffe bei der Stornierung.

Die neue Klasse unterschied sich nur unwesentlich von den Vorgängern, den Zerstörern 1936A. Der Kriegslage Rechnung tragenend, erfolgten allerdings einige Vereinfachungen in der Inneinrichtungen und Einsparungen beim Material. Im äußeren Erscheinungsbild zeigte die Form der vorderen Schornsteinkappen Unterschiede auf. Verbesserungen gab es hauptsächlich in der Antriebsanlage, die sich nun als zuverlässiger und weniger störanfälliger erwies.

Die Hauptartillerie bestand wieder aus fünf 15-cm-Geschützen. Die Flak-Bewaffnung unterlag kriegsbedingt häufigen Veränderungen und Anpassungen an die Lage. Die Unterwasserwaffen entsprachen den Vorgängern.

Auch diese Schiffe kamen auf allen Seekriegsschauplätzen vom Nordmeer bis zur Biskaya sowie in der Nord- und Ostsee zum Einsatz. Alle sieben in Dienst gestellten Zerstörer überlebten das Kriegsende. Bis Ende der 1950 Jahre blieb »Z 31« als »Marceau« im Dienst der französischen Marine. Bei der sowjetischen Marine hatte »Z 33« als »Provornyj« ebenfalls noch eine mehrjährige Dienstzeit.

Der Zerstörer »Z 39« im Bauzustand. Foto: Deutscher Marinebund

Der Zerstörer »Z 39« im September 1945 unter amerikanischer Flagge. Foto: US Navy

Zerstörer 1936B mob, Deutschland

Die Baureihe Zerstörer 1936B mob umfasste die Einheiten »Z 35« und »Z 36« sowie »Z 43« bis »Z 45«. Allerdings stellten nur die drei ersten Schiffe noch in Dienst. »Z 44« sank kurz vor der Indienststellung durch Fliegerbomben an der Ausrüstungspier und »Z 45« konnte nicht mehr fertig gebaut werden.

Von der konstruktionsmäßigen Auslegung hielt sich diese Bauserie eng an die Vorgaben ihrer Vorgänger, den Zerstörer 1936A mob. Das betrifft sowohl die schiffbaulichen Aspekte wie auch die Maschinenanlage. Wichtigster Unterschied war jedoch die Hauptartillerie. Sie bestand jetzt wieder aus fünf 12,7-cm-Geschützen. Man erhoffte sich durch die leichteren Geschütze besseres Seegangsverhalten. In den rauen Gewässern des Nordmeeres oder der Biskaya kamen die Zerstörer allerdings nicht mehr zum Einsatz, um dies unter Beweis stellen zu können. Die Flak-Bewaffnung war jedoch in der Anzahl der 3,7-cm- und 2-cm-Rohre stärker ausgelegt.

Eine weitere Verstärkung der Flak sollte ab Ende 1944 sowohl auf den Zerstörern 1936B mob als auch auf den übrigen noch vorhandenen Zerstörern im Rahmen des sogenannten Barbara-Programms durchgeführt werden. Zu einer Realisierung ist es jedoch nicht mehr gekommen.

Die Bewaffnung mit Unterwasserwaffen entsprach wieder dem bisherigen Standard und setzte sich aus Torpedos, Wasserbomben und Minen zusammen.

Nach dem Erreichen ihrer Einsatzbereitschaft blieb als Einsatzgebiet nur noch die Ostsee, wo sie in den Abwehr- und Rückzugskämpfen der Jahre 1944 / 1945 mit einbezogen waren. Dabei gingen im Dezember 1944 »Z 35« und »Z 36« bei einem Minenunternehmen im Finnbusen verloren. »Z 43«, der letzte noch in Dienst gestellte deutsche Zerstörer, versenkte sich Anfang Mai 1945 in der Geltinger Bucht selbst.

Tabelle Schiffsdaten Zerstörer, Deutschland

Zerstörer	1934	1934A	1936	1936A	1936A mob	1936B mob	1936C
Schiffsnamen	»Z 1« - »Z 4«	»Z 5« - »Z 16«	»Z 17« - »Z 22«	»Z 23« - »Z 30«	»Z 31« - »Z 34«, »Z 37« - »Z 39«, »Z 40« - »Z 42«	»Z 35«, »Z 36«, »Z 43« - »Z 45«	»Z 46« - »Z 50«
Anzahl	4	12	6	8	7+(3)	3+(2)	(5)
Verdrängung (t)	3156	3110 (»Z 5« - »Z 8«), 3190 (»Z 9« - »Z 13«), 3165 (»Z 14« - »Z 16«)	3415	3605 (»Z 23«, »Z 24«), 3543 (»Z 25« - »Z 27«), 3519 (»Z 28«), 3691 (»Z 29«, »Z 30«)	3691	3542	3683
Länge (m)	119,00	121,00	125,10	127,00	127,00	127,00	126,20
Breite (m)	11,30	11,30	11,80	12,00	12,00	12,00	12,20
Tiefgang (m)	4,23	4,23	4,50	4,65	4,62	4,32	4,45
Besatzungsstärke	325	325	323	332	332	332	332
Antriebsleistung (PS)	70.000						
Antriebswellen	2	2	2	2	2	2	2
Geschwindigkeit (kn)	36	38	38,5	37,5	36,0	36,5	37,5
Fahrbereich (sm / kn)	1900 / 19	2040 / 19 (»Z 5« - »Z 8«), 2680 / 19 (»Z 9« - »Z 13«), 2760 / 19 (»Z 14« - »Z 16«)	2020 / 19	2174 / 19 (»Z 23« - »Z 27«), 2087 / 19 (»Z 28«), 2239 / 19 (»Z 29«, »Z 30«)	2239 / 19	2600 / 19 (»Z 35«, »Z 36«), 2950 / 19 (»Z 43« - »Z 45«)	2500 / 19
Bewaffnung	siehe Text						

Zerstörer »Z 35«. Foto: Deutscher Marinebund

»Fletcher«-Klasse, Zerstörer, USA

Die Zerstörer »Fletcher« (links) und »Radford« (rechts) liefen am 3. Mai 1942 als erste Einheiten der »Fletcher«-Klasse vom Stapel. Foto: US Navy

Der Zerstörer »Fletcher« mit Tarnbemalung im Kriegseinsatz. Foto: US Navy

Die amerikanische »Fletcher«-Klasse ist wohl die bekannteste Zerstörer-Klasse der USA. Sie waren die ersten amerikanischen Zerstörer, die frei von Vertragsbeschränkungen gebaut wurden. Insgesamt 175 Einheiten entstanden in der Zeit vom 2. Oktober 1941 (Kiellegung der »Fletcher«) bis zum 2. September 1944 (Indienststellung der »Rooks«) auf elf amerikanischen Werften. Damit ist die »Fletcher«-Klasse weltweit die zahlenmäßig umfangreichste Zerstörer-Klasse.

Erste Überlegungen zu ihrem Bau erfolgten schon wenige Monate nach dem Kriegsbeginn in Europa. Die USA gingen davon aus, dass sie irgenwann in den Krieg hineingezogen würden und dass dann das im Pazifik aufstrebende und seine Macht entfaltende Japan ihr Hauptgegner werden würde. Eine Modernisierung der amerikanischen Zerstörerflotte war also dringend geboten.

Die zu bauenden Zerstörer sollten demnach auf dem pazifischen Kriegsschauplatz eingesetzt werden und mit ihrer U-Jagdausrüstung die U-Bootabwehr in größeren Schiffsverbänden sicher stellen. Wegen ihrer starken Artilleriebewaffnung sollten sie zudem zur Vorbereitung und Unterstützung von amphibischen Operationen dienen.

Die Zerstörer der »Fletcher«-Klasse hatten einen keilförmigen Rumpfzuschnitt mit rundem Heck. Sie verfügten über ein durchgehendes Hauptdeck mit Deckssprung im Vorschiff. Zur Verbesserung der Standkraft hatten sie 15 wasserdichte Abteilungen. Die Glattdecker mit hohem Freibord waren vollständig geschweißt. Die Aufbauten erstreckten sich über die mittlere Schiffshälfte, waren aber im Vorschiffsbereich massiert und verfügten achtern über die damals typische Zerstörerinsel. Hinter den Brü-

Zerstörer	»Fletcher«-Klasse
Anzahl	175
Verdrängung (t)	2150
Länge (m)	114,70
Breite (m)	12,20
Tiefgang (m)	5,40
Besatzungsstärke	273
Antriebsleistung (PS)	60.000
Antriebswellen	2
Geschwindigkeit (kn)	32
Fahrbereich (sm / kn)	4490 / 15
Artilleriebewaffnung	5 x 12,7 cm, 10 x 4 cm
Unterwasserwaffen	10 x 53,3-cm Torpedos, Wasserbomben

Der Zerstörer »Fletcher« in seinem Aussehen in den 1960er Jahre. Foto: US Navy

ckenaufbauten befand sich als Sensorträger ein Mast und die beiden Schornsteine. Zum Schutz gegen Splitterwirkung erhielten alle lebenswichtige Bereiche eine leichte Panzerung. Mit vorgefertigten Schiffsmodulen konnten beim Bau sehr kurze Fertigungsraten erreicht werden. Die geringste Bauzeit für einen »Fletcher« betrug nur 158 Tage. Die Schiffe waren als reine Kampfinstrumente gebaut. Dem entsprechend war die Unterbringung der Besatzung äußerst spartanisch.

Der Antrieb der Schiffe erfolgte durch zwei Dampfturbinen, die mit ihrer Leistung auf zwei Wellen wirkten. Der benötigte Dampf wurde in vier Kesseln erzeugt. Die gesamte Antriebsanlage war recht groß dimensioniert und nahm etwa ein Drittel der Schiffslänge ein.

Die typische Bewaffnung der »Fletcher«-Klasse bestand aus fünf 12,7-cm-Geschützen, wovon zwei auf dem Vorschiff und drei auf und hinter den achteren Aufbauten platziert waren. Zur Flugabwehr befanden sich zehn 40-mm-Geschütze in Doppelafette an Bord. Zahlreiche weitere Flak-Geschütze ergänzten den Schutz gegen angreifende Flugzeuge, insbesondere in der letzten Phase des Kriegs gegen die japanischen Kamikaze-Flieger. Anzahl und Kaliber waren sehr unterschiedlich.

In zwei schwenkbaren Rohrsätzen waren vor und hinter dem zweiten Schornstein zehn 53,3-cm-Torpedos eingerüstet. Über zwei Ablaufbühnen am Heck und über zusätzliche Werfereinrichtungen beidseitig der achteren Aufbauten erfolgte der Einsatz der Wasserbomben.

Die Schiffe nahmen auf dem pazifischen Kriegsschauplatz an nahezu allen großen Operationen der amerikanischen Marine teil. Dabei bewährten sie sich bestens. Insgesamt 19 Totalverluste musste die »Fletcher«-Klasse dabei hinnehmen. Sechs weitere Zerstörer erlitten bei Kampfeinsätzen durch Bomben und Kamikazeangriffe dermaßen große Beschädigungen, dass sich eine Instandsetzung nicht mehr lohnte.

Nach dem Krieg war für die US Navy die Indiensthaltung

der großen Anzahl von »Fletcher«-Zerstörern nicht mehr notwendig. Einige Einheiten gingen über in den Reservestatus und eine große Anzahl wurde an verbündete Marinen im Rahmen von Militärhilfeprogrammen abgegeben.

Das Typschiff »Fletcher« blieb bis zum 1. August 1969 im Dienst der amerikanischen Marine, einige weitere Einheiten sogar bis Mitte der 1970er Jahre. International gesehen wurde der letzte aktive Zerstörer der »Fletcher«-Klasse, die »Cuitlahuac« ex »John Rodgers«, bei der mexikanischen Marine am 16. Juli 2002 ausgemustert. Der Veteran kam damit auf insgesamt 59 Jahre Dienstzeit. Einige Einheiten der Klasse blieben in den USA als Museumsschiffe erhalten.

Zerstörer »Brownson«. Foto: US Navy

Zerstörer »Hoel«. Foto: US Navy

1.4 - Die deutschen Torpedoboote

Vorbemerkung

Nach dem Ersten Weltkrieg wurden der Reichsmarine nur 32 antiquierte Torpedoboote belassen. Hierbei handelte es sich um Fahrzeuge aus den Bauserien Großes Torpedoboot 1906 und 1911. Jüngere Torpedoboote der Kaiserlichen Marine mussten, sofern sie den Krieg überlebt hatten, an die Siegermächte abgeliefert werden. Zwar waren die im Bestand gebliebenen Torpedoboote an Dienstjahren noch nicht so alt, aber durch den Kriegseinsatz abgefahren und verschlissen. Sie besaßen daher keinen allzu hohen Gefechtswert und bedurften des baldmöglichen Ersatzes.

Anfang der 1920er Jahre begannen daher die Vorbereitungen, um dieses veraltete Schiffsmaterial zu erneuern. Allerdings erlaubten die einschränkenden Bestimmungen des Versailler Vertrages nur den Neubau von zwölf Zerstörern und von zwölf Torpedobooten. Die Höchstgrenzen der Tonnage waren hierbei auf 800 und 200 Tonnen festgelegt.

Verständlicherweise wurde dabei die 800-t-Version ausgenutzt, aber nicht als Zerstörer, sondern als Torpedoboot bezeichnet. Wie der Seekrieg 1914-1918 gezeigt hatte, war eine Begrenzung auf 200 Tonnen für eine Kampfeinheit in der Kategorie Torpedoboot illusorisch. Das hätte trotz neuerer Technik einen Rückschritt in das 19. Jahrhundert bedeutet. Ein Einsatz hätte nur im unmittelbaren Küstenbereich stattfinden können.

Einige der alten Torpedoboote blieben nach dem Zulauf der Neubauten als Schul- und Versuchsboote sowie als anderweitige Hilfsfahrzeuge bis in die Zeit der Kriegsmarine weiterhin in Verwendung.

Torpedoboote 1923 - »Raubvogel«-Klasse

Mit dem Amtsentwurf 1923 entstand eine noch auf dem Großen Torpedoboot 1916 der Kaiserlichen Marine aufbauende neue Klasse von Torpedobooten. Wegen ihrer Namensgebung wurden die sechs Einheiten inoffiziell auch als »Raubvogel«-Klasse bezeichnet. Von amtlicher Seite wurde die Verdrängung mit 800 Tonnen angeben, tatsächlich erreichten die Torpedoboote in stiller Überschreitung des Tonnagelimits jedoch eine Konstruktionsverdrängung von 998 Tonnen. Die Einsatzverdrängung war noch höher und betrug 1290 Tonnen. Das Typboot »Möwe« hatte davon leicht nach unten abweichende Werte.

Je ein Satz Dampfturbinen wirkten über ein Rädergetriebe auf eine der beiden Wellen. Die Torpedobewaffnung bestand aus zwei an Oberdeck aufgestellten schwenkbaren Drillingsrohrsätzen im 50-cm-Kaliber, die später auf 53,3 Zentimeter umgerüstet wurden. Die Artilleriebewaffnung bestand aus drei mit Schutzschilder verseheTorpedoboot »Falke«. Foto: Deutscher Marinebund

Torpedoboot »Falke«. Foto: Deutscher Marinebund

nen und noch aus der Kaiserlichen Marine stammenden 10,5-cm-Geschützen. Im Zweiten Weltkrieg kamen zur Flugabwehr noch zusätzliche 2-cm-Geschütze an Bord.

Zu Friedenszeiten waren die Torpedoboote der »Raubvogel«-Klasse in den ganz normalen Flottendienst eingebunden. Besonderer Erwähnung bedarf hierbei der Auslandseinsatz im Rahmen der internationalen Seekontrolle der spanischen Gewässer während des dortigen Bürgerkriegs.

Nach Kriegsausbruch kamen die Einheiten zunächst auf den Kriegsschauplätzen in der Nordsee zum Einsatz. Sicherungsaufgaben, Mineneinsätze und auch die Teilnahme an der Besetzung von Norwegen gehörten unter anderem zu ihrem Einsatzspektrum. Den Schwerpunkt und das eigentliche Einsatzgebiet bildete jedoch ab der zweiten Hälfte von 1940 der Englische Kanal. Hier gingen die Boote auch bei Kampfhandlungen verloren.

Torpedoboote 1924 - »Raubtier«-Klasse

Nachdem sich bei der Erprobung der Torpedoboote 1923 gewisse Stabilitätsmängel gezeigt hatten und dadurch die Toppgewichte reduziert werden mussten, wurde bei der zweiten Bauserie der sechs Torpedoboote 1924 die Hauptabmessungen leicht vergrößert. Die Konstruktionsverdrängung betrug nun 1045 Tonnen und die Einsatzverdrängung erhöhte sich auf 1320 Tonnen. Offiziell blieb es aber weiterhin bei einer Verdrängung von 800 Tonnen.

Auch diese Boote erhielten infolge der Namensvergabe die nicht amtliche Klassenbezeichnung als »Raubtier«-Klasse. Weiterhin ist als Besonderheit anzumerken, dass vier Boote an einem Tag gleichzeitig bei der Marinewerft in Wilhelmshaven in ihr nasses Element gelangten. Zuerst schwammen die in einem Dock gebauten Boote »Tiger« und »Luchs« auf und dann liefen »Jaguar« und »Leopard« konventionell vom Stapel.

Die Torpedoboote 1924 waren wieder mit zwei Sätzen Dampfturbinen mit Rädergetriebe ausgestattet. Die Torpedobewaffnung entsprach den Booten der »Raubvogel«-Klasse. Die ursprünglich vorgesehene Einrüstung mit 12,7-cm-Geschützen scheiterte am Veto der Siegermächte, sodass die Torpedoboote drei mit Schutzschilden versehene 10,5-cm-Geschütze erhielten. Es waren dieses Mal aber schon modernere und leistungsfähigere Modelle. Die Torpedoboote »Luchs« und »Leopard« bekamen 1932 dann doch noch neu entwickelte 12,7-cm-Geschütze eingerüstet. Es waren noch keine Türme, sondern, genau wie die 10,5-cm-Geschütze, nur mit Schutzschilden versehene Geschützmodelle, die auf den Torpedobooten für die in der Planung befindlichen Zerstörerneubauten erprobt werden sollten.

Auch diese sechs Torpedoboote hatten in Frieden und Krieg das gleiche Einsatzspektrum wie ihre vorangegangenen Halbschwestern. Von ihnen hat ebenfalls kein Boot den Krieg überlebt.

Torpedoboot »Luchs«
Foto: Deutscher Marinebund

Vier Torpedoboote der »Raubtier«-Klasse im Päckchen an der Pier liegend. Foto: Deutscher Marinebund

Torpedoboote 1935

Nach dem Bau der Torpedoboote 1923 und 1924 ruhte zunächst mal die Entwicklung bei diesem Schiffstyp. Das hatte seine Ursachen in der Neuorientierung der Torpedowaffe. Einerseits begannen die Planungen und der Bau von Zerstörern und anderseits kam mit den Schnellbooten ein neuer Torpedoträger auf. Mitte der 1930er Jahre ging dann die Entwicklung bei den Torpedobooten weiter.

Mit dem Amtsentwurf 1935 entstand mit den Torpedobooten »T 1« bis »T 12« - richtige Schiffsnamen wurden ab diesen Booten nicht mehr vergeben - ein vollkommen neuer Typ. Im klassischen Sinne sollten die Boote, so wie zu Zeiten der Kaiserlichen Marine, Torpedoangriffe gegen Überwassereinheiten durchführen. Eine Tonnage von 600 Tonnen wurde als ausreichend angesehen. Im Rahmen der Konstruktionsarbeiten ergab sich jedoch, dass nicht alle Forderungen wie zum Beispiel Schnelligkeit und starke Torpedobewaffnung sowie Mineneinsatz mit dieser vorgegebenen Schiffsgröße zu erfüllen waren. Die Tonnage wuchs auf eine Konstruktionsverdrängung von 844 Tonnen an. Die Einsatzverdrängung lag dann bei 1088 Tonnen.

Je ein Satz Dampfturbinen wirkte über ein Rädergetriebe auf eine der beiden Wellen. Die Torpedobewaffnung bestand aus zwei an Oberdeck aufgestellten schwenkbaren Drillingsrohrsätzen im Kaliber von 53,3 Zentimeter. Die Artillerie war mit nur einem 10,5-cm-Geschütz recht schwach ausgelegt und ging über den Eigenschutz nicht hinaus. Im Krieg kamen zusätzliche Flak-Geschütze im Kaliber von 3,7 Zentimeter an Bord.

Während des Kriegs kamen sie jedoch im gedachten Verwendungszweck nicht zum Einsatz. Die Zeit der durch eine Kiellinie von Großkampfschiffen durchbrechenden Torpedoboote war nun wirklich vorüber. Den tatsächlichen Erfordernissen der Küsten- und Randmeerkriegführung, wie sie sich zum Beispiel im Brennpunkt des Englischen Kanals zeigten, konnten sie jedoch nicht gerecht werden. Die Boote wurden aus dem Frontdienst herausgezogen und als Schuleinheiten oder zu anderen Zwecken aufgebraucht.

Torpedoboot »T 9«. Foto: Deutscher Marine-bund

Torpedoboote 1937

Mit dem Amtsentwurf 1937 erfolgte eine leichte Modifizierung der Baureihe »T 1« bis »T 12«. In der Länge waren die Boote etwas kürzer und in der Breite geringfügig größer. Die Maschinenanlage und die Bewaffnung waren mit den Vorgängern im Wesentlichen identisch. Die neuen Torpedoboote besaßen im Gegensatz zu den bisherigen Einheiten zwei im Schraubenstrom liegende Ruder. Außerdem war die Bunkerkapazität an Öl leicht gestiegen. Die Boote hatten somit eine etwas größere Reichweite. Insgesamt sollten 36 Boote gebaut werden. Bei Kriegsausbruch waren 18 Einheiten beauftragt, davon wurde die Hälfte wieder annulliert. Nur die Einheiten »T 13« bis »T 21« wurden fertiggestellt.

Auch diese Boote waren zu schwach, um sich in den Brennpunkten des Seekriegsgeschehens behaupten zu können. Sie wurden 1943 aus der Front herausgezogen und kamen in Hilfs- und Unterstützungsverwendungen zum weiteren Einsatz. In der Endphase des Kriegs bekämpften sie in der Ostsee Landziele, führten Sicherungsaufgaben durch und beteiligten sich an der Rettung von Flüchtlingen vor der Roten Armee.

Torpedoboot »T 14«. Foto: Deutscher Marine-bund

Flotten-Torpedoboote 1939

Torpedoboot »T 35«. Foto: US Navy

Erst mit den Flotten-Torpedobooten 1939 - man war sich inzwischen über die Unzulänglichkeiten der Vorgänger bewusst - erhielt die Kriegsmarine moderne und auch im internationalen Vergleich als gleichwertig anzusehende Torpedoträger, die zudem mit einer starken Artillerie ausgestattet waren. Darüber hinaus verfügten sie über gute Fähigkeiten zur U-Jagd. Weitere geforderte Aufgaben wie die Sicherung von Flottenverbänden, Nahaufklärung, Nachtangriffe und das schnelle Verlegen von Minen konnten ebenfalls mit diesem neuen Schiffsentwurf durchgeführt werden.

Als Antrieb erhielten die ab 1940 gebauten 15 Einheiten »T 22« bis »T 36« wieder zwei Sätze Dampfturbinen, die über Rädergetriebe auf die beiden Wellen wirkten. Die Torpedobewaffnung bestand aus zwei an Oberdeck aufgestellten schwenkbaren Drillingsrohrsätzen im Kaliber von 53,3 Zentimeter. Vier 10,5-cm-Geschütze kamen zum Einbau. In unterschiedlicher Anzahl, und im Laufe des Kriegs dann vermehrt, waren zur Flugabwehr noch zusätzlich 3,7-cm- und 2-cm-Flak-Geschütze eingerüstet.

Die Flotten-Torpedoboote 1939 kamen ausnahmslos als Frontboote zum Einsatz. Sie trugen im sogenannten Westraum die Hauptlast des Seekriegs. Ihre Einsätze reichten vom Englischen Kanal bis in die Biskaya. Dabei standen sie einem Gegner gegenüber, der ihnen auf See, insbesondere aber aus der Luft, überlegen war. Gegen Kriegsende war das Einsatzgebiet für die noch vorhandenen Torpedoboote die Ostsee. Insgesamt zwölf Einheiten gingen im Laufe des Kriegs durch Feindeinwirkung verloren. Das sind 80 Prozent und ist damit die höchste Verlustrate bei den Überwasserstreitkräften.

Flotten-Torpedoboote 1941, 1944 und 1940

Nach dem Amtsentwurf 1941 sollten weitere 15 Torpedoboote gebaut werden. Sechs Einheiten, die Torpedoboote »T 37« bis »T 42«, liefen noch im Jahr 1944 bei der F. Schichau Werft in Elbing vom Stapel. Zu einer Indienststellung ist es jedoch nicht mehr gekommen. Die Schwesterschiffe »T 43« bis »T 50« befanden sich zum Kriegsende im unterschiedlichen Fertigungszustand auf den Helgen der Werft. Für »T 51« waren Materialvorbereitungen für die Kiellegung getroffen. Dieselbe ist aber nicht mehr durchgeführt worden. Der Bauauftrag wurde annulliert.

Als »T 52« bis »T 60« wurden nochmals weitere neun Flotten-Torpedoboote 1944 geplant. Sie basierten auf dem Amtsentwurf 1941 und sollten eine Verdrängung von 1794 Tonnen haben sowie eine Geschwindigkeit von 37 Knoten erreichen. Im März 1944 erhielt die F. Schichau Werft den Bauauftrag. Dabei ist es dann geblieben.

Unter den Bezeichnungen »T 61« bis »T 84« begannen 1942 in den besetzten Niederlanden die Arbeiten für die Flotten-Torpedoboote 1940. Zeitweilig führten sie auch die Bezeichnung Zerstörer 1940. Als fertige Schiffe hätten sie eine Verdrängung von 2566 Tonnen gehabt. Einige unfertige Schiffsrümpfe wurden im Oktober 1944 noch nach Deutschland geschleppt. An einen Weiterbau war angesichts der Kriegslage allerdings nicht mehr zu denken.

Tabelle Schiffsdaten Torpedoboote, Deutschland

Torpedoboot	1923	1924	1935	1937	1939	1941	1944	1940
Schiffsnamen	Raubvögel	Raubtiere	»T 1« - »T 12«	»T 13« - »T 21«	»T 22« - »T 36«	»T 37« - »T 51«	»T 52« - »T 60«	»T 61« - »T 84«
Anzahl	6	6	12	9	15	(15)	(9)	(24)
Verdrängung (t)	1290	1320	1088	1098	1754	2155	1794	2566
Länge (m)	89,25	92,60	87,10	85,20	102,50	106,00	103,00	114,50
Breite (m)	8,30	8,60	8,62	8,87	10,00	10,70	10,10	11,30
Tiefgang (m)	3,65	3,52	2,94	3,14	3,22	3,72	3,70	3,81
Besatzungsstärke	120	120	119	119	206	206	222	231
Antriebsleistung (PS)	24.829	25.500	28.200	34.110	32.560	40.000	52.000	49.500
Antriebswellen	2	2	2	2	2	2	2	2
Geschwindigkeit (kn)	33,5	35	35	36,5	34	34	37	35
Fahrbereich (sm / kn)	1800 / 17	2000 / 17	1070 / 19	1400 / 19	2400 / 19	2800 / 19	2500 / 19	2100 / 19
Torpedobewaffnung	6 x 50 cm	6 x 50 cm	6 x 53,3 cm	6 x 53,3 cm	6 x 53,3 cm	6 x 53,3 cm	6 x 53,3 cm	8 x 53,3 cm
Artilleriebewaffnung	3 x 10,5 cm	3 x 10,5 cm	1 x 10,5 cm	1 x 10,5 cm	4 x 10,5 cm	4 x 10,5 cm	4 x 10,5 cm	4 x 12,7 cm
Flugabwehr	unterschiedliche Einrüstungen von 3,7-cm- und 2-cm-Geschützen							
Minen	30	30	30	30	50	50	30	50

1.5 - Schnellboote

Schnellboote, Deutschland

Das Schnellboot »S 1« in seiner ursprünglichen Bauausführung mit offenem Steuerstand. Foto: Bibliothek für Zeitgeschichte

Schnellboot »UZ 16«

Am 7. August 1930 stellte die Reichsmarine ihr erstes klassisches Schnellboot in Dienst. Aus Tarnungsgründen bezeichnete man den Neubau, der am 30. Juni 1930 vom Stapel gelaufen war, als »UZ 16«, wobei die Abkürzung UZ für U-Bootzerstörer steht. Ab 31. März 1931 erhielt das Boot den Namen »W 1« und wurde dann am 1. Januar 1932 endgültig als »S 1« bezeichnet.

Der Bauauftrag für diese Einheit hatte im November 1929 die Lürssern Werft in Bremen-Vegesack erhalten, die einen großen Erfahrungsschatz im Bau schneller Boote besaß. Die Marine war mit dem Fahrzeug sehr zufrieden. Es entsprach ihren Wünschen hinsichtlich der Geschwindigkeit und die gezeigten Seeeigenschaften übertrafen sogar die Erwartungen.

Das 27,03 Meter lange und 4,22 Meter breite Boot hatte einen Tiefgang von 1,47 Meter. Die Tonnage betrug 51,6 Tonnen. Der zunächst offene Steuerstand wurde im November 1932 durch ein geschlossenes Ruderhaus ersetzt.

Der Antrieb erfolgte durch drei Daimler-Benz 12-Zylin-

Das Schnellboot »S 1« nach Umbau mit geschlossenem Ruderhaus. Foto: Bibliothek für Zeitgeschichte

Schnellboot »S 4«. Foto: Deutscher Marinebund

der-Viertaktmotoren, die zusammen 2700 PS an Leistung lieferten, jeweils auf eine Welle wirkten und eine Geschwindigkeit von 34 Knoten ermöglichten. Weiterhin war ein auf die Mittelwelle schaltbarer 100 PS starker Maybach-Ottomotor für die Marschfahrt eingebaut. Bei 22 Knoten hatte »S 1« eine Reichweite von 582 Seemeilen.

Die Bewaffnung des von zwölf Mann gefahrenen Bootes bestand aus zwei demontierbaren 53,3-cm-Torpedorohren.

Das Schnellboot diente überwiegend der Erprobung und war der Ausgangspunkt für die neu aufzubauende deutsche Schnellbootwaffe. Am 10. Dezember 1936 wurde »S 1« außer Dienst gestellt und dann nach Spanien verkauft, wo es bis zum März 1940 im Dienst verblieb.

Schnellboote »S 2« bis »S 25«

Mit »S 2« begann der Bau von weiteren Schnellbooten, die sich in ihrer Tonnage immer wieder vergrößerten. Auch die Geschwindigkeit konnte mit stärkeren Motoren auf 40 Knoten erhöht werden. Ab »S 6« entfiel der Marschmotor. Zwei 53,3-cm-Torpedorohre standen auf der Back. Zwei hinter den Rohren gelagerte Reservetorpedos konnten mitgenommen werden. Mit der Indienststellung von »S 25« am 9. Dezember 1939 waren diese Baureihen abgeschlossen.

Die fünf Boote »S 2« bis »S 6« kamen im Zweiten Weltkrieg nicht mehr zum Einsatz. Sie wurden 1936 respektive 1939 an Spanien verkauft. So standen bei Kriegsbeginn der Kriegsmarine nur 17 Schnellboote zur Verfügung, wobei »S 17« schon am 4. September 1939 wegen schwerer Seeschäden ausgesondert werden musste. Mit »S 24« und »S 25« sowie mit »S 30« und »S 31« der nachfolgenden Baureihe stellten noch vier weitere Boote vor Jahresende 1939 in Dienst. Damit ergab sich für Ende 1939 eine Gesamtzahl von 20 einsatzfähigen Schnellbooten.

Von diesen Einheiten sind »S 14«, »S 18«, »S 23« und »S 31« im Krieg in Verlust geraten. Die übrigen Boote überstanden die Kriegsjahre und gingen danach in alliierten Besitz über.

Schnellboote ab »S 26«

Die Schnellboote ab »S 26« waren mit Ausnahme der oben erwähnten Boote »S 30« und »S 31« schon Kriegsbauten. Die Bauserien wurden ständig weiter entwickelt und den Kriegsverhältnissen angepasst. Die bisher bewährte Rundspant-Krawel-Holz-Leichtmetall-Bauweise mit stählernen Motorfundamenten wurde für alle Bauserien weiterhin beibehalten. Während des Kriegs entstanden 211 - nach anderer Quelle 216 - Neubauten.

Die Verdrängung schwankte zwischen 115 und 122 Tonnen und erreichte gegen Kriegsende 124 Tonnen. Die Bootslänge blieb mit leichten Schwankungen im Bereich von 34 Meter. Ab »S 100« wurden das Ruderhaus und der Kommandostand mit einer gepanzerten Kalotte geschützt.

Immer leistungsfähigere Motoren, zuletzt mit bis zu 3000 PS, erhöhten die Geschwindigkeit auf 43 Knoten. Der Fahrbereich umfasste 700 bis 780 Seemeilen bei einer Geschwindigkeit von 35 Knoten.

Ab »S 26« waren die beiden 53,3-cm-Torpedorohre verkleidet und in die Back integriert. Die Rohrbewaffnung der Boote war recht unterschiedlich und wurde so gut wie möglich ständig der Luftbedrohung angepasst.

Das Schnellboot »S 11« läuft eine hohe Fahrtstufe. Foto: Deutscher Marinebund

Das Vorschiff von »S 19« ragt bei hoher Fahrtstufe weit aus dem Wasser. Foto: Deutscher Marinebund

Einsätze

Zum Einsatz kamen die Schnellboote auf nahezu allen Kriegsschauplätzen. Über Straßentransport und Binnenwasserwege verlegten Einheiten in das Mittelmeer und in das Schwarze Meer. Die Ostsee und der Finnbusen sowie die norwegischen Gewässer waren ebenfalls ihre Einsatzgebiete.

Der Haupteinsatzraum war aber zweifelsohne der Englische Kanal, wo sie gegen Küstengeleitzüge operierten und Minen verlegten. Infolge der starken Luftbedrohung wurden in verschiedenen Kanalstützpunkten Bunkeranlagen gebaut, um die Boote während der Hafenliegezeiten gegen Fliegerangriffe zu schützen. Neben den Flugzeugen waren weitere Hauptgegner der E-Boats (Enemy Boat), so die in England übliche Bezeichnung für die deutschen Schnellboote, die englischen Zerstörer und die Motor Gun Boats sowie die Motor Torpedo Boats der Royal Navy.

Der britische Seekriegshistoriker S.W. Roskill beurteilt die deutsche S-Bootwaffe wie folgt: »The German E-Boats were well designed and well fought, and had they given support by larger vessels, and efficient air-cooperation, they could undoubtedly have causes us more serious trouble.« (zitiert nach: Hümmelchen, »Die deutschen Schnellboote im Zweiten Weltkrieg«, Seite 224).

Die Erfolgsbilanz der Schnellboote durch den Einsatz von Torpedos und durch das Legen von Minenfeldern lässt sich wie folgt auflisten:

- 40 Kriegsschiffe versenkt
- 14 Kriegsschiffe beschädigt
- über 100 Handelsschiffe versenkt

Dem standen wiederum 140 Schnellboote als Eigenverluste gegenüber.

Ab »S 26« waren die Torpedorohre verkleidet und in die Back integriert. Foto: Deutscher Marinebund

Motor Gun Boats und Motor Torpedo Boats, Großbritannien

Ähnlich wie die deutsche Seite wurde auch in England erst nach Kriegsbeginn die Bedeutung von kleinen Kampfeinheiten so richtig erfasst. Man legte sofort entsprechende Bauprogramme auf und unterschied dabei nach Motor Gun Boat (MGB) und Motor Torpedo Boat (MTB). Letztere sollten als Angriffswaffe gegen die deutsche Schifffahrt dienen und die MGBs waren zur Bekämpfung der deutschen Schnellboote gedacht. Beide Varianten wurden je nach Bauwerft in verschiedenen Ausführungen gebaut. Einige Klassen wurden auch in den USA gebaut und dann nach Großbritannien transferiert. Alle unterschiedlichen Entwicklungen aufzuzeigen kann aus Platzgründen in diesem Buch nicht erfolgen, sodass sich auf das 70 ft British Power Boat MGB und das 73 ft White MTB als typische Vertreter beschränkt wird.

Das 70 ft British Power Boat MGB verdrängte bei einer Bootslänge von 21,34 Meter und 6,10 Meter Breite 34 Tonnen. Sein Tiefgang betrug lediglich 1,22 Meter. An Besatzung waren zehn Mann an Bord.

Der Antrieb erfolgte über drei Dieselmotoren. Je nach Ausführung erreichten die Boote damit eine Geschwindigkeit von bis zu 40 Knoten.

Entsprechend ihrem Verwendungszweck waren die Boote umfangreich mit kleinkalibrigen Rohrwaffen ausgerüstet. Achtern stand ein 20-mm-Oerlikon-Geschütz. Hinter der Brücke war ein 12,7-mm-Maschinengewehr vorhanden. An beiden Brückennocken nochmals je ein 12,7-mm-Maschinengewehr in Doppellafette. Von Boot zu Boot gab es jedoch bezüglich Kaliber, Ausführung und Anzahl leichte Unterschiede in der Bewaffnung.

»MGB 60« aus der Bauserie 70 ft British Power Boat MGB. Foto: Royal Navy

Bei einer Länge von 22,25 Meter, einer Breite von 5,49 Meter und einem Tiefgang von 1,67 Meter hatte das 73 ft White MTB eine Verdrängung 41 Tonnen. Die Besatzungsstärke umfasste zwölf Mann.
Drei Dieselmotoren ermöglichten eine Geschwindigkeit von 39 Knoten.

Die MTBs warten mit zwei 53,3-cm-Torpedorohren ausgestattet. Weiterhin hatten sie ein 12,7-mm-Maschinengewehr in Doppellafette hinter der Brücke eingerüstet.

Die Motor Gun Boats und die Motor Torpedo Boats kamen im Englischen Kanal und im Mittelmeer zum Einsatz. Von den insgesamt gebauten 274 verschiedenen MGB-Typen gingen 31 durch Kampfhandlunegn verloren. Von den MTBs wurden 360 Boote der unterschiedlichsten Typen gebaut. In Gefechten gerieten 83 Einheiten in Verlust.

»MTB 48« aus der Bauserie 73 ft White MTB. Foto: Royal Navy

»MGB 66« aus der Bauserie 70 ft British Power Bosat MGB. Foto: Royal Navy

Vier 70 ft British Power Boat MGB in Formationsfahrt. Foto: Royal Navy

Patrol Torpedo Boats, USA

Die Abbildung zeigt die industrielle Fertigung der PT-Boote in den USA. Foto: US Navy

Die Patrol Torpedo Boats, abgekürzt PT-Boats, wurden von 1940 bis 1945 für die amerikanische Marine auf zahlreichen Werften in einer Stückzahl von 507 Einheiten gebaut. Darüber hinaus entstanden 166 Einheiten für die Sowjetunion und 91 Boote für Großbritannien. Die offizielle Bezeichnung in den USA lautete Motor Torpedo Boat.

Die Boote wurden in industrieller Fertigung in Holzbauweise auf Binnenwerften gefertigt. Entsprechend der hohen Stückzahl und der vielen beteiligten Bauwerften wiesen sie zwangsläufig leichte Unterschiede auf. Das Standard-PT-Boot hatte bei einer Länge von 24,38 Meter eine Verdrängung von 55 Tonnen. Die Besatzung betrug in der Regel 14 Mann.

Drei Dieselmotoren dienten als Antrieb. Bei den frühen Booten leisteten die Maschinen jeweils 1200 PS. Die Maschinenleistung steigerte sich während des Kriegs über 1350 PS auf 1500 PS. Die Höchstgeschwindigkeit der mit drei Wellen ausgerüsteten PT-Boote betrug 41 Knoten.

Die Hauptbewaffnung der PT-Boote bestand aus vier 53,3-cm-Torpedorohren, die beidseitig der klein gehaltenen Brücke und auf dem Achterschiff montiert waren. Zwei 12,7-mm-Maschinengewehre in Doppellafette waren in Bootsmitte vorhanden und dienten der Flugabwehr.

Die große Stückzahl von PT-Booten wurde zur Überwachung der von Riffen und Atollen geprägten Inselwelt des Pazifiks eingesetzt. Die kleinen Schnellboote konnten wegen ihres geringen Tiefgangs bis in unmittelbare Ufernähe operieren. Sie störten den gegnerischen Schiffsverkehr und unterstützten bei Landungsoperationen. In den Kampfeinsätzen, aber auch durch Friendly Fire und durch schweres Wetter gingen 69 Boote verloren. Weitere zwölf Boote mussten ausgesondert werden, da sie in den Kampfhandlungen aufgebraucht und abgefahren waren. Für das Schnellboot »PT 109« ist als Besonderheit zu erwähnen, dass es unter dem Kommando des späteren US-Präsidenten John F. Kennedy im Pazifikkrieg eingesetzt war.

PT-Boote im Stützpunkt. Im Vergleich mit den Besatzungsmitgliedern kann man die geringe Größe der Boote abschätzen. Foto: US Navy

Die zwei Abbildungen zeigen amerikanische PT-Boote bei hoher Fahrtstufe. Fotos: US Navy

Eine weitere Abbildung zeigt ein amerikanisches PT-Boot bei hoher Fahrtstufe. Foto: US Navy

Tabelle Schiffsdaten Schnellboote, Deutschland						
Bauserie	**»S 2« - »S 5«**	**»S 6«**	**»S 7« - »S 9«**	**»S 10« - »S 13«**	**»S 14« - »S 17«**	**»S 18« - »S 25«**
Anzahl	4	1	3	4	4	8
Verdrängung (t)	57,6	95,0	86,0	92,0	117,0	105,4
Länge (m)	28,04	32,36	32,36	32,36	34,62	34,62
Breite (m)	4,30	5,06	5,06	5,06	5,26	5,26
Tiefgang (m)	1,50	1,66	1,36	1,42	1,67	1,67
Besatzungsstärke	12	12	18	18	180	20
Antriebsleistung (PS)	3000 + 100	3960	3960	3960	6150	6000
Antriebswellen	3	3	3	3	3	3
Geschwindigkeit (kn)	33,8	35,5	36,5	35,0	37,7	39,8
Fahrbereich (sm / kn)	582 / 22	758 / 22	758 / 22	758 / 22	500 / 22	700 / 35
Torpedobewaffnung	4 x 53,3 cm					
Artilleriebewaffnung	1 x 2 cm, später stärkere unterschiedliche Flak-Bewaffnung					

1.6 - Die deutschen Minensuchboote

Minensuchboote 1916

Minensuchboote 1916 der Reichsmarine im Päckchen an der Pier liegend. Foto: Deutscher Marinebund

Im Russisch-Japanischen Krieg kam 1904 / 1905 zum ersten Mal im größeren Stil die Mine als neues Seekriegsmittel zum Einsatz. Die japanische Marine verlor in diesem Krieg insgesamt zwölf Kriegsschiffe durch Seeminen. Russland musste acht Einheiten als Minenverluste abschreiben. Auf Grund dieser Erfahrungen stellte die Kaiserliche Marine im Jahr 1905 die erste Minensuchdivision auf.

Der Bau von speziellen Minenabwehrfahrzeugen stand aber noch lange nicht auf der Prioritätenliste der Flottenrüstung. In Deutschland sollten alte und zur Minensuche umgebaute Torpedoboote in dieser Funktion verwendet werden. Im Kriegsfall war die Ergänzung durch weitere Provisorien wie Schlepper und Fischdampfer vorgesehen. Doch die raue Wirklichkeit der ersten Kriegsmonate zeigte schon recht bald, dass diese Rechnung so nicht aufgehen würde. Spezialfahrzeuge waren gefordert.

So kam es 1914 zu eigenständigen Amtsentwürfen für diesen neu zu schaffenden Bootstyp. Im Jahre 1915 begann der Bau der später als Minensuchboot 1916 bezeichneten Boote. Mit »M 1« lief die erste Einheit am 26. Mai 1915 vom Stapel und stellte am 17. Juli 1915 in Dienst. Es folgten bei verschiedenen Werften noch insgesamt 175 weitere Beauftragungen, die aber nicht alle bis zum fertigen Minensuchboot abgewickelt werden konnten.

Zahlreiche Bauaufträge wurden bei Kriegsende storniert. Bei einigen noch im Bau befindlichen unfertigen Einheiten kam es zum Verkauf ins Ausland. Weitere wurden abgebrochen oder zu anderen Zwecken weiter gebaut. Tatsächlich kamen 136 Minensuchboote 1916 in Dienst, davon 22 erst 1919 und nochmals drei Boote im Jahr 1920. Durch Kriegsereignisse gerieten 29 Minensuchboote in Totalverlust.

Nach dem Krieg verblieben 38 Minensuchboote im Bestand der Reichsmarine. Sie wurden auch dringend gebraucht, denn nach den Artikeln 182 und 193 des Versailler Vertrages war Deutschland verpflichtet die im Krieg in der Nord- und Ostsee gelegten Seeminen zu räumen und dafür Minenräumfahrzeuge im Dienst zu halten.

Die in Dienst gestellten Minensuchboote 1916 waren nicht identisch. Je nach Bauserie und Bauwerft wiesen sie in ihren Abmessungen, ihren technischen Daten, ihren Maschinenleistungen und in ihrer Bewaffnung geringfügige Abweichungen auf.

Allgemein galten die Boote als gute Seeschiffe mit guten Dreh- und Manövriereigenschaften. Die Verdrängung der Boote lag zwischen 456 und 550 Tonnen. Die Bootslängen variierten zwischen 55 und 59 Meter. Die Bootsbreite war nahezu einheitlich bei 7,30 Meter. Der Tiefgang schwankte geringfügig zwischen 2,00 und 2,25 Meter und war für die Bootsgröße ein sehr niedriger Wert. Dies war für ein Minensuchboot überlebenswichtig, denn es musste schließlich über einem scharfen und noch aktiven Minenfeld operieren. Das eigentliche Räumen der Minen erfolgte mittels der ausgebrachten und geschleppten Räumvorrichtungen. Nicht umsonst gab es bei den Besatzungen der Minensuchboote den Spruch: »Wer Minen sucht, ist Gott am nächsten.«

Der Antrieb des Minensuchbootes 1916 bestand aus zwei stehenden Dreizylinder-Dreifach-Expansionsdampfmaschinen nach Handelschiffsbauart. Die Gesamtleistung lag unterschiedlich bei 1745 bis 1850 PS. Die Dampfmaschinen waren in einem Maschinenraum untergebracht. In zwei kohlebefeuerten Marinekesseln mit vier Feuerstellen wurde ein Dampfdruck von 16 atü erzeugt. Damit erreichten die Minensuchboote über ihre beiden Wellen eine Geschwindigkeit von 16 Knoten. Die Fahrstrecke belief sich - je nach Bauserie - bei 14 Knoten auf 1680 bis 2000 Seemeilen.

Viele der von der Reichsmarine übernommen Minensuchboote 1916 blieben auch noch in der Kriegsmarine im Dienst und kamen noch im Zweiten Weltkrieg noch zum Einsatz. Sie wurden sowohl in ihrem eigentlichen Verwendungszweck als Minensuchboot genutzt wie auch zu diversen Spezial- und Hilfsfahrzeugen umgebaut.

Die als Minensuchboote genutzten Einheiten waren vorne oder achtern mit einem 10,5-cm-Geschütz sowie ein, zwei oder drei 2-cm-Geschützen bestückt. Die Boote konnten zudem 24 Minen mitnehmen, hatten aber auch zusätzlich Wasserbomben für die U-Bootjagd an Bord.

Auch im Zweiten Weltkrieg waren die Minensuchboote 1916, hier das Boot »M 72«, noch im Einsatz. Foto: Deutscher Marinebund

Minensuchboote M 35

Minensuchboot »M 6«. Foto: Deutscher Marinebund

Gemäß den Bestimmungen des Versailler Vertrags musste Deutschland die im Krieg gelegten Minensperren beseitigen. Nach Abschluss der Räumarbeiten verblieb ein Großteil der Minensuchboote weiterhin in der Reichsmarine. Starke Abnutzung und beträchtliche Verschleißerscheinungen ließen zu Beginn der 1930er Jahre immer stärker die Forderung nach Ersatzbauten aufkommen.

Aufbauend auf dem bewährten Minensuchboot 1916 entstand mit dem Amtsentwurf 1935 eine neue Klasse, das Minensuchboot 1935. Der Entwurf war den nötigen Neuerungen der Minenabwehr angepasst. Weiterhin sollten die Einheiten Sicherungs- und U-Jagdaufgaben wahrnehmen. Um die logistischen, technischen oder administrativen Belange einer Flottille bewältigen zu können, wurden verschiedenartige Auslegungen vorgesehen:

- Typ A = Führerboot von Flottillen
- Typ B = Bojenboot mit Flottilleningenieur an Bord
- Typ C = Bojenboot mit Feuerwerker an Bord
- Typ D = Bojenboot mit Verwaltungsoffizier an Bord
- Typ E = Arztboot mit Ärzten und Sanitätern an Bord
- Typ F = Boot mit Verwaltungspersonal an Bord
- Typ G = Boot mit Obersachverwalter an Bord
- Typ H = Boot mit Schumacher an Bord

Insgesamt waren 260 Boote vorgesehen. Zur tatsächlichen Ablieferung kamen aber lediglich 69, die auf zehn Werften gebaut und vom September 1938 bis Juni 1943 in Dienst gestellt wurden. Grund für die nicht volle Ausführung des Bauprogramms war:

- der aufwendige Bau und die damit zusammenhängende lange Bauzeit von 430.000 Arbeitsstunden pro Boot
- die hohen Leistungsanforderungen an das Maschinenpersonal mit den damit verbundenen langen Ausbildungszeiten
- die kriegsbedingten Material-, Personal- und Versorgungsschwierigkeiten
- die angespannte Lage in der Beschaffung von Öl

Die M 35-Boote hatten eine Konstruktionsverdrängung von 772 Tonnen. Der in zwölf Abteilungen unterteilte Schiffskörper aus Stahl war geschweißt. Die Aufbauten waren aus Gewichtsgründen aus Leichtmetall gefertigt und im Brückenbereich mit einer 10 Millimeter starken Panzerung versehen. Charakteristisch war die Bootsschwinge an Steuerbord, im Marinejargon als »Fußballtor« bezeichnet. Die Minensuchboote M 35 galten allgemein als gute Seeschiffe mit hervorragenden Manövriereigenschaften. Im Krieg bestand die Besatzung aus bis zu 119 Mann.

Die Antriebsanlage setzte sich aus zwei ölbefeuerten Hochdruckkesseln (32 atü, 450° C) und zwei je 1750 PS starken Expansionsdampfmaschinen zusammen. Damit erreichten die Boote eine Höchstgeschwindigkeit von 18 Knoten. Der Vortrieb erfolgte über zwei Wellen mit Festpropeller. Lediglich »M 1« und »M 2« erhielten zur

Erprobung zwei Voith-Schneider-Anlagen. Ab »M 25« sollten alle Boote diesen Antrieb erhalten. Wegen Lieferschwierigkeiten und mittlerweile kriegsbedingter Materialengpässe kam es nicht zur Umsetzung. Zur Erzeugung der elektrischen Energie dienten ein 100-kW-Turbogenerator sowie vier Dieselgeneratoren mit jeweils 2 x 20 und 2 x 40 Kilowatt Leistung.

Neben einer umfangreichen Minensuchausrüstung bestand die Bewaffnung aus zwei 10,5-cm-Geschützen mit Schutzschild, einem 3,7-cm-Geschütz sowie zwei 2-cm-Geschützen. Im Krieg wurde teilweise eine verstärkte Flak-Bewaffnung eingerüstet. Zudem waren Einrichtungen zum Legen von Minen vorhanden, von denen 30 Stück mitgenommen werden konnten.

Zur U-Jagdbewaffnung gehörten Wasserbomben und die damals modernsten Unterwasserortungsgeräte. Auf dem Brückendeck gab es ein Entfernungsmessgerät für die 10,5-cm-Geschütze. Ab 1944 wurde auf einigen Booten ein Funkmessortungsgerät eingebaut.

Vom ersten bis zum letzten Tag waren die M 35-Boote in das Kriegsgeschehen eingebunden. Mit vielfältigen Aufgaben beaufschlagt, kamen sie in Ostsee, Nordsee, Norwegen und im Englischen Kanal zum Einsatz. Mit ihrer konstruktionsmäßigen und waffentechnischen Auslegung waren sie nicht nur zum Minenräumen, Minenlegen und zur U-Jagd prädestiniert, ihre starke Artilleriebewaffnung ließ auch das offensive Vorgehen gegen leichte Überwassereinheiten zu. Nicht umsonst sollten sie vom englischen Gegner die Bezeichnung »Channel Destroyers« erhalten. Kurzum: Sie waren die idealen Fahrzeuge für jede mögliche und notwendige Sicherungsaufgabe im Küstenvorfeld. Salopp ausgedrückt: ein »Mädchen für Alles«.

Von den in Norwegen eingesetzten Boote sei besonders »M 1« erwähnt. Unter seinem Kommandanten Kapitänleutnant Hans Bartels ging es als »Tiger der Fjorde« in die Marinegeschichte ein. Teilnahme an der Besetzung von Egersund und handstreichartige Übernahme von norwegischen Schiffen, darunter: ein Zerstörer, vier Torpedoboote und vier bewaffneten Walfangbooten sowie das Abfangen von nach England auslaufenden Handelsschiffen. Geleit- und Transportdienst sowie zahlreiche kühne Küstenunternehmungen konnte »M 1« ebenfalls für sich verbuchen. Für diese mit Energie, Einfallsreichtum und einem Hauch von Haudegentum erbrachten Leistungen erhielt KptLt Bartels als erster Minensuch-Offizier und als zehnter Marineoffizier überhaupt am 16. Mai 1940 das Ritterkreuz. Die gesamte Besatzung wurde mit dem Eisernen Kreuz zweiter Klasse ausgezeichnet. Für die gesamte Kriegszeit verblieb das Boot in Norwegen. Im Nordbyfjord ging es am 12. Januar 1945 durch eine Fliegerbombe verloren.

Die Steuerbordseite eines Minensuchbootes M 35 mit der charakteristischen Bootsschwinge, die auch als »Fußballtor« bezeichnet wurde. Foto: Eberhard Moes / Bundesarchiv / Bild 101II-MW-5896-34 / CC-BY-SA 3.0

Von den M 35-Booten gerieten im Krieg 29 durch Feindeinwirkung in Verlust und fünf Einheiten wurden situationsbedingt durch die eigene Besatzung gesprengt oder versenkt.

Die den Krieg überlebenden M 35-Boote fielen als Kriegsbeute an die Sieger. An Russland gingen 14 Einheiten, die zur Schwarzmeerflotte überführt wurden und zum Teil bis in die 1960er Jahre als Spezialschiffe zu den unterschiedlichsten Zwecken im Dienst blieben. Der amerikanische und britische Beuteanteil wurde der German Minesweeping Administration (GMSA) zugeteilt und räumte bis September 1947 unter britischer Kontrolle die Hinterlassenschaften des Minenkriegs.

Die neu gebildete französische Marine war in gleicher Mission an ihrer Kanalküste tätig. Nichts war naheliegender als hierzu die in den Häfen liegenden deutschen Minenabwehrfahrzeuge zu nutzen. Darunter waren mit »M 9«, »M 24«, »M 28«, »M 38« und »M 85« auch fünf M-35 Boote. Da es nicht möglich war ohne deutsche Hilfe die Boote zu betreiben, warb man unter den Kriegsgefangenen. Nach anfänglichem Misstrauen gelang es auch genügend Personal unter den ehemaligen Minensuchbootfahrern für diese Arbeiten und den späteren Einsatz zu rekrutieren. Unter gemischter Besatzung fuhren die Boote dann zur See. Ab Ende 1946 wurden deutsche Besatzungsanteile nach und nach entlassen und die entstandenen Lücken durch Franzosen ersetzt. Nach Ende der Räumarbeiten im September 1947 fanden die Boote weitere Verwendung in der französischen Marine, erhielten die Namen französischer Flüsse und blieben bis weit in die 1950er Jahre im Dienst. Aus Beständen der aufgelösten GMSA kamen weitere Einheiten hinzu.

Zur Jahreswende 1956 / 1957 übernahm die in der Aufstellung befindliche Bundesmarine aus den französischen Beständen fünf M 35-Boote. Pro Boot waren eine Million DM zu zahlen. Wie es hieß: Als Abgeltung für Unterhaltungskosten. Unter den Namen »Biene« (ex »Belfort«, ex »M 205«), »Bremse« (ex »Vimy«, ex »M 253«), »Brummer« (ex »Yser«, ex »M 85«), »Hummel« (ex »Laffaux«, ex »M 81«) und »Wespe« (ex »Ailette«, ex »M 24«) und mit den Bordnummer F 207 bis F 211 versehen wurde mit ihnen das 1. Geleitgeschwader in Dienst gestellt, das wegen der Bootsnamen auch als »Insekten-Geschwader« bezeichnet wurde. Bis Oktober 1963 blieben die Einheiten in Dienst.

Gefechtsschäden auf einem Minensuchboot M 35 oder M 40. Foto: Deutscher Marinebund

Minensuchboote M 40

Mit der Entwicklung des weniger komplizierten Minensuchbootes M 40 wurde Abhilfe bei den logistischen, technischen und personellen Schwierigkeiten geschaffen, die kriegsbedingt beim Bau des Minensuchbootes M 35 aufgetreten waren.

Auch kleinere Werften waren in der Lage diese Boote recht schnell zu bauen. Insgesamt 240 Einheiten waren geplant. In Dienst gestellt wurden jedoch nur 131 Boote, die von 1942 bis 1944 der Flotte zuliefen und nur 75 Mann an Besatzung benötigten.

Die Minensuchboote M 40 waren wieder gute Seeschiffe mit ausgezeichneten Manövriereigenschaftern. Die als Stahlschiffe mit Leichtmetallaufbauten ausgelegten hochseefähigen Minensucher hatten zwölf Abteilungen.

Die markanteste Änderung gab es in der Antriebsanlage durch die Umstellung auf Kohlebefeuerung. Zwei Dreizylinder-Kolbendampfmaschinen mit angehängter Abdampfturbine verliehen den Booten eine Geschwindigkeit von 17 kn.

Ihre Schiffsdaten wichen geringfügig von denen der M 35-Boote ab und sind in der nachfolgenden Tabelle aufgelistet. Die Bewaffnung war bei den kleinkalibrigen Waffen stärker ausgelegt. Wasserbomben waren eingerüstet, die Mitnahme von Minen jedoch nicht möglich.

Der Kriegseinsatz erfolgte entsprechend dem der M 35-Boote. Durch die Kriegsereignisse gerieten 63 Einheiten in Verlust. Nach Kriegsende fielen die überlebenden Minensuchboote M 40 als Kriegsbeute an die alliierten Siegermächte.

Bereits im Juli 1945 wurden unter britischem Kommando und mit der Bezeichnung German Minesweeping Administration (GMSA) die ersten Minensuchverbände mit Fahrzeugen der ehemaligen Kriegsmarine neu aufgestellt. Die uniformierten deutschen Besatzungen bestanden aus dienstverpflichteten ehemaligen Marinesoldaten. Auch die Amerikaner unterhielten in Bremerhaven mit der Labor Service Unit (B) (LSU (B)) einen eigenen Verband mit ehemaligen deutschen Marinesoldaten. In der GMSA und bei der LSU (B) fanden zahlreiche Minensuchboote M 40 weitere Verwendung.

Mit Aufstellung der neuen deutschen Bundesmarine setzten insgesamt fünf aus der LSU (B) übernommene Minensuchboote M 40 wieder die deutsche Flagge. Als »Seelöwe«-Klasse stellten sie im Juli und August 1956 in Bremerhaven als 2. Hochseeminensuchgeschwader, das Ende November dann in 2. Minensuchgeschwader umbenannt und nach Wilhelmshaven verlegt wurde, in Dienst. Die Boote erhielten Namen von Meerestieren. Im Einzelnen handelt es sich um die Boote »Seehund« (ex »M 388«), »Seeigel« (ex »M 460«), »Seelöwe« (ex »M 441«, »Seepferd« (ex »M 294«) und »Seestern« (ex »M 278«). Die Minensuchboote gingen Anfang 1960 endgültig außer Dienst.

Das Minensuchboot »M 322« aus der Bauserie M 40. Foto: Bibliothek für Zeitgeschichte

Das Minensuchboot »M 386« aus der Bauserie M 40. Foto: Bibliothek für Zeitgeschichte

Minensuchboote M 43

Ein Minensuchboot des Typs M 43. Foto: Bibliothek für Zeitgeschichte

Marinetechnik des Zweiten Weltkriegs im Dienst bei der Bundesmarine. Minensuchboote M 40 / M43 (links) und M 35 (rechts) im Kieler Marinestützpunkt. Links unten ist ein U-Boot des Typs XXIII zu sehen, das ebenfalls für einige Jahre bei der Bundesmarine nochmals eine Wiederverwendung fand. Foto: Archiv Autor

Schon während des Baues der Minensuchboot M 40 erfolgte die Planung der leicht veränderten und etwas größeren Varianten M 43. Diese Bauserie sollte die Boote »M 601« bis »M 1050« umfassen. Ab Ende 1944 stellten jedoch nur noch 15 Boote in Dienst. Weitere unfertige Boote wurden durch die Siegermächte, denen sie als Kriegsbeute zugesprochen worden waren, zum Teil zu Ende gebaut.

Das Besondere an den Minensuchbooten M 43 ist die Sektionsbauweise, wie sie zum Beispiel auch beim Bau der U-Boote des Typs XXI durchgeführt wurde. Sieben Sektionen, deren einzelne Baugruppen auch im Binnenland gefertigt werden konnten und dann per Bahntransport zu den Bauwerften gebracht wurden, hat man hierfür definiert:

- Sektion 1 Hinterschiff
- Sektion 2 Wohnräume
- Sektion 3 Maschinenraum
- Sektion 4 Kesselraum
- Sektion 5 Vorschiff
- Sektion 6 Brücke
- Sektion 7 Aufbauten

Der Antrieb der M 43-Boote war mit dem der M 40-Boote identisch.

Bei der Bewaffnung war eine stärkere Flugabwehr als auf den Vorgängerbooten vorhanden. Außerdem konnten neben Wasserbomben wieder bis zu 24 Minen mitgeführt werden.

Von den in Dienst gestellten M 43-Booten gingen kriegsbedingt durch amerikanische Fliegerbomben drei Einheiten auf der Kieler Förde verloren. Die den Krieg überlebenden zwölf Booote kamen bei der German Minesweeping Administration (GMSA) und der Labor Service Unit (B) (LSU (B)) wieder in Verwendung.

Mit Aufstellung der deutschen Bundesmarine setzte ein Boot, das ehemalige »M 611«, als »Seeschlange« am 15. August 1956 nochmals die deutsche Flagge. Am 13. Februar 1960 stellte es endgültig außer Dienst.

Räumboote

»R 24« war ein Räumboot, das, wie auch zahlreiche andere Boote, durch Voith-Schneider-Propeller angetrieben wurde. Foto: Deutscher Marinebund

Ein von den UZ-Booten und den F-Booten der Kaiserlichen Marine abgeleiteter Amtsentwurf der Reichsmarine ging 1930 als Auftrag »R 1« an die Lürssen Werft in Vegesack. Auf der gegenüberliegenden Weserseite in Lemwerder bekam die Werft Abeking & Rasmussen (A&R) den Auftrag für ein zweites Boot. Mit diesem »R 2« sollte eine Art Gegenentwurf entstehen.

Daher ließ die Marine der Werft Konstruktionsspielraum. »Die Zeichnungen sind nur für den Generalentwurf maßgebend und können, soweit nicht anders bestimmt ist, in den Einzelheiten nach den Erfahrungen der Bauwerft geändert und ergänzt werden«, hieß es in der für A&R gültigen Bauvorschrift.

Damit war auch der Grundstein gelegt für insgesamt 166 Räumboote, die bis Ende des Zweiten Weltkriegs bei A&R noch gebaut werden sollten. Weitere 137 Boote wurden nach A&R-Bauplänen auf anderen deutschen Werften hergestellt.

Für den Schiffsrumpf wurde eine aus dem Yachtbau übernommene Komposit-Bauweise gewählt. Das Spantensystem aus Leichtmetall trug drei unterschiedlich übergreifende Lagen von Mahagoni-Holz. Dadurch waren die Konstruktion sehr elastisch. Ein Baumerkmal, das die Boote im Krieg so manche Minendetonation überstehen ließ.

»R 2« hatte bei 24,5 Meter Länge eine Verdrängung von etwa 60 Tonnen. Zwei Dieselmotoren dienten als Antriebsmaschinen für die beiden Wellen mit Verstellpropeller. Die Erprobungen gestalteten sich schwierig. Bei der Antriebsanlage traten viele Probleme auf. Noch während der Erprobungen mit »R 2« kam es zur Auftragsvergabe der Folgeboote »R 3« bis »R 7«. Diese waren zwei Meter länger und erhielten wieder Festpropeller.

Bei den Booten »R 18« bis »R 20« kamen als Vortrieb erstmals zwei Voith-Schneider-Propeller zum Einbau, die jeweils von einem Dieselmotor angetrieben wurden. Die Boote lagen gut in der See, liefen kaum aus dem Ruder und besaßen beste Manövriereigenschaften bis hin zum Traversieren.

Räumboote (vermutlich) auf dem Rhein. Foto: US Navy

Räumboote auf dem Marsch im Verband. Foto: Feitel / Bundesarchiv / Bild 101II-MW-1562-23 / CC-BY-SA 3.0

Bei Beibehaltung der Grundkonzeption wuchs im Laufe der Zeit die Bootslänge auf 37 Meter und die Tonnage auf rund 120 Tonnen an. Während des Kriegs erfolgte nochmals eine Vergrößerung der Boote. In der Folge verdrängten die Räumboote rund 155 Tonnen bei 41 Meter Bootslänge. Die zahlreicher werdende Räumgeräte und die leichten Geschütze für die Flugabwehr benötigten eben Platz.

Die Schiffsdaten für die in den letzten beiden Kriegsjahren gebauten großen Räumboote sind in der nachfolgenden Tabelle am Beispiel der Baureihe »R 130« für die Voith-Schneider-Variante und der Baureihe »R 218« für die Variante mit Antriebswellen aufgelistet.

Letztere hatte zwar eine geringere Manövrierfähigkeit, aber bei gleicher Bootsgröße eine um vier Knoten höhere Geschwindigkeit. Außerdem konnten die Boote zusätzliche sieben bis acht Tonnen an militärischer Zuladung mitnehmen. Zudem waren sie nicht den Betriebsstörungen des komplizierten Voith-Schneider-Antriebs ausgesetzt.

Die Räumboote waren neben ihrem Minensuchgerät in unterschiedlicher Anzahl mit 3,7-cm- und 2-cm-Geschützen ausgerüstet. Für Minenlegeaufgaben konnten sie acht respektive zwölf Minen transportieren.

Die Räumboote beider Antriebsvarianten bewährten sich im küstennahen Fronteinsatz vorzüglich. Sie kamen in der Ostsee, der Nordsee, in norwegischen Gewässern und im Englischen Kanal sowie, nach Verlegung über die Binnenwasserstraßen, auch im Schwarzen Meer zum Einsatz. Dank ihrer Seetüchtigkeit, Standfestigkeit und hohen Verfügbarkeit wurden sie neben ihren eigentlichen Minenräumaufgaben auch als »Mädchen für alles« zu vielen Aufgabern im Küstenvorfeld eingesetzt. Durch Kriegsereignisse gingen von den insgesamt über 303 gebauten Einheiten 137 Räumboote verloren. Das sind 45 Prozent. Die überlebenden Boote gingen in alliierte Hände über.

Bis in den April 1945 wurde bei A&R an der Fertigstellung von Räumbooten gearbeitet. Kapitulation und Kriegsende unterbrachen diese Arbeiten kaum. Räumboote trugen weiterhin zur Beschäftigung auf der Werft bei. Die von der German Minesweeping Administration übernommen Einheiten kamen regelmäßig zu Reparatur- und Wartungsarbeiten. Auch die Labor Service Unit (B) ließ bei A&R ihre im Dienst befindlichen Boote in Stand setzen.

Beim Neuaufbau der Budesmarine gingen aus diesen alliierten Organisationen insgesamt 20 Boote in den Bestand der Bundesmarine über und blieben dort bis in die frühen 1960er Jahren als Schnelle Minensuchboote im Dienst.

Ein Räumboot läuft hohe Fahrt. Foto: Bibliothek für Zeitgeschichte

Ein Räumboot läuft aus einem S-Boot- oder U-Bootbunker aus. Foto: Bibliothek für Zeitgeschichte

Das ehemalige Räumboot »R 99« als »USN 148« der Labor Service Unit (B) bei einem Werftaufenthalt Anfang der 1950er Jahre. Als Schnelles Minensuchboot »Algol« war es noch in der Bundesmarine im Einsatz. Foto: H. Biwald

Kriegsfischkutter

Mit 1.072 zugeteilten Baunummern, von denen allerdings nur 612 Einheiten tatsächlich fertig gestellt wurden, ist der Kriegsfischkutter, in Kurzform auch als KFK bezeichnet, nach dem amerikanischen Landing Ship Tank (LST) die weltweit zweitgrößte Schiffbauserie bei den Überwassereinheiten.

Der Ursprung des Kriegsfischkutters liegt, wie der Name schon erahnen lässt, im zivilen Bereich: der Fischerei. Mit Beginn der zunehmenden Industrialisierung stieg zu Ende des 19. Jahrhunderts auch die Nachfrage nach Fisch zur Ernährung der ebenfalls wachsenden Bevölkerung. Um die steigende Nachfrage zu bedienen, sahen sich die deutsche Küstenfischer gezwungen ihre Fanggebiete auch auf die Hohe See auszudehnen. Mit ihren für die küstennahen Gewässern tauglichen Fischereifahrzeugen war dies jedoch mit hohen Sicherheitsrisiken, bis hin zu Totalverlusten, verbunden.

Der Deutsche Seefischerei Verein war als Interessenvertretung schon seit der Jahrhundertwende um die Schaffung eines den Verhältnissen angepassten und vor allem seetüchtigen Fischkutters bemüht. Schiffbauer und Bootswerften legten eine Vielzahl von Entwürfen vor. Als 1938 die neu gegründete Reichsanstalt für Fischerei die Aufgabe des aufgelösten Deutschen Seefischerei Vereins übernahm, setzte sie die Bemühungen zum Entwurf eines Einheitskutters fort. Um die Unwirtschaftlichkeit, bedingt durch die Vielzahl von Kuttertypen, abzubauen und die Sicherheit auf See zu erhöhen, setzte man auf einen Einheitstyp. Mit ingenieurwissenschaftlichen Grundlagen und in Modellversuchen ging man ans Werk. Uneingeschränkte Seefähigkeit für Nord- und Ostsee, optimale Formgebung und minimale Antriebsleistung für neun Knoten Fahrt waren die Vorgaben. Zudem sollte eine Besegelung zur Ausrüstung gehören. Somit waren auch gute Segeleigenschaften mit im Forderungskatalog. Aus den verschiedensten Entwürfen ging ein 24-m-Boot als Sieger hervor, das dann die Bezeichnung Reichsfischkutter (RFK) erhielt.

Ein umfangreich mit Flak-Geschützen ausgerüsteter Kriegsfischkutter. Foto: Bibliothek für Zeitgeschichte

Doch soweit sollte es nicht mehr kommen. Mit Ausbruch des Zweiten Weltkriegs hatte sich die Lage entscheidend verändert. Einerseits war situationsbedingt zunächst nicht mehr an Fischerei im großen Stil zu denken. Andererseits brauchte die Kriegsmarine zunehmend Hilfsminensuch- und Sicherungsfahrzeuge für den Vorpostendienst. Dem Oberkommando der Kriegsmarine kamen daher die zivilen Arbeiten am Reichsfischkutter äußerst gelegen. Man war von dem Entwurf angetan und übernahm diesen mit kleineren Abänderungen als Kriegsfischkutter (KFK) in das eigene Rüstungsprogramm. Zwei Fliegen wurden so mit einer Klappe erschlagen. Man schloss schnell und sachgerecht eine Beschaffungslücke und nach dem Krieg hätten nach entsprechender Rückrüstung ohne großen Aufwand vollwertige Fischereifahrzeuge zur Verfügung gestanden, was dann ja auch später tatsächlich der Fall war. Allerdings unter Umständen, wie man sie so gewiss nicht geplant hatte.

Der KFK war in Kompositbauweise mit eisernen Spanten gefertigt. Kiel und Steven sowie die Außenhaut waren aus Eichenholz. Später griff man aus Materialknappheit auch auf Kiefer zurück. Im Gegensatz zum RFK mit vorgesehenem Kreuzerheck verfügte der KFK zur besseren Handhabung des Räumgerätes über ein Spiegelheck. Der Rumpf zeigt nahezu yachtartig scharfe Linien im Bereich von Vor- und Achterschiff und besitzt eine hohe Aufkimmung. Das verlieh den Booten eine besonders gute Seetüchtigkeit.

Gebaut wurden die KFK hauptsächlich auf der Ernst Burmester Schiffswerft in Swinemünde. Zu der schon vorhandenen Werftanlage wurde hierzu 1941 / 1942 nochmals eine eigene KFK-Werft regelrecht aus dem Boden gestampft, damit der KFK-Bau in Serienproduktion stattfinden konnte. Im Juli 1944 bekam der KFK-Bau nach dem U-Bootbau sogar die zweithöchste Dringlichkeitsstufe. Zu diesem Zeitpunkt waren bereits über 500 KFK im Dienst Auch Werften in den von der deutschen Wehrmacht besetzten Gebieten waren mit in das Programm einbezogen. Selbst schwedische Werften waren ohne es zu wissen am Bau beteiligt. Von deutscher Seite wurden offiziell vom Reichsernährungsministerium Kutter nach den KFK-Plänen für den zivilen Fischfang mit vollem Fanggeschirr in Auftrag gegeben. Nach Ablieferung der fertigen Fischkutter wurden diese von der Burmester-

Werft zum KFK konvertiert. Das Fanggeschirr kam von Bord und die militärische Einrichtungen kamen an Bord.

Als Antrieb dienten Zweitaktdieselmotoren unterschiedlicher Fertigung. Man griff einfach auf Motorentypen zurück, die gerade beim Bau zur Verfügung standen oder die leicht zu beschaffen waren. Mit 175-Wellen-PS erreichten die KFK neun Knoten Geschwindigkeit. Dem Vortrieb diente ein Propeller von 1,30 m Durchmesser.

Die Bewaffnung war im Krieg recht unterschiedlich. Es wurden Maschinenwaffen im Kaliber von zwei und 3,7 Zentimeter in Einzel-, Doppel- oder Vierlingslafetten eingerüstet. Die als U-Jäger eingesetzten KFK führten auch Wasserbomben mit sich.

Kriegsfischkutter auf Einsatzfahrt. Foto: Bibliothek für Zeitgeschichte

Der KFK war ein außerordentlich robuster und seetüchtiger sowie für die Nord- und Ostsee optimierter Bootstyp, der von der deutschen Kriegsmarine zu unzähligen Aufgaben herangezogen wurde. Auf allen Seekriegsschauplätzen kamen die 24 Meter langen und 110 Tonnen verdrängenden Boote zum Einsatz. Sie fanden Verwendung als Minensuchboote, U-Jäger, Geleitfahrzeuge und als Hafenschutz- und Vorpostenboote. Weiterhin waren sie eingesetzt als Schul- und Erprobungsboote sowie als Wachfahrzeuge von den Netzsperren der in Norwegen liegenden großen Schiffe der Kriegsmarine. Sie waren eben das »Mädchen für alles«. Auch auf sie lässt sich im übertragenden Sinne der bekannte Minensucherspruch anwenden: »Wo die Flotte fährt, sind wir schon gewesen«.

Im Mai 1943 kam es zu einer recht außergewöhnlichen und spektakulären Aktion. Über Binnenwasserwege, Autobahn und Donau wurden 18 der überall gefragten Boote in das Schwarze Meer verlegt. Durch vorübergehendes Entfernen der Aufbauten waren die Boote für diese Transportwege tauglich gemacht worden.

Hinweistafel mit dem Lebenslauf des ehemaligen Kriegsfischkutters »KFK 334« und heutigen Restaurantschiffs »Capella«. Foto: Hans Karr

Das Restaurantschiff »Capella« ex »KFK 334« im Hafen von Eckernförde. Foto: Hans Karr

Zwischen den Zeilen gelesen, zeigt das doch die Bedeutung auf, die man ihnen zukommen lassen muss. Auch wenn sie nicht im Glanz der Ritterkreuze wie etwa die U-Boote standen, kaum in den Schlagzeilen der Wehrmachtsmeldungen auftauchten und keine großen und spektakuläre Unternehmungen durchführten. Mehr oder weniger aus dem Hintergrund und aus dem Verborgenen heraus leisteten sie im Sicherungsdienst ihren doch so wichtigen Beitrag im Gesamtgeschehen des Seekriegs.

Die letzte große Bewährung kam im April und Mai 1945 bei der Rettung tausender Flüchtlinge und Soldaten aus den deutschen Ostgebieten. Mit teilweise über 200 Menschen an Bord erreichten KFK noch Tage nach der Kapitulation die Häfen Kiel, Kappeln und Flensburg.

Insgesamt gingen 135 Einheiten durch Kriegsereignisse verloren. Fast 450 KFK erhielten die Siegermächte als Kriegsbeute zugesprochen. Diese KFK fanden Verwendung bei der German Minesweeping Administration (GMSA) in deren Schiffsbestand zunächst 197 KFK übernommen wurden. Nach entsprechendem Umbau kam aber auch ein Großteil der Einheiten in der Kutterfischerei zum Einsatz, damit schließt sich der Kreis zum anfangs erwähnten Reichsfischkutter.

Eine große Anzahl von unfertigen Bootsrümpfen wurde auf unterschiedlichste Art und Weise als Fischkutter, Motor- und Segelyachten oder zu anderen Zwecken fertiggestellt. Noch in den 1960er Jahren fuhren nachweislich ehemalige KFK in der Berufsfischerei zur See. Der deutsche Seegrenzschutz und in Folge die neu aufgestellte Bundesmarine nutzten KFK als Wachboote.

Selbst heute, 77 Jahre nach Kriegsende, sind immer noch zahlreiche ehemalige KFK aktiv und werden auf unterschiedlichster Art und Weise als Yachten oder für kommerzielle Zwecke genutzt. Als Beispiel hierzu sei der ehemalige Kriegsfischkutter »KFK 334« angeführt. Unter dem Namen »Capella« liegt er aktuell in Schleswig-Holstein als Restaurantschiff und Fischimbiss im Hafen von Eckernförde an der Pier.

Tabelle Bootsdaten Minensuchboote, Deutschland

Bootstyp	1916	M 35	M 40	M 43	Räumboote	Räumboote	Kriegsfischkutter
Anzahl	38	69	131	15	21	49	612
Verdrängung (t)	550	772	775	821	155	154	110
Länge (m)	59,00	68,10	62,30	67,75	41,05	39,35	24,00
Breite (m)	7,30	8,70	8,50	9,00	5,80	5,72	6,40
Tiefgang (m)	2,25	2,65	2,82	2,68	1,67	1,67	2,75
Besatzungsstärke	40	119	75	107	41	40	18
Antriebsleistung (PS)	1850	3500	2400	2400	2155	2550	175
Antriebswellen	2	2	2	2	2 x Voith-Schn.	2 x Welle	1
Geschwindigkeit (kn)	16	18	17	17	20	24	9
Fahrbereich (sm / kn)	2000 / 14	5000 / 10	4000 / 10	4000 / 10	900 / 15	1000 / 15	1200 / 7
Artilleriebewaffnung	1 x 10,5 cm, 2 x 2 cm	2 x 10,5 cm, 1 x 3,7 cm, 2 x 2 cm	2 x 10,5 cm, 4 x 3,7 cm, 6 x 2 cm	2 x 10,5 cm, 2 x 3,7 cm, 8 x 2 cm	2-6 x 2 cm	1 x 3,7 cm, 3-6 x 2 cm	1 x 3,7 cm, 4 x 2 cm
Minenzuladung	24	30	keine	24	8	12	keine

1.7 - Landungsschiffe

Provisorische Landungsfahrzeuge

Zum Anlanden auf der türkischen Halbinsel Gallipoli nutzten die Engländer noch speziell für diesen Zweck improvisiert hergerichtete Boote. Foto: Royal Navy

Seit 5000 Jahren fährt der Mensch nachweislich und wissenschaftlich belegt zur See. Er betrieb Handel, führte Seekriege und entdeckte neue Kontinente und Länder. Für die verschiedenste Zwecke entwickelte er immer wieder spezielle Seefahrzeuge. Spezialisierte Schiffs- oder Bootstypen für Landungsunternehmen und amphibische Operationen wurden aber erst im 20. Jahrhundert systematisch entwickelt.

Im Ersten Weltkrieg fanden zahlreiche Landungsunternehmen und amphibische Operationen statt, die aber noch ausnahmslos improvisiert waren. In der Regel dienten normale Handelsschiffe als Truppentransporter und deren Rettungsboote als Ausschiffungs- und Anlandungsfahrzeuge. Hierzu vier Beispiele.

Ab Ende April 1915 versuchten britische Truppen in den Dardanellen auf der türkischen Halbinsel Gallipoli zu landen, was aber letztendlich an der Abwehr der Verteidiger scheiterte. Die hierbei genutzten Landungsfahrzeuge zum Verbringen der Soldaten, der Pferde, der Waffen und des Materials waren noch recht einfache für diesen Zweck improvisiert hergerichtete Boote.

Als ein Musterbeispiel für das Zusammenwirken von Kaiserlicher Marine und dem deutschen Heer kann das Landungsunternehmen auf den baltischen Inseln Ösel, Dagö und Moon im Oktober 1917 angesehen werden. Aber auch hier verfügte man neben zivilen Schiffen und Booten nur über einfach hergerichtete Landungsboote, sogenannte Pferdeboote, um die Truppen und den Nachschub von Frachtschiffen aus an offener Küste anzulanden. Die Boote besaßen keinen Motor und wurden entweder an ei-

Ausschiffung von Truppen mittels Rettungsbooten während der Besetzung der Baltischen Inseln im Oktober 1917. Im Hintergrund ist der Kleine Kreuzer »Danzig« abgebildet. Foto: Bundesarchiv / Bild 146-1970-074-34 / CC-BY-SA 3.0

ner Seilverbindung zwischen Schiff und Strand hin- und hergezogen oder von Motorbooten geschleppt. Im Gegensatz zu den britischen Landungsfahrzeugen in den Dardanellen hatten die Pferdeboote schon eine abklappbare Rampe für das Entladen am Strand.

Zu Beginn des Zweiten Weltkriegs musste die deutsche Seite bei ihren Landungsoperationen weiterhin mit Provisorien leben. Der Transport der Truppen nebst ihrer Ausrüstung bei der Besetzung von Norwegen geschah Anfang April mit herkömmlichen Kriegsschiffen. Da sich die Aktion nur gegen ausgebaute Häfen richtete, war das Ausschiffen der Heeressoldaten, sieht man von der starken Feindbedrohung und der Gegenwehr während des Anmarsches einmal ab, kein Problem.

Für die geplante Landung in England - zunächst vorgesehen für Sommer 1940, dann auf Frühjahr 1941 verschoben und dann letztendlich nicht mehr weiter verfolgt - berechnete man in der Kriegsmarine einen Bedarf von 168 Frachtern, 1975 Prähmen und Kähnen, 100 Küstenmotorschiffen, 420 Schleppern und 1600 Motorbooten, um die für die Invasion notwendigen Heeresverbände über den Englischen Kanal überzusetzen. Wie man sieht: Ein wahres Sammelsurium von Seefahrzeugen, das dann von den Kanalhäfen hätte auslaufen sollen und dann auch noch unter Kriegs- und Gefechtsbedingungen.

Ganz anders sah es auf amerikanischer Seite aus. Hier wurde mit dem Aufbau von amphibischen Verbänden, die diesen Namen auch wirklich verdienten, ein neues Kapitel in der Seekriegsführung geschrieben.

Auf Basis britischer Entwürfe begann man Anfang des Zweiten Weltkriegs mit der Entwicklung und dem Bau des Landing Ship Tank (LST), das speziell für den Transport von Panzern und für Kampflandungen konzipiert wurde. Im Laufe des Kriegs wurden 1051 Einheiten dieser mit Abstand nach Anzahl wie auch nach Schiffsgröße umfangreichsten amphibischen Schiffsklasse in Dienst gestellt. Zugleich kam es zu einem zahlenmäßig großen Bau von weiteren Landungsschiffen unterschiedlichster Bauart.

Mit dieser riesigen Landungsschiffflotte bestritt die US Navy auf dem pazifischen Kriegsschauplatz ihre Operationen. Bei der Landung in Französisch-Nordafrika (November 1942) kamen die Schiffe ebenso zum Einsatz wie bei den Landungen auf Sizilien (Juli 1943) und auf dem italienischen Festland bei Salerno (September 1943) wie auch später bei der Landung in der Normandie (Juni 1944) und in Südfrankreich (August 1944), dem südlichen Gegenstück.

Die wichtigsten Klassen, die unter anderem auch bei diesen Operationen zum Einsatz kamen, werden nachfolgend kurz beschrieben.

Ein sogenanntes Pferdeboot wird von einem Handelsschiff aus beladen. Foto: Bundesarchiv / Bild 146-1977-101-42 / CC-BY-SA 3.0

Amerikanische Landungsschiffe an einem südfranzösischem Strand. Foto: US Navy

Für die Landung in England bereitgestellte Flusskähne. Foto: Bundesarchiv / Bild 101II-MN-1369-10A / CC-BY-SA 3.0

Landing Ship Tank, USA

Der Bau des ersten Landing Ship Tank (LST) begann am 20. Juli 1942 mit der Kiellegung. Am 14. Dezember 1942 stellte es schon in Dienst. In rascher Folge kam es auf 19 verschiedenen Werften, davon auch einige im Binnenland, zur Fertigung einer großen Anzahl von weiteren Einheiten. Das Bauprogramm hatte während des gesamten Kriegs höchste Priorität. In der Bauausführung gab es bei den insgesamt 1051 gebauten Einheiten zum Teil erhebliche Unterschiede sowie grundsätzliche Schiffsvarianten.

Das LST hatte einen flachen Kiel und konnte kontrolliert direkt auf den Strand auflaufen. Um sich nach der Anlandung und Entladung wieder leichter vom Strand lösen zu können, hatte es eine starke Heckankereinrichtung.

Landing Ship Tank »LST 178«. Foto: US Navy

Deckaufteilung eines Landing Ship Tank. Foto: US Navy

Ein Bild aus den 1950er Jahren von »LST 845«. Foto: US Navy

Ein auffälliges Merkmal war das zweiflügelige Bugtor. In Verbindung mit einer Rampe erfolgte die Entladung der Panzer oder Fahrzeuge. Über einen Aufzug gelangten die Fahrzeuge vom oberen auf das untere Deck, das zugleich als Ausfahrdeck diente. An amphibischer Ladung war die Mitnahme von 1900 Tonnen an Gütern oder Panzern oder Fahrzeugen möglich.

Der Antrieb bestand für die Schiffsgröße aus zwei relativ schwachen Dieselmotoren mit jeweils nur 900 PS Leistung.

Als Bewaffnung waren zum Eigenschutz bis zu acht 40-mm-Geschütze oder zwölf 20-mm-Geschütze eingerüstet. Es gab aber auch viele andere Varianten bei der Artilleriebewaffnung.

Der Einsatz der LST erfolgte sozusagen weltweit auf allen Kriegsschauplätzen. Sie bildeten das Rückgrat aller alliierter Landungsunternehmen. Der erste amphibische Kampfeinsatz fand im Juni 1943 auf den Salomonen statt. Nur 42 LST gerieten während des Kriegs in Verlust, davon 30 durch direkte Feindeinwirkung und zwölf durch Unfälle.

»LST 983« bei einer Anlandung von Fahrzeugen Anfang der 1960er Jahre. Foto: US Navy

Der Großteil der LST wurde nach dem Krieg in das Reserveverhältnis überführt oder für kommerzielle Zwecke an Privat verkauft. Bei weiteren LST kam es zur Übergabe an zahlreiche befreundete Marinen, wobei Großbritannien bereits während des Kriegs 113 LST erhalten, hatte von denen zwölf zu Kriegsverlusten wurden. In der amerikanischen Marine stellte das letzte LST im Jahre 1989 außer Dienst. In seinen letzten Dienstjahren hatte es jedoch Spezial- und Sonderverwendungen.

Landing Ship Medium, USA

Das Landing Ship Medium (LSM) wurde Mitte 1943 entworfen. Der Bau der Einheiten begann im Februar 1944. In den Jahren 1944 / 1945 stellten insgesamt 558 Landungsschiffe in Dienst, die auf sechs Werften gebaut wurden.

Das LSM hatte ein offenes Hauptdeck / Ladedeck mit beiderseitig hochgezogenen Bordwänden. An Steuerbord war ein inselartiger Brückenaufbau vorhanden. Das LSM konnte kontrolliert auf den Strand auflaufen und dann durch das zweiflügeliges Bugtor über eine Bugrampe die Landungsfahrzeuge entladen. An amphibischer Ladung war die Mitnahme von 150 Tonnen an Panzern, Fahrzeugen und Gütern möglich.

Zwei Dieselmotoren von jeweils 1400 PS gaben dem LSM über zwei Wellen eine Geschwindigkeit von 13 Knoten. Sie waren damit etwas schneller und manövrierfähiger als die Landing Ship Tank (LST).

Die Bewaffnung der LSM war recht unterschiedlich. In der Regel waren zwei 40-mm-Geschütze oder vier 20-mm-Geschütze eingerüstet.

Von den LSM wurden 59 Einheiten als Landing Ship Medium (Rocket) (LSM(R)) konzipiert. Diese Variante war mit Raketenwerfern für den Beschuss des Landungsstrandes ausgerüstet.

Landing Ship Medium beim Annähern an die Landungszone. Foto: US Marine Corps / CC-BY-SA 2.0

Die LSM kamen in pazifischen wie auch in europäischen Kriegsschauplätzen zum Einsatz. Genau wie das LST spielte auch das LSM in der amphibischen Kriegführung eine Schlüsselrolle. Durch Feindeinwirkung gingen sieben LSM und drei LSM(R) verloren.

Nach dem Krieg wurde eine große Anzahl der LSM in die Reserveflotte überführt. Einige fanden als Zielschiffe Verwendung und andere gingen wieder im Rahmen von Rüstungshilfen an befreundete Seestreitkräfte. Auch für eine kommerzielle Nutzung erfolgten Abgaben an Privat. Bei der US Navy selbst wurden die letzten Einheiten in den 1960er Jahren ausgesondert.

Landing Ship Medium beim Anlanden von Truppen. Foto: US Navy

»LCI 196« (Typ Square Conning Tower, Side Ramp) wird am Strand mit Material beladen. Das rechts neben dem Landungsboot stehende Schwimmauto gehört zum Typ DUKW. Foto: US Navy

Mit dem Landing Craft Infantry (LCI) konstruierten die amerikanischen Schiffbauer ein kleineres und schnelles Fahrzeug, das dem Zweck dienen sollte eine große Anzahl von Infanteristen direkt am Strand zu landen. In der Zeit von 1942 bis 1946 wurden 1139 Einheiten in Auftrag gegeben, davon wurden auf zehn Werften 940 LCI fertiggestellt.

»LCI 551« (Typ Round Conning Tower, Side Ramp) auf dem Verlegungsmarsch. Foto: US Navy

Es gab, bei weitestgehender identischer Rumpfform, drei Haupttypen von LCI, die sich durch die Lage der Bugrampen zur direkten Anlandung der Soldaten an den Strand und durch die Form der Brückenaufbauten unterschieden. Sie wurden gewöhnlich bezeichnet als:

- Square Conning Tower, Side Ramp
- Round Conning Tower, Side Ramp
- Round Conning Tower, Bow Ramp

In einer Internetquelle werden die LCI von einem Soldaten und Zeitzeugen wenig schmeichelhaft »as a metal box designed by a sadist to move soldiers across the water« beschrieben.

Der Antrieb des LCI erfolgte über acht Dieselmotoren mit zusammen 1600 PS, die zu je vier auf eine Welle geschaltet waren.

Die übliche Bewaffnung bestand in der Regel aus 20-mm-Geschützen, die vorne (1), mittschiffs (1) und achtern (2) platziert waren. Desweiteren kam es auch auf einzelnen Booten zur Einrüstung von Raketenwerfern, um gegebenenfalls den Strand sturmreif zu schießen beziehungsweise den anlandenden Truppen Feuerunterstützung zu geben.

Die LCI wurden ab 1943 sowohl im Pazifik als auch in Europa eingesetzt. Schon während des Kriegs erhielt die englische Royal Navy 211 und die Sowjetunion 30 Einheiten. Nach dem Krieg wurden die meisten LCI außer Dienst gestellt. Zahlreiche Einheiten erhielten auch befreundete Nationen für die Verwendung in ihren Seestreitkräften.

Soldaten gehen über die Seitenrampe von Bord »LCI 326« (Typ Square Conning Tower, Side Ramp). Foto: Archiv Autor

»LCI 713« (Round Conning Tower, Bow Ramp) hat den Krieg überlebt und ist heute in den USA in Portland / Oregon als Museumsschiff der Nachwelt erhalten geblieben. Foto: Werowombat (CC-BY-SA 3.0

Landing Craft, Vehicle, Personnel, USA

Das Landing Craft, Vehicle, Personnel (LCVP) ist nur ein Beispiel für die vielen unterschiedlichen Typen von tausenden gebauter kleiner Landungsboote. Das LCVP allein soll auf eine Stückzahl von 20.000 Boote gekommen sein und war wohl das meistbenutzte amphibische Seefahrzeug in der Kategorie der kleinen Landungsfahrzeuge.

Der Antrieb der LCVP erfolgte unterschiedlich mit einem Dieselmotor oder mit einem Benzimotor. Drei Mann bil-

Die Bildfolge zeigt den Einsatz der LCVP vom Besteigen der Boote im Bereitstellungsraum, den Transport der Soldaten in die Landungszone und das Erstürmen des Landungsstrandes. Fotos: US Navy

deten seine Besatzung, 36 Soldaten und ihre persönliche Ausrüstung konnten sie mitnehmen. Bewaffnet waren die LCVP mit zwei Maschinengewehren.

Die LCVP operierten nicht selbständig, sondern wurden von größeren Landungsschiffen an Deck mitgeführt. Je nach Schiffstyp bestand deren Ausrüstung aus zwei bis 15 LCVP. Von den größeren Schiffen aus stiegen die Soldaten über Netze in die längsseits liegenden Boote und verließen diese beim Angriff auf den Strand über die Bugrampe. Auch kleinere Fahrzeuge konnten bei Bedarf transportiert werden. Zum Einsatz kamen die LCVP bei allen amphibischen Operationen auf allen Seekriegsschauplätzen. Beim Anlanden an offene Stränden bildeten sie die erste Welle der Kampflandung. Entsprechend hoch waren die Verluste der auf ihnen transportierten Soldaten.

Name / Klasse	LST	LSM	LCI	LCVP
Anzahl	1051	558	940	20.000
Verdrängung (t)	4080	1095	234	8
Länge (m)	100,00	62,00	48,30	11,00
Breite (m)	15,00	10,50	7,10	3,30
Tiefgang (m)	4,30	2,34	1,60	0,90
Besatzungsstärke	120	58	24	3
Antriebsleistung (PS)	1800	2800	1600	225
Antriebswellen	2	2	2	1
Geschwindigkeit (kn)	12	13	16	9
Fahrbereich (sm / kn)	24.000 / 9	5000 / 7	500 / 15	---
Artilleriebewaffnung	siehe Text	siehe Text	siehe Text	ohne
Zuladung (t)	1900	150	200 Soldaten	36 Soldaten

Siebelfähre, Deutschland

Eine Siebelfähre zur Zeit der Unterstellung unter die Luftwaffe. Foto: Finish Defence Forces

Die Siebelfähren waren provisorische von der deutschen Luftwaffe entwickelte Landungsboote. Sie sollten im Rahmen der geplanten Landung in England zu Transportaufgaben eingesetzt werden. Von ursprünglich 400 vorgesehenen Einheiten wurden etwa 200 Schiffe fertiggestellt, die sich in Aufgabe, Ausstattung und Ausrüstung zum Teil deutlich unterschieden.

Die Siebelfähre war ein Doppelrumpffahrzeug mit einer stabilen und tragfähigen Verbindungsplattform mit aufgesetztem Deckshaus. Der Pontonabstand betrug 5,50 Meter. Bei einer Länge von 24,25 Meter und einer Breite von 13,70 Meter hatten die Einheiten im beladenen Zustand einen Tiefgang von nur 1,20 Meter. Die Verdrängung betrug 130 Tonnen. An Ladefähigkeit gab es je nach

Eine mit Heeresmaterial voll beladene Siebelfähre. Foto: Bundesarchiv / Bild 101I-005-0015-27 / CC-BY-SA 3.0

Transport von Heeresmaterial durch eine Siebelfähre. Foto: Bundesarchiv / Bild 101I-005-0015-35 / CC-BY-SA 3.0

Bauausführung die Möglichkeit zur Mitnahme von 150 bis 250 Mann nebst persönlicher Ausrüstung oder 169 Tonnen an Transportgut. Die zehnköpfige Besatzung hatte an Bord keine Unterkünfte.

Die Siebelfähre konnte unterschiedlich hergerichtet respektive gebaut werden. Es gab folgende Varianten und Verwendungsmöglichkeiten:

- als Kranfähre zur Bergung von Seeflugzeugen
- als schwere Flak-Kampffähre mit drei 8,8-cm-Geschützen
- als leichte Flak-Kampffähre mit einem 3,7-cm-Einzel-Flak-Geschütz und zwei 2-cm-Vierlings-Flak-Geschützen
- als Transportfähre
- als Minentransporter und Minenleger mit Minenschienen
- als Unterstützungsfahrzeug bei Landeoperationen
- als Werkstattfähre

Durch ihren modularen Aufbau ließen sich die Siebelfähren schnell über die Binnenwasserwege oder auch auf dem Landweg in die jeweiligen Kampfgebiete transportieren.

Der Antrieb der Siebelfähren erfolgte durch zwei Flugzeugmotoren von jeweils 210 PS, die über ein Getriebe auf die Welle mit Schiffsschraube wirkten und jeweils in einem der beiden Pontons eingebaut waren. An Geschwindigkeit erreichten die Fähren 6,5 Knoten. Nachteilig wirkte sich der hohe Verbrauch beim Flugzeugkraftstoff aus. Die Reichweite betrug bei sechs Knoten nur 116 Seemeilen.

Nachdem die Landung in England aufgegeben worden war, kamen die Siebelfähren ab Sommer 1941 im Schwarzen Meer, im Mittelmeer, in Norwegen und in der Ostsee überwiegend zu Transportaufgaben zum Einsatz. Ab Mitte 1943 wechselten sie ihre Unterstellung von der Luftwaffe in die Kriegsmarine. Von den gebauten Siebelfähren gingen 124 Einheiten, das sind etwa 62 Prozent, durch Kampfhandlungen verloren.

Nach dem Krieg wurden erhaltene Siebelfähren in vielen Ländern als Transporter und Fähren eingesetzt. Noch bis in die 1960er Jahre versahen einige Einheiten auf dem Rhein Fährdienste.

Die Siebefähre, hier »SF 15«, war ein vielseitiges Transportfahrzeug. Foto: Bibliothek für Zeitgeschichte

Über die erlaubte Grenze deutlich mit Flüchtlingen und Soldaten voll beladene Siebelfähre im Mai 1945 in der Ostsee auf dem Weg nach Westen. Foto: Deutscher Marinebund

Marinefährprahm, Deutschland

Marinefährprahm »F 121« auf dem Marsch. Foto: Deutscher Marinebund

Die Marinefährprähme (MFP) waren die größten Landungsboote der deutschen Kriegsmarine während des Zweiten Weltkriegs. Sie wurden ab 1941 entwickelt und in verschiedenen Ausführungen ab 1942 über 700 Mal während des Zweiten Weltkriegs auf zahlreichen Werften - auch im Binnenland und in den besetzten Gebieten - gefertigt. Dadurch ergaben sich zwangsläufig viele Abweichungen in der Bauausführung. Das Grundkonzept blieb aber immer weitgehend gleich. Je nach Situation wurden sie auch lokal umgerüstet und umgebaut. Die MFP erwiesen sich in vielen ursprünglich gar nicht vorgesehenen Rollen als vielseitige und robuste Fahrzeuge. Nachfolgend wird die Ausgangsversion, der Typ A, näher beschrieben.

Die MFP waren flache pontonartige Fahrzeuge aus einer genieteten Stahlkonstruktion mit hochgezogenem Boden am Heck und Bug. Der Laderaum konnte über die mechanisch betriebene Laderampe direkt befahren werden. Zum Schutz gegen Seeminen waren die MFP mit einer MES-Anlage (Magnet-Eigen-Schutz) ausgestattet. Zum Ablegen nach einer Anlandung am Strand führten die Prähme zusätzlich zu einem Buganker zwei Anker in Davits am Heck mit.

Ein Marinefährprahm im Verband unterwegs. Foto: Deutscher Marinebund

Der MFP Typ A hatte eine Länge von 47,00 Meter, eine Breite von 6,50 Meter und einen Tiefgang von nur einem Meter. Er verdrängte 239 Tonnen und konnte eine Zuladung von 65 Tonnen an Transportgütern mitnehmen, was sich bei später gebauten Varianten auf bis zu 140 Tonnen steigerte. Bei maximaler Zuladung war die Seegängigkeit der Prähme eingeschränkt.

Ihre Kennungen bestanden aus dem Buchstaben F und einer dreistelligen Zahl. Die Besatzungsstärke bestand ursprünglich aus 13 Mann, erhöhte sich aber im Laufe des Kriegs wegen der vermehrt eingebauten Bewaffnung und der verschiedenen situationsbedingten Aufgabenstellungen auf bis zu 21 Mann.

Die MFP waren mit drei Dieselmotoren ausgestattet, die jeweils auf eine Welle wirkten. Mit einer Motorenleistung von zusammen 450 PS erreichte der MFP eine Geschwindigkeit von elf Knoten. Bei acht Knoten betrug die Reichweite 1450 Seemeilen. Je nach Zuladung und vorhandenem Seegang ergaben sich hierbei nach unten abweichende Werte.

Die MFP waren in unterschiedlicher Anzahl mit kleinkalibrigen Geschützen ausgerüstet, die vor allem dem Eigenschutz und zur Flugabwehr dienten und während des Kriegs immer wieder verstärkt eingerüstet wurden. Nach- und Umrüstungen geschahen oft individuell je nach Kriegslage und Verfügbarkeit von Waffen und Material. Dabei kamen auch Beutewaffen zum Einbau.

Ein Marinefährprahm läuft vermutlich zu einem Einsatz aus. Foto: Bibliothek für Zeitgeschichte

Die Marinefährprähme wurden in fast allen Seekriegsgebieten zu den unterschiedlichsten Zwecken eingesetzt, kamen aber überwiegend als Nachschubfahrzeuge in Verwendung. Sie waren in Transportflottillen, Landungsflottillen, Küstenschutzflottillen und Artillerieträgerflottillen zusammengefasst oder wurden anderweitig für Sicherungs- und Geleitschutzaufgaben verwendet.

In ihrer ursprünglich gedachten Funktion als Landungsboote fanden sie vor allem im Mittelmeer und im Schwarzen Meer Verwendung. Sofern sie nicht vor Ort gebaut wurden, erfolgte über die Binnenwasserwege eine Verlegung nach dort.

Während des Kriegs ging mehr als die Hälfte der MFP - insgesamt von allen Typen waren das 400 Einheiten - als Totalverluste verloren. Marinefährprähme, die den Krieg überlebt hatten wurden zum Teil im zivilen Bereich als Frachtschiffe, Arbeitsplattformen oder Fähren weitergenutzt. Viele Einheiten wechselten auch in den Besitz der Siegermächte.

Ein Marinefährprahm bei einer Verlegungsfahrt auf einem Kanal im Binnenland. Foto: Hirsche / Bundesarchiv / Bild 101II-M2KBK-218-12 / CC-BY-SA 3.0

DUKW, Schwimmauto, USA

Ein DUKW in schwierigem Gelände an einem Strandabschnitt. FOTO: US Marine Corps

Das DUKW ist ein in den Vereinigten Staaten im Zweiten Weltkrieg entwickeltes und gebautes dreiachsiges Amphibienfahrzeug mit Allradantrieb.

Der Name DUKW war eine Typenbezeichnung der Herstellerfirma General Motors, wobei den einzelnen Buchstaben folgende Bedeutung zugeordnet wird:

- D = 1942
- U = amphibian
- K = all wheel drive
- W = dual-tandem rear axles.

Das 9,45 Meter lange, 2,50 Meter breite und 2,69 Meter hohe DUKW hatte eine Nutzlast von 2,5 Tonnen. Es erreichte eine Höchstgeschwindigkeit von 80 Stundenkilometer auf der Straße und 5,5 Knoten im Wasser. Zwei Mann gehörten zu seiner Besatzung.

Erstmals zum Einsatz kamen die DUKW im März 1943 bei amphibischen Operationen in Neukaledonien. Seither entwickelten sie sich zu einem wichtigen, vielseitigen und bedeutenden Transportmittel im Landungsbereich und hinter der Landungsfront. Ein Transportvolumen von insgesamt 3,5 Millionen Tonnen wird den Schwimmautos zugeschrieben.

Insgesamt wurden während des Kriegs 21.147 DUKW-Exemplare hergestellt. Verwendet wurden sie während des Kriegs bei den amerikanischen, kanadischen, britischen und auch sowjetischen Streitkräften und blieben noch lange Jahre nach Kriegsende in diesen wie auch in anderen Staaten in der Nutzung.

Ein DUKW landet auf einer Pazifikinsel. Foto: Nationaal Archief

Verladen eines DUKW auf ein Landing Ship Tank (LST). Foto: US Navy

Ein britisches DUKW bei einer Fahrt im Hafen. Rechts ist das englische U-Boot »Thorough« der T-Klasse abgebildet. Foto: Foto: Sam Hood

Landing Vehicle Tracked, Schwimmpanzer, USA

Ein mit Soldaten voll besetztes LVT im Anmarsch auf die Landungszone. Im Hintergrund ist das Schlachtschiff »Tennessee« zu sehen, das mit seiner Schweren Artillerie den Strandungsabschnitt beschießt. Foto: US Navy

Das Landing Vehicle Tracked (LVT) war ein kettenbetriebenes Amphibienfahrzeug, das hauptsächlich von der US Navy und dem US Marine Corps, sowie in geringerem Umfang auch von der US Army und den alliierten Verbündeten während des Zweiten Weltkriegs eingesetzt wurde.

Ein Verband von LVT im Anmarsch auf die Landungszone. Foto: US Navy

Das amerikanische Marineministerium bestellte im Februar 1941 ein Baulos von 200 dieser Fahrzeuge. Im August 1941 verließ der erste LVT die Montagehalle. In der sich anschließenden Serienproduktion folgten bis Kriegende noch insgesamt über 18.600 LVT, die in den unterschiedlichsten immer wieder verbesserten und den Kriegserfordernissen angepassten Varianten produziert wurden.

Ursprünglich war das LVT als reiner schwach gepanzerter Transporter vorgesehen. Im Verlauf des Kriegs wurden jedoch stark gepanzerte Versionen eingeführt.

Der Fortbewegung zu Wasser und zu Land stellte für die Entwicklungsingenieure eine größere Herausforderung dar. Einen Doppelantrieb, also Propeller für die Wasserfahrt und einen Kettenantrieb für die Landfahrt, wollte man vermeiden. Die Lösung schaute man sich bei den Raddampfern auf dem Mississippi ab. Auf den beiden Gleisketten des Kettenantriebes montierte man Winkelbleche (Paddelbleche). Sie arbeiteten im Wasser wie die Schaufelräder eines Raddampfers und an Land wie die Ketten eines herkömmlichen Raupenfahrzeugs.

Der LVT hatte eine Länge von 7,95 Meter, eine Breite von 3,25 Meter und eine Höhe von 2,49 Meter. Damit hatte der LVT eine Verdrängung von 11,6 Tonnen. Transportieren konnte das Fahrzeug 30 Soldaten oder 4 Tonnen an

Ein den Krieg überlebender LVT als Museumsstück. Auf den Ketten sind die dem Vortrieb im Wasser dienenden Paddelbleche gut zu erkennen. Man beachte auch den vorne angebrachten Poller zum Festmachen an einer Pier oder einem anderen Seefahrzeug. Foto: Bukvoed / CC-BY-SA 3.0

Transportgütern. Die Besatzung bestand aus drei bis vier Personen: Kommandant, Fahrer und MG-Schütze(n).

Der Antrieb erfolgte über einen luftgekühlten benzinbetriebenen Sternmotor mit einer Leistung von 250 PS. Die Höchstgeschwindigkeit betrug 32 Stundenkilometer an Land und etwa 6,5 Knoten im Wassser. An Land konnte der LVT 240 Kilometer zurücklegen, im Wasser hatte er nur die halbe Fahrstrecke. Die Bewaffnung bestand aus einem oder zwei schweren Maschinengewehren.

Die überwiegende Mehrheit der Schwimmpanzer wurde im Pazifikkrieg verwendet. Dort konnten sie zum Beispiel über die unter Wasser befindlichen Korallenriffe fahren, die für herkömmliche Boote nur unter Schwierigkeiten und unter äußerster Vorsicht zu passieren gewesen wären. Auf den europäischen Kriegsschauplätzen wurde selten auf die LVT zurückgegriffen.

»2 Ka-Mi«, Schwimmpanzer, Japan

Der Schwimmpanzer »2 Ka-Mi« wurde von 1942 bis 1943 produziert. Es kam jedoch nicht zu hohen Stückzahlen. Lediglich 184 Exemplare des »2 Ka-Mi« wurden gebaut.

Um dem Schwimmpanzer genügend Auftrieb für die Fahrt im Wasser zu geben, wurde er vorne und hinten mit zwei abnehmbaren Stahlpontons ausgestattet. Nach erfolgreicher Anlandung konntenen diese Pontons aus dem Innern des Panzers abgeworfen werden.

Der »2 Ka-Mi« hatte mit / ohne Schwimmkörper eine Länge von 7,42 / 4,80 Meter. Die Breite betrug 2,79 Meter und die Höhe 2,34 Meter. Damit hatte der Panzer ohne Schwimmkörper ein Gewicht von 9,15 Tonnen. Seine Besatzung umfasste fünf Soldaten: Kommandant, Schütze, Ladeschütze, Funker, Fahrer und Bug-MG-Schütze.

Unterhalb des achtern liegenden Pontons waren für den Vortrieb im Wasser zwei Propeller angebracht. In See konnte der Kommandantaus aus dem Turm mittels Drähten zwei Ruderblätter bewegen und so den schwimmenden Panzer steuern.

Ein erbeuteter japanischer Schwimmpanzer »2 Ka-Mi« bei Erprobungen durch australische Soldaten. Gut zu erkennen sind die noch angebrachten Schwimmkörper. Foto: Archiv Autor

Der Antrieb erfolgte über einen luftgekühlten Dieselmotor mit 115 PS Leistung. Damit erreichte der Panzer an Land / im Wasser eine Geschwindigkeit von 37 Stundenkilomter / 5 Knoten. Die Reichweiten werden mit 200 und 150 Kilometer angegeben.

Die Bewaffnung des »2 Ka-Mi« bestand aus einem 3,7-cm-Geschütz und zwei 7,7-mm-MG.

Der Panzer wurde bis Ende des Kriegs zur Infanterieunterstützung respektive als fahrender Kampfunterstand eingesetzt.

Erbeutete Schwimmpanzer »2 Ka-Mi« werden von alliierten Soldaten begutachtet. Die Schwimmpanzer sind ohne Schwimmkörper. Foto: Archiv Autor

1.8 - Handelsschiffe

»Liberty«- und »Victory«-Klasse, Stückgutfrachter, USA

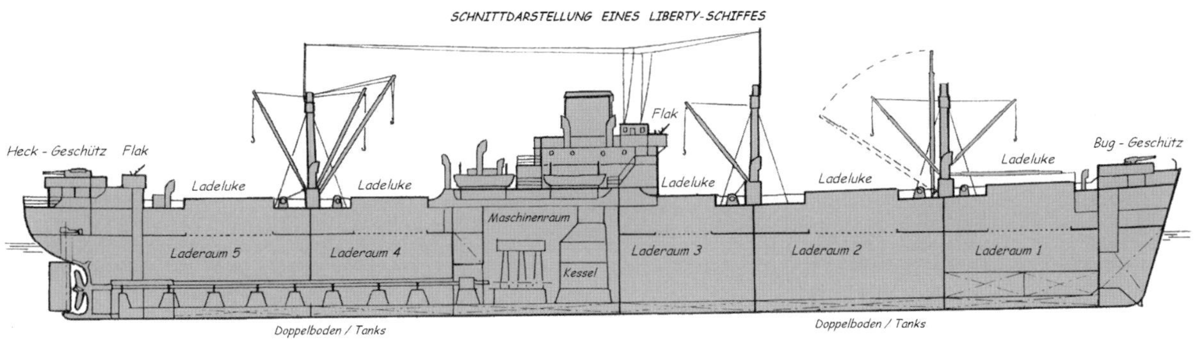

Seitenriss eines »Liberty«-Schiffes. Foto: Aquarius70

Die anfänglich anhaltenden deutschen Erfolge im U-Bootkrieg brachten im Zweiten Weltkrieg die Versorgungslage Großbritanniens in arge Bedrängnis. Der Nachbau der versenkten Tonnage konnte auf den englischen Werften nicht mehr sichergestellt werden und eine Verknappung des Frachtraums war die unweigerliche Folge. Auf englische Initiative und Drängen wurde daher in den USA auf der Grundlage englischer Pläne ein einfaches und schnell zu bauendes Frachtschiff entwickelt, das sogenannte »Liberty«-Schiff. Damit sollte in den USA und in Kanada ein Frachtschiffbauprogramm auf den Weg gebracht werden, um die Versorgungslage Großbritanniens sicher zu stellen.

Am 27. September 1941 lief nach nur 245 Tagen Bauzeit mit der »Patrick Henry« das erste dieser »Liberty«-Schiffe vom Stapel. Durch radikale Standardisierung, Sektionsbauweise und der damals im Schiffbau noch nicht allgemein üblichen Schweißtechnik sowie mit zunehmender Erfahrung gelang es den in das Bauprogramm eingebundenen amerikanischen und kanadischen Werften in Serienproduktion die Bauzeit der Schiffe weiter auf 120 Tage

Die »Charles F. Amidon« ist eines jener über 2700 »Liberty«-Frachter, die während des Zweiten Weltkriegs gebaut wurden. Deutlich ist das zur Abwehr von U-Booten eingerüstete Buggeschütz zu erkennen. Foto: Archiv Autor

In langer Reihe liegen »Victory«-Schiffe am Ausrüstungskai. Foto: U.S. National Archives and Records Administration

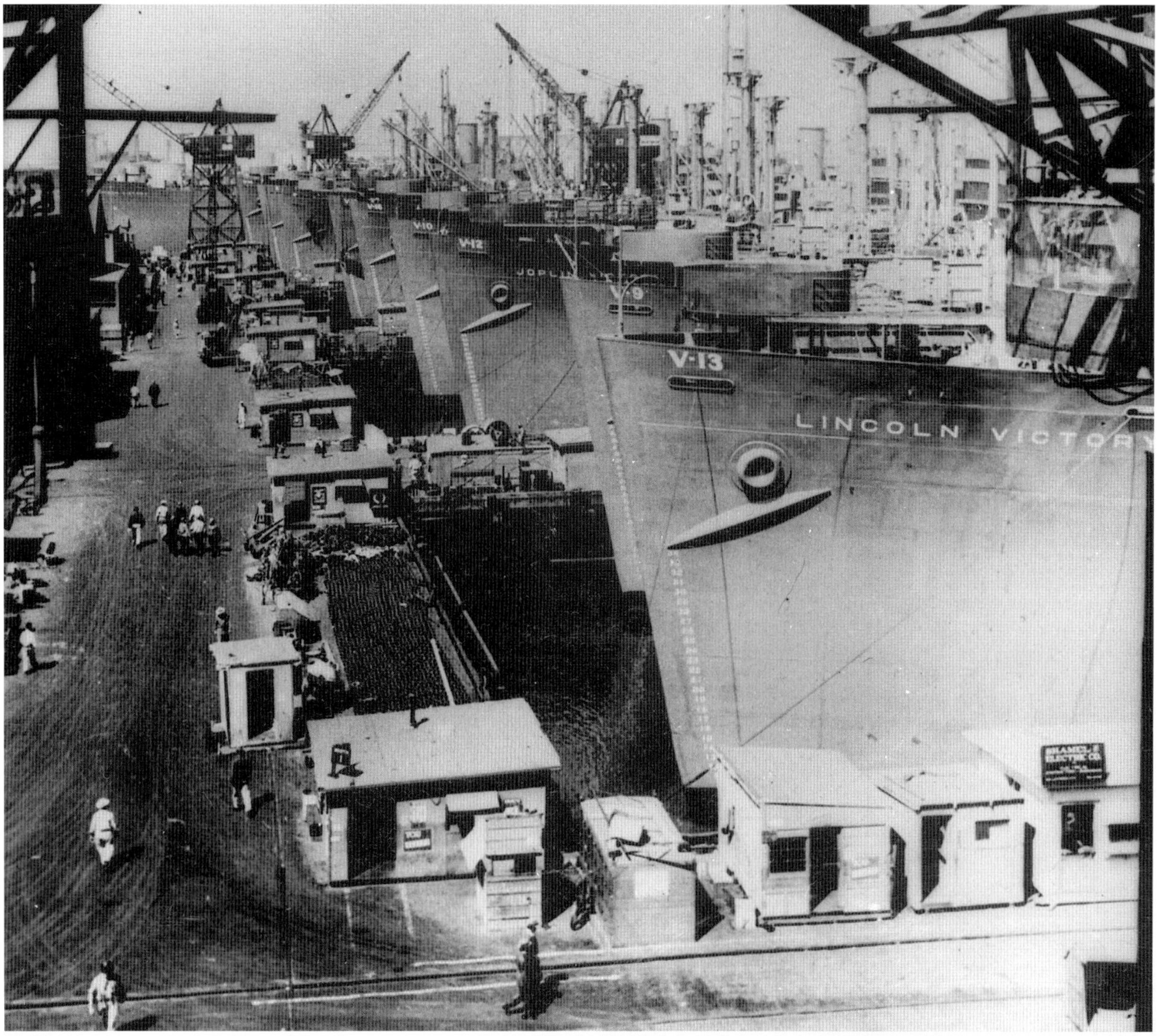

und dann auf 58 Tage und weniger zu drücken. Der einmalige und absolute Rekord liegt bei nur vier Tagen und 15,5 Stunden für die Fertigung eines Schiffes, der »Robert E. Peary«. Weiterhin erreichte man zugleich eine Reduzierung der Baukosten von anfangs 1.178.000 US-Dollar auf 692.000 US-Dollar pro Schiff.

Die »Liberty«-Frachter waren einfach konstruierte Schiffe mit fünf großen Laderäumen. Sie hatten einen mit Querspanten verstärkten geschweißten Rumpf mit sieben Querschotten und zwei durchgehende Decks sowie eigenes Ladegeschirr.

Die Tragfähigkeit der 134,50 Meter langen und 11,38 Meter breiten Frachtschiffe betrug 10.500 Tonnen. Sie konnten zum Beispiel an militärischer Fracht 440 Panzer oder 2840 Jeeps transportieren. Die Besatzungsstärke betrug 41 Mann.

Eine Dreifach-Expansionsdampfmaschine mit 2500 PS wirkte auf eine Welle und ermöglichte den Schiffen eine Geschwindigkeit von elf Knoten. Die in den USA gebauten Frachter erhielten eine Öl- und die kanadischen Einheiten eine Kohlebefeuerung. Zur Abwehr von U-Booten hatten sie ein oder zwei 10,2-cm-Geschütze sowie leichte Flak-Geschütze an Bord eingerüstet. Diese Bordwaffen wurden von militärischem Personal bedient und eingesetzt.

Rund 2700 »Liberty«-Frachter entstanden während des Zweiten Weltkriegs. Sie bildeten die Grundlage für den alliierten Handel und die Versorgung Großbritanniens sowie für den Transport von Militärgütern. Als »Heroes of the Battle of the Atlantic« werden sie in englischen Publikationen gelegentlich bezeichnet. Zudem kamen sie aber auch auf dem pazifischen Seekriegsschauplatz zum Einsatz. Rund 200 Schiffe gingen während des Kriegs durch Feindeinwirkung verloren.

Während das »Liberty«-Bauprogramm parallel weiter lief, entstand ab 1944 mit den »Victory«-Frachtern ein verbesserter Typ, dessen Bauzeit in der Regel weniger als 40 Tage betrug. Als Schiffsantrieb diente jetzt eine Dampfturbine mit 6000 PS Leistung mit der eine Geschwindigkeit von 15 Knoten möglich war. Bis Kriegsende entstanden noch rund 530 Einheiten dieser Variante.

Nach dem Krieg blieben nahezu alle Schiffe beider Typen noch viele Jahre in Dienst. Bei der US Navy dienten sie zum Beispiel als Transporteinheiten. Ihre relativ geringe Geschwindigkeit versuchte man durch verbesserte Maschinenanlagen in Form von Dampf- und Gasturbinen zu erhöhen. Auch der Einbau von Dieselmotoren wurde versucht.

Die meisten der auch an zahlreiche Handelsmarinen abgegebenen Schiffe fuhren jedoch mit ihrer ursprünglichen Maschinenanlage als Massengut- und Stückgutfrachter weiter. Mitte der 1960er Jahre befuhren noch ca. 680 Schiffe beider Bauserien die Weltmeere. Als Museumsschiffe, zum Teil noch fahrfähig, überlebten in den USA bis heute mehrere »Liberty«- und »Victory«-Schiffe und sind so für die Nachwelt erhalten geblieben.

Im Hafen von San Pedro / Kalifornien, USA hat das Museumsschiff »Lane Victory« der »Victory«-Klasse seinen Liegeplatz gefunden. Foto: matt.h.wade / CC-BY-SA 2.0

Das »Liberty«-Schiff »John W. Brown« liegt heute als fahrfähiges Museumsschiff in Baltimore / Maryland, USA. Foto: MKelly1990 / CC-BY-SA 3.0

Die »Heiligenhafen« war ein Stückgutfrachter vom Typ A des Hansa-Bauprogramms. Foto: Bibliothek für Zeitgeschichte

Mit Ausbruch des Zweiten Weltkriegs waren schlagartig die Weltmeere für die deutsche Handelsschifffahrt nur noch unter großem Risiko zu befahren, denn die Seemacht Großbritannien war weltweit nahezu allgegenwärtig. In See stehende deutsche Schiffe versuchten noch teilweise in die Heimat durchzubrechen, was auch fallweise gelang, oder steuerten neutrale Häfen an, um sich internieren zu lassen. Dort ohnehin schon liegende Schiffe blieben entweder im Hafen oder wagten auch den Versuch - mehr oder weniger erfolgreich - nach Deutschland zurückzukommen.

Dieser Verlust an verfügbaren Handelsschiffen musste zwangsläufig ausgeglichen werden. Die der Handelsschifffahrt gestellten Aufgaben waren keineswegs zurückgegangen. Zwar war die Überseeschifffahrt quasi tot, man betrieb nur noch unter großem Risiko und in geringem Maße mit sogenannten Blockadebrechern Handel mit Japan, aber kriegsbedingt war für den Seetransport der Bedarf dennoch ständig am Wachsen. Ein groß angelegtes Handelschiffbauprogramm wurde erforderlich. Um rasch voranzukommen, befasste man sich mit der Entwicklung von Einheitsschiffen.

Am 23. Juni 1942 gründete man in Hamburg die Schifffahrt Treuhand GmbH, der die gesamte vertragliche und finanzielle Abwicklung des als Hansa-Programm bezeichneten Neubauvorhabens übertragen wurde. Gesellschafter der Schifffahrt Treuhand waren die Reedereien, die zum Zeitpunkt der Gründung die höchsten Tonnageverluste zu verzeichnen hatten. Im Einzelnen waren dies:

- Bock, Godeffroy & Co., Hamburg
- Deutsche Dampfschiffahrts Gesellschaft (DDG) „Hansa", Bremen
- John T. Essberger & Co. - Deutsche Afrika Linien, Hamburg
- Hamburg Amerika Linie, Hamburg
- Hamburg Süd, Hamburg
- Norddeutscher Lloyd, Bremen
- Schulte & Bruns, Emden
- Rob. M. Sloman, Hamburg

Es waren sechs Typen von in Serie zu bauenden Einheitsschiffen vorgesehen, die für das zugänglich gebliebene Fahrtgebiet der Nord- und Ostsee konzipiert wurden. Für den Schiffsentwurf war jeweils eine sogenannte Vorbauwerft zuständig, nach deren Plänen die Schiffe dann auf verschiedenen Werften in Deutschland und in den besetzten Gebieten zu bauen waren. Auch die Vergabe von Bauaufträgen nach Schweden und Finnland war angedacht.

Das Hansa-Bauprgramm umfasste in Anzahl und Art folgende Schiffstypen:

- 128 x Frachter Typ A mit 3000 Tonnen Tragfähigkeit, Vorbauwerft Deutsche Werke, Hamburg
- 49 x Frachter Typ B mit 5000 Tonnen Tragfähigkeit, Vorbauwerft Bremer Vulkan, Bremen
- 20 x Frachter Typ C mit 9000 Tonnen Tragfähigkeit, Vorbauwerft F. Schichau A.G., Danzig
- 6 x Schleppertyp mit 1000 PS
- 6 x Schleppertyp mit 600 PS
- 4 x Schleppertyp mit 350 PS

Das Hansa-Bauprogramm war im Vergleich zum alliierten »Liberty«-Programm in seinem Umfang doch recht bescheiden. Es bekam im Jahre 1944 die gleiche Dringlichkeit wie der U-Bootbau. Mit der sich ändernden Kriegslage fielen aber auch bald die Werften im Westen und dann auch im Osten aus. Außerdem gab es zunehmend technische und logistische Schwierigkeiten durch die Behinderungen infolge des Bombenkriegs der Alliierten.

Die Schiffe des Hansa-Bauprogramms hatten als Antrieb kohlebefeuerte Dampfmaschinen. Zur zivilen Besatzung kam noch zusätzliches militärisches Personal für die eingebauten Flak-Geschütze. Weitere Einzelheiten zu den Schiffsdaten sind in der nachfolgenden Tabelle zusammengestellt.

Die »Wangerooge« war ein Stückgutfrachter vom Typ B des Hansa-Bauprogramms. Foto: Bibliothek für Zeitgeschichte

Die »Greiffenfels« war ein Stückgutfrachter vom Typ C des Hansa-Bauprogramms. Das Schiff ist während des Kriegs noch vom Stapel gelaufen, aber nicht mehr fertiggestellt worden. Nach Kriegsende von den Briten beschlagnahmt, wurde es dann in den Niederlanden fertig gebaut und als »Nijmwegen« in Fahrt gebracht. Im Mai 1950 kaufte die Bremer Reederei DDG Hansa den Frachter und stellte ihn als »Greiffenfels« in Dienst. Foto: Archiv Autor

Von den Frachtschiffen entstanden insgesamt 58 Einheiten. Davon blieben einige mit auf Ölfeuerung umgebauter Kessel, bis in die späten 1970er Jahre in Fahrt. Von den drei Schleppertypen, die auf deutschen und finnischen Werften gebaut werden sollten, wurde kein einziges Schiff bis Kriegsende fertiggestellt. Lediglich zwei 1000-PS-Schlepper liefen noch vom Stapel.

Stückgutfrachter	Typ A	Typ B	Typ C
Anzahl (geplant)	128	49	20
Anzahl (abgeliefert)	52	5	1
Vermessung (BRT)	1923	2819	5300
Tragfähigkeit (t)	3240	5280	9270
Länge (m)	91,83	109,50	133,90
Breite (m)	13,50	15,50	17,37
Tiefgang (m)	5,61	6,33	7,63
wasserdichte Abteilungen	5	6	6
Luken	3	4	4
Besatzung (zivil)	26	33	66
Besatzung (Militär)	18	16	?
Antriebsleistung (PS)	1200	1800	3000
Antriebswellen	1	1	1
Geschwindigkeit (kn)	10	11	12

Der Kriegstransporter »KT 3« war das einzige Schiff der Bauserie, das in Deutschland gebaut wurde. Foto: Bibliothek für Zeitgeschichte

Kriegstransporter »KT 16«. Foto: Bibliothek für Zeitgeschichte

Der Kriegstransporter (KT) war ein Frachtschiff, das in einem Serienbauprogramm für den Einsatz im Mittelmeer und Schwarzem Meer ab 1941 entwickelt und gebaut wurde. Die hohen Verluste an Transportschiffen im Mittelmeer mussten ausgeglichen werden, damit die in Nordafrika eingesetzten Truppen versorgt werden konnten. Gleiches traf für das Schwarze Meer zu, wo ebenfalls der verfügbare Schiffsraum zur Versorgung der weit nach Osten vorgerückten Landfront sehr knapp war.

Insgesamt waren 62 Einheiten – »KT 1« bis »KT 62« – vorgesehen, von denen aber nur 44 Schiffe zur Ablieferung kamen. Die übrigen blieben unfertig oder wurden im Auftrag nicht mehr vergeben. Die Deutsche Werft AG in Hamburg lieferte die Pläne und baute das Typschiff »KT 3«, das am 1. August 1942 vom Stapel lief. Die Bauwerften der anderen Schiffe waren in Südfrankreich, Italien, auf Binnenwerften an der Donau und auf Werften im Schwarzen Meer.

Ab Ende 1942 wurden auch einige Einheiten zum U-Bootjäger (UJ) umgebaut. Für diese Verwendung kamen die Ladebäume und Winschen von Bord.

Die Kriegstransporter hatten eine Länge von 67,50 Meter, eine Breite von 11,00 Meter und einen Tiefgang von 3,10 Meter. Ihre Schiffsvermessung wird mit 834 BRT und ihr Verdrängung mit 700 Tonnen angegeben. Die Schiffe hatten zwei überdeckte Laderäume und leicht gepanzerte Geschützstände. Die Besatzungsstärke umfasste 53 Mann; beim U-Jäger waren es bis zu 122 Mann. Das seemännische und technische Personal hatte zivilen Status und gehörte meistens einer Reederei an. Die Bedienung der Waffen erfolgte durch eingeschiffte Soldaten der Kriegsmarine.

Der Antrieb der Kriegstransporter erfolgte über zwei Dreifach-Expansionsdampfmaschinen. Teilweise verfügten die Schiffe über eine Abdampfturbine. Mit der Maschinenleistung von 2400 PS erreichten die Einheiten über die beiden Wellen eine Geschwindigkeit von

14,5 Knoten. Sie hatten eine maximale Reichweite von 1250 Seemeilen.

Die Bewaffnung war für die kleinen Transportschiffe verhältnismäßig umfangreich, variierte aber stark in ihrer Zusammensetzung. Eingerüstet waren in der Regel und in Abhängigkeit vom Einsatz eine unterschiedliche Anzahl von kleinkalibrigen Rohrwaffen in den Kalibern von 2, 3,7 und 7,5 Zentimeter sowie Maschinengewehre.

Der einzige in Deutschland gebaute Kriegstransporter »KT 3« kam in norwegischen Gewässern zum Einsatz, wo er am 26. April 1944 durch Fliegerbomben schwer beschädigt wurde und auf Strand gesetzt werden musste. Nach durchgeführter Reparatur kam »KT 3« über Kopenhagen wieder nach Deutschland und wurde nach dem Krieg von der Royal Navy beschlagnahmt. Nach einer Verwendung als stationäres Schulschiff »Empire Stevedore« erfolgte 1953 der Abbruch des Kriegsveteranen.

Ansonsten kamen die Schiffe im Mittelmeer und im Schwarzen Meer als Transporteinheiten oder U-Jagdeinheiten zum Einsatz. Insgesamt gingen 33 Kriegstransporter kriegsbedingt verloren. Die Überlebenden Einheiten wurden teilweise von den östlichen Kriegsgegnern übernommen oder kamen in private Hände, wo sie noch bis Ende der 1950er Jahre zu den verschiedensten Zwecken in Fahrt geblieben sind.

Schwarzmeer-Einheitsschiffe, Küstenmotorschiffe, Deutschland

Neben dem Hansa-Bauprogramm und dem Bau der Kriegstransporter gab es mit den Schwarzmeer-Einheitsschiffen (SME) ein drittes Serienbauprgramm das von deutscher Seite im Zweiten Weltkrieg initiiert wurde. Insgesamt zwölf Schiffe – »SME 1« bis »SME 12« – wurden beauftragt und 1943 / 1944 in Korneuburg (8) bei Wien und in Elmshorn (4) bei Hamburg auf Stapel gelegt, doch keines wurde noch vor Kriegsende fertiggestellt und abgeliefert.

Die Schiffe sollten vor allen Dingen den Transportbedarf im Schwarzen Meer bedienen. Doch mit dem im August 1944 vollzogenen Wechsel von Rumänien und Bulgarien auf die andere Kriegsteilnehmerseite verlor das Bauprogramm seine Grundlage.

Die Schwarzmeer-Einheitsschiffe hatten eine Länge von 59,73 Meter, eine Breite von 9,00 Meter und einen Tiefgang von 3,17 Meter. An Vermessung hätten sie 706 BRT und an Verdrängung 1270 Tonnen erreicht. Die Ladekapazität wird mit 800 Tonnen angegeben. An Besatzung waren 25 Mann vorgesehen.

Als Antrieb war ein Dieselmotor mit 630 PS eingeplant, der die Schiffe auf eine Geschwindigkeit von zehn Knoten hätte bringen sollen. Die Bewaffnung hätte aus bis zu fünf 2-cm-Geschützen bestanden.

Die acht unfertigen Einheiten in Österreich wurden 1945 von der Sowjetunion beschlagnahmt, auf deren Weisung zu Ende gebaut und dann als Küstenmotorschiffe in Betrieb genommen. Über den weiteren Verbleib ist nichts bekannt. Das Schicksal der vier übrigen in Elmshorn liegenden Schwarzmeer-Einheitsschiffe liegt im Dunkeln. Es gibt widersprüchliche Angaben, so auch unter anderem die Behauptung, dass sie ebenfalls sowjetische Kriegsbeute wurden und eine Überführung auf die Donau durchgeführt wurde.

Kapitel 2

U-BOOTE

2.1 - Die Vorgeschichte zu den deutschen U-Booten und ihr Einsatz im Zweiten Weltkrieg

Ingenieurskantoor voor Scheepsbouw

Das finnische U-Boot »Vesikko« hat den Zweiten Weltkrieg überlebt und ist als Museumsboot erhalten geblieben. Es ist als Prototyp für die deutschen U-Boote des Typs II anzusehen. Die Ähnlichkeit ist unverkennbar. Foto: Dennis Jarvis / CC-BY-SA 2.0

Mit dem Ende des Ersten Weltkriegs kam auch das Aus für die deutschen U-Boote. Nach dem Versailler Vertrag waren sie für Deutschland nicht mehr erlaubt. Im Artikel 191 war festgelegt: »Der Bau und Erwerb von irgendwelchen Unterseebooten, auch für Handelszwecke, bleibt für Deutschland verboten.«

Dennoch hatten die neue Marineführung und Teile der Werftindustrie ein starkes Interesse das vorhandene Fachwissen und die Fähigkeiten zur U-Bootkonstruktion und zum U-Bootbau zu erhalten und auch finanziell nutzbar zu machen. Von Deutschland aus konnte dies allerdings nicht geschehen. Aus geografischen und politischen Gründen wurde deshalb in den Niederlanden im Juli 1922 das Ingenieurskantoor voor Scheepsbouw (IvS) gegründet. Das Gründungskapital von 12.000 Holländischen Gulden brachten zu je einem Drittel die drei an dem Projekt beteiligten Werften auf. Hierbei handelte es sich um die Vulcan AG in Hamburg, die Germaniawerft in Kiel und die AG Weser in Bremen. Alle drei Unternehmen waren bereits im Ersten Weltkrieg führend am Bau der deutschen U-Boote beteiligt gewesen.

Es kam sehr schnell zur Zusammenarbeit mit mehreren Ländern. Entwürfe und Angebote für U-Bootprojekte gingen an Argentinien, Italien und Spanien. Sie blieben allerdings erfolglos und das IvS musste im Rahmen eines Geheimfonds finanziell durch die Marine unterstützt werden.

Einen ersten Verkaufserfolg erzielte man mit der Türkei. Nach IvS-Entwürfen wurden 1925 zwei U-Boote (↑/↓ 505 / 620 t, 59,00 m, 6 x 45 cm ToRo, ↑/↓ 14,5 / 9,5 kn) bestellt und in den Folgejahren bei Fijenoord in Rotterdam gebaut. Dem IvS wurde vertraglich die Auswahl des Erprobungspersonals und die Teilnahme an den Erprobungsfahrten eingeräumt. Auf diese Weise ergab sich für die Reichsmarine die Möglichkeit ehemalige U-Bootfahrer mit diesen Booten vertraut zu machen und wieder Erfahrungen im Betrieb von U-Booten zu sammeln. Die beiden U-Boote stellten im März 1927 als »Birindci Inönü« und »Ikindci Inönü« bei der türkischen Marine in Dienst.

Mit dem U-Boot »Saukko« (↑/↓ 99 / 136 t, 32,95 m, 2 x 45 cm ToRo, ↑/↓ 10 / 6,25 kn) wurde die finnische Marine Kunde beim IvS. Das U-Boot wurde bei der Werft Scheeps Docken Sandviken in Helsinki gebaut und stellte am 16. Dezember 1930 in Dienst. Die »Saukko« war damals das weltweit kleinste U-Boot.

Die U-Bootflottille »Weddigen« mit U-Booten des Typs II und dem U-Bootbegleitschiff »Saar« im Kieler Marinestützpunkt. Foto: Deutscher Marinebund

In Finnland ergab sich mit drei U-Booten (↑/↓ 493 / 715 t, 63,00 m, 4 x 53,3 cm ToRo, ↑/↓ 14 / 8 kn) ein weiterer Erfolg für das IvS. Die Einheiten entstanden 1929 / 1930 unter Bauaufsicht des IvS in Finnland bei der Crichton-Vulkan Werft in Turku. Ein überarbeiteter Entwurf wurde auch mit drei U-Booten bei Kockums in Malmö für die schwedische Marine gebaut und Mitte der 1930er Jahre von dieser in Dienst gestellt.

Unter der Werftbezeichnung »E 1« erfolgte im Februar 1929 in Cadiz auf der kleinen Werft Echevarrieta die Kiellegung eines vom IvS entworfenen U-Bootes (↑/↓ 745 / 965 t, 72,38 m, 6 x 53,3 cm ToRo, ↑/↓ 17 / 8,5 kn). Da sich die Werft mit diesem Projekt übernommen hatte und in Insolvenz geriet, wurde »E 1« unter eigener Regie und mit Finanzierung durch die deutsche Marine vom IvS weitergebaut. Spanien hatte die Option zum Ankauf des fertigen Bootes. Hierzu kam es aber nicht mehr. Der Sturz der spanischen Monarchie und innere Unruhen verhinderten die Übernahme. Nach den Erprobungen blieb »E 1« mit einer zivilen Rumpfbesatzung vorerst in Spanien. Anfang 1934 ergab sich die Möglichkeit das U-Boot in die Türkei zu verkaufen, wo es als »Gür« in Dienst gestellt wurde.

Auch die Sowjetunion zeigte Interesse an diesem U-Bootentwurf. Auf der Ordzonikidze Werft in Leningrad begann im Dezember 1934 mit Unterstützung des IvS der Bau des ersten von drei U-Booten einer größeren und als »E 2« bezeichneten Varianten (↑/↓ 828 / 1080 t, 77,80 m, 6 x 53,3 cm ToRo, ↑/↓ 20 / 9 kn). Die Indienststellung des dritten Bootes erfolgte am 13. Juli 1938.

Seitens der sowjetischen Marine war man von diesem U-Boottyp so stark überzeugt, dass aus ihm in den Folgejahren mit über 50 Einheiten die Bauserie der »Stalinets«-Klasse / »S«-Klasse (↑/↓ 840 / 1070 t, 77,80 m, 6 x 53,3 cm ToRo, ↑/↓ 19,5 / 9 kn) enstanden ist. Das aus dieser Baureihe stammende U-Boot »S 13« schrieb mit der Versenkung der Flüchtlingsschiffe »Wilhelm Gustloff« und »Steuben« am 30. Januar 1945 respektive am 10. Februar 1945 Kriegsgeschichte.

Nochmal zurück zu Finnland. Mit der »Vesikko« enstand in den Jahren 1931 bis 1934 ein dritter vom IvS konstruierter U-Boottyp für die Finnische Marine. Die »Vesikko« (↑/↓ 248 / 297 t, 40,90 m, 3 x 53,3 cm ToRo, ↑/↓ 13 / 7 kn) wurde bei der Crichton-Vulkan Werft in Turku, wo sie am 10. Mai 1933 vom Stapel lief, Das Boot hat den Zweiten

Weltkrieg überlebt und ist heute auf der vor Helsinki gelegenen Festungsinsel Suomenlinna als Museumsschiff der Nachwelt erhalten geblieben. Desweiteren ist anzumerken, dass die »Vesikko« als Prototyp für die deutschen U-Boote des Typs II anzusehen ist.

Soweit in Kurzfassung die wichtigsten Aktivitäten des IvS ohne dessen Arbeit der Aufbau der neuen deutschen U-Bootwaffe nicht so schnell hätte stattfinden können. Durch die Ansiedlung des IvS in Den Haag konnten die Restriktionen und Bestimmungen des Versailler Vertrages geschickt umgangen werden. Technische Kenntnisse und Ingenieurswissen im U-Bootbau blieben so für die deutsche Marine und die deutsche Werftindustrie auf hohem Niveau erhalten.

Somit war es ab 1935 der deutschen Kriegsmarine nahezu verzugslos möglich eine neue U-Bootwaffe aufzubauen, zumal bereits zuvor unter größter Geheimhaltung die entsprechenden Entwicklungsarbeiten und schiffbaulichen Vorarbeiten durchgeführt worden waren.

Als offiziellen Ausgangspunkt und als legale Basis für den neuen deutschen U-Bootbau ist das am 18. Juni 1935 in London unterzeichnete deutsch-englische Flottenabkommen anzusehen, in dem ein Stärkeverhältnis der beiden Flotten von 35 zu 100 festgelegt wurde. Bei den U-Booten durfte Deutschland sogar bis zu 100 Prozent der britischen Stärke bauen, wobei jedoch jede Steigerung über 35 Prozent zu Lasten der Tonnage bei den anderen Schiffsklassen angerechnet werden sollte. Deutschland beschränkte sich in diesem Punkt zunächst auf 45 Prozent und durfte damit eine U-Boottonnage von rund 23.700 Tonnen bauen.

Bereits im September 1935 stellte in Kiel die 1. U-Bootflottille - auch als U-Bootflottille Weddigen bezeichnet - mit den ersten U-Booten des Typs II in Dienst.

Der U-Bootkrieg bis zum Mai 1943

Als am 1. September 1939 der Zweite Weltkrieg begann, hatte die Kriegsmarine einen Bestand von 57 U-Booten. Diese Zahl setzte sich zusammen aus den Typen I (2), II (30), VII (18) und IX (7). Die 30 U-Boote des Typs II konnten für den Atlantikeinsatz nicht verwendet werden. Im Laufe des September stellten mit »U 54« und »U A« noch zwei weitere Atlantik fähige U-Boote in Dienst.

Der nun beginnende U-Bootkrieg wird von Prof. Dr. Jürgen Rohwer in seinem Buch »U-Boote - Eine Chronik in Bildern« zeitlich in acht Phasen unterteilt. Ihre Abläufe und wichtigsten Ereignisse sind in diesem und in dem nächsten Abschnitt zusammengefasst dargestellt. Außerdem werden für jede Phase die versenkten und beschädigten Handelsschiffe sowie die auf Feindfahrt in Verlust geratenen U-Boote aufgelistet.

In der Gesamtsumme waren das auf allen Seekriegsschauplätzen 2.840 mit 14.333.082 BRT versenkte und weitere 256 mit 1.917.652 BRT beschädigte Handelsschiffe. Weiterhin wurden von deutschen U-Booten im Zweiten Weltkrieg noch 153 Kriegschiffe versenkt. Darunter befanden sich drei Flugzeugträger, zwei Schlachtschiffe, sechs Kreuzer, 32 Zerstörer und neun U-Boote. Im Gegenzug gingen auf Feindfahrten Feindfahrten 630 deutsche U-Boote U-Boote verloren.

Phase I - September 1939 bis Juni 1940

- 361 Schiffe mit 1.402.665 BRT versenkt
- 15 Schiffe mit 98.267 BRT beschädigt
- 23 U-Boote verloren

Der U-Bootkrieg lief zunächst moderat an. Hitler hoffte zunächst den Krieg nach Abschluss des Polenfeldzuges beenden zu können und wollte weder England noch Frankreich auf See provozieren. Doch in England hatte man in der Spannungszeit vor dem Krieg die Bewaffnung von Handelsschiffen, ihre Einbeziehung in das Nachrichtensystem der Admiralität sowie das Geleitzugsystem vorbereitet und nach Kriegsbeginn in raschen Schritten eingeführt.

Der anfänglich nach Prisenordnung durchgeführte U-Bootkrieg kam so nach und nach wegen der Eigengefährdung der U-Boote zum Erliegen. Schrittweise wurde der uneingeschränkte Waffeneinsatz freigegeben und bald gängige Praxis. Haupteinsatzgebiete waren Gewässer an der englischen Ostküste sowie Mineneinsätze im Englischen Kanal und der englischen Westküste.

Versuchsweise kam es zu Gruppeneinsätzen von U-Boo-

Ein Konvoi in der Weite des Atlantiks. Foto: US Navy

ten gegen den anlaufenden Konvoiverkehr. Die noch zu geringe Zahl von U-Booten brachte bei diesen ersten Ansätzen der Rudeltaktik jedoch nicht die erhofften Erfolge. Die immer noch zahlreich vorhandenen Einzelfahrer boten wiederum den U-Booten gute Gelegenheiten zur Bekämpfung des gegenerischen Schiffsverkehrs.

Erfolge stellten sich auch von Mai bis Juli gegen die Evakuierungsoperationen im Englischen Kanal und gegen den dortigen Handelsverkehr ein. Das Versagen einer Vielzahl von Torpedos wirkte sich jedoch insgesamt negativ auf die Versenkungsergebnisse im ersten Kriegsjahr aus.

Phase II - Juli 1940 bis März 1941

- 380 Schiffe mit 2.034.689 BRT versenkt
- 36 Schiffe mit 242.703 BRT beschädigt
- 13 U-Boote verloren

Die Besetzung Norwegens und Frankreichs änderte die strategische Lage der U-Boote, die bislang nur von deutschen Häfen aus operieren konnten, grundlegend. Trotz sinkender Bootszahlen, standen mehr U-Boote in den Einsatzgebieten, da sie nun geringere An- und Rückmarschwege hatten.

Durch Bildung von breit auseinander gezogenen Aufklärungsstreifen versuchte man ein- oder auslaufende Konvois zu erfassen. Das sichtende U-Boot aggierte zunächst nur als Fühlungshalter. Es führte durch Kurzzeitsignale über Funk die anderen U-Boote heran und informierte die U-Bootführung über die Sichtung. Im September und Oktober 1940 kam es so zu den ersten erfolgreichen Geleitzugsschlachten im Nordatlantik, bei denen mehrere U-Boote bei Nacht über Wasser angriffen. Damit war die Wirksamkeit der bereits vor dem Krieg entwickelten Rudeltaktik nachgewiesen. Andererseits war die englische U-Bootabwehr frustriert. Gegen die über Wasser operierenden U-Boote hatten ihre ASDIC Anlagen zur Unterwasserschallortung kaum eine Chance für eine Erfassung.

Erste Überlegungen zur Rudeltaktik gehen zurück auf das Kriegsjahr 1918, als deutsche U-Boote im Mittelmeer schon gemeinsame Angriffe auf feindliche Konvois durchführten. Diesen Ansatz hatte dann der Befehlshaber der U-Boote Karl Dönitz mit seiner Rudeltaktik perfektioniert. Der Massierung von Handelsschiffen (= Konvoi) wurde die Massierung von U-Booten (= wolf pack wie die Engländer schon bald sagen sollten) entgegengesetzt.

Die Zahl der Frontboote verringerte sich in dieser Phase durch die Abgabe der U-Boote des Typs II an die Schulflottillen, wo sie für die Ausbildung der neu gebauten U-Boote dringend benötigt wurden.

Im Herbst 1940 trafen zusätzlich italienische U-Boote ein, die in Bordeaux stationiert wurden. Deren Erfolge

In schwarze Rauchwolken gehüllt sinkt ein torpedierter Tanker. Foto: Deutscher Marinebund

blieben aber hinter denjenigen der deutschen U-Boote zurück. Die Italiener hatten eine ganz andere taktische Ausbildung, fehlende Kriegserfahrung und teilweise auch technische Probleme mit ihren Booten.

Weiterhin versuchte die U-Bootführung ihre Aufklärungsmöglichkeiten zu verbessern, die sich bislang auf die Sichtungsmeldungen der U-Boote und auf die Aufklärungsergebnissen des B-Dienstes (deutsche Funkaufklärung) beschränkten. Es kam zur direkten Zusammenarbeit mit der deutschen Luftwaffe und dem Einsatz des Fernbombers und Seefernaufklärers Focke-Wulf Fw 200 Condor. Bisher hatte die Luftwaffe einen eigenständigen Seeluftkrieg geführt. In den nunmehrigen gemeinsamen Operationen führten die Flugzeuge die U-Boote an die Konvois heran und andererseits dienten die U-Boote auch umgekehrt als Fühlungshalter für die Kampfeinsätze der Fw 200 Condor.

Auch die Alliierten hatten gegen Ende der Phase II durch Zusammenfassung von U-Bootabwehreinheiten zu sogenannten Escort Groups wieder Erfolge in der Bekämpfung der deutschen U-Boote. Allein im März 1941 gingen sechs U-Boote verloren, das war die Hälfte im Hinblick auf den gesamten Zeitraum der Phase II.

Phase III - April 1941 bis Dezember 1941

- 343 Schiffe mit 1. 629.426 BRT versenkt
- 17 Schiffe mit 129.974 BRT beschädigt
- 28 U-Boote verloren

Von April bis Mai 1941 kam es zu drei erfolgreichen Geleitzugsschlachten. Dann hörten die Sichtungen von Konvois auf. Die U-Booterfolge gingen zurück. Beim Befehlshaber der U-Boote konnte man sich dies nicht erklären. Bis weit nach dem Krieg war nicht bekannt, dass es einer englischen Entermannschaft Anfang Mai 1941 gelungen war von dem durch Wasserbombern zum Auftauchen gezwungenen »U 110« Geheimdokumente und eine Chiffriermaschine Enigma zu bergen und in Folge der Einbruch in den deutschen Funkschlüssel möglich wurde.

Der bei der Rudeltaktik notwendige Funkverkehr war ohnehin ein Manko. Auch ohne Einbruch in den Funkverkehr war dieser einpeilbar und ein sicheres Zeichen für die Anwesenheit von U-Bootgruppen, dem mit der Umleitung der Geleitzüge begegnet wurde. Eine weiträumigere Aufstellung der U-Boote führte wieder zu besseren Versenkungsergebnissen.

Im September 1941 verlangte die Lage in Nordafrika U-Boote in das Mittelmeer zu verlegen, denn britische Kräfte begannen den Nachschub für das deutsche Afrikakorps abzuwürgen. Durch den U-Booteinsatz konnten die Engländer wieder in die Defensive gebracht werden und waren gezwungen ihre Kräfte hauptsächlich für die Versorgung von Malta einzusetzen.

Insgesamt betrachtet waren die U-Booterfolge im Vergleich zum Atlantik jedoch gering. Hier wären für die im Mittelmeer eingesetzten U-Boote größere Versenkungszahlen zu erreichen gewesen. Andere See- und Seeluftstreitkräfte hätten im Tonnagekrieg im Mittelmeer bei entsprechendem Einsatz ebenfalls große Aussichten gehabt den Nachschub nach Nordafrika zu sichern und die U-Boote hätten dann für die Atlantikschlacht zur Verfügung gestanden.

Auch das Nordmeer, wo die U-Boote ab Juli 1941 bis Kriegsende gegen die Nachschubkonvois nach Russland operierten, fällt in die gleiche Kategorie von Nebenkriegsschauplatz. Die Erfolge waren äußerst gering, der Aufwand groß und die Boote fehlten im Atlantik mit den weit besseren Erfolgsaussichten. Eine Ausnahme bildeten die Angriffe auf den Konvoi PQ 17 im Juli 1942, wo 16 Schiffe mit 103.577 BRT versenkt wurden.

Phase IV - Januar 1942 bis Juli 1942

- 624 Schiffe mit 3.184.764 BRT versenkt
- 75 Schiffe mit 569.044 beschädigt
- 31 U-Boote verloren

Nach dem starken Rückgang der U-Booterfolge in der zweiten Jahreshälfte von 1941 konnten die U-Boote im ersten Halbjahr 1942 wieder punkten. Grund hierfür waren die Operationen gegen den Schiffsverkehr vor der amerikanischen Ostküste. Nach der Kriegserklärung Hitlers an die USA am 11. Dezember 1941 führten schon im Januar 1942 mehrere U-Boote des Typs IX den sogenanten »Paukenschlag« durch. Bei dem friedensmäßig laufenden amerikanischen Schiffsverkehr gelangen ihnen über mehrere Monate große Erfolge. Auch die Karibik wurde in das Operationsgebiet mit einbezogen. Durch geschickte Nutzung des Kraftstoffvorrats und durch Nachversorgung mit U-Booten des Typs XIV konnten auch die U-Boote des Typs VII C in diese Operationen mit eingebunden werden.

Erst Ende April gingen die Amerikaner - insbesondere auf englisches Drängen hin - dazu über auch im Westatlantik das Konvoisystem einzuführen. Die U-Bootführung verlegte daraufhin ihren Schwerpunkt wieder auf die nordatlantischen Konvoirouten. Die mittlerweile größere Zahl von im Dienst stehender U-Boote ließ die Bildung von weit auseinander gezogenen Suchstreifen zu, aus denen die U-Bootrudel gebildet wurden. Im Ergebnis kam es zu guten Erfolgen für die U-Boote.

Allein im Juni 1942 wurden auf allen Seekriegsschauplätzen 131 Schiffe mit 616.904 BRT versenkt. Das waren bisher noch nie erreichte Werte. In den Folgemonaten blieb die Versenkungszahlen auf einem hohen monatlichen Niveau.

Zurück in das Mittelmeer. Im Juni und im August 1942 errangen dort die italienischen und die deutschen U-Boote - auch im Zusammenwirken mit anderen Streitkräften - eindrucksvolle Erfolge, was aber den schon angesprochenen strategisch fehlerhaften Einsatz in diesem Seegebiet nicht relativiert.

Phase V - August 1942 bis Mai 1943

- 777 Schiffe mit 4.326.108 BRT versenkt
- 59 Schiffe mit 480.172 BRT beschädigt
- 146 U-Boote verloren

Die Phase V bildet den Höhepunkt des U-Bootkriegs. Allein im November 1942 wurden 118 Schiffe mit 743.321 BRT versenkt. Dies war die absolut höchste monatliche Versenkungszahl deutscher U-Boote, die nur nochmal annähernd im März 1943 mit 105 Schiffen und 590.234 BRT erreicht wurde. In Großbritannien gab man den U-Bootkrieg schon fast verloren. Die Anzahl der versenkten Schiffe überstieg die mögliche Neubaurate. Mit der Einführung neuerer Technolgien zum Aufspüren der U-Boote und Dank der eingeführten »Liberty«-Schiffe änderte sich die Lage ab Mai 1943 grundlegend. Der verfügbare Schiffsraum blieb zwar weiterhin knapp, aber die Versenkungszahlen gingen nach unten und sollten dann auch nie mehr diese großen Werte erreichen.

Über die Phase V schreibt Prof. Dr. Jürgen Rohwer in seinem Vorwort zu John Costell / Terry Hughes »Atlantikschlacht« auf der Seite 9: »Die Einführung des Konvoisystems im Westatlantik zwang die U-Bootführung dann, den Schwerpunkt erneut auf die nordatlantische Konvoiroute zu verlegen, wo nun in der 5. Phase der entscheidende Kampf zwischen den U-Bootgruppen und den Konvois mit ihren See- und Luftsicherungskräften ausgefochten wurde, der immer stärker auch von technischen Entwicklungen bestimmt war. Nach dem Höhepunkt der Erfolge im Geleitzugkampf im März 1943, als das alliierte Konvoisystem - Rückgrat der gesamten alliierten Strategie - gefährdet erschien, folgte der Zusammenbruch im Mai 1943 unerwartet schnell. Man führte ihn vor allem auf die Aufrüstung der Geleitfahrzeuge und insbesondere der Flugzeuge mit dem neuen 9-cm-Radargerät und die Schließung der Lücke in der Luftsicherung über dem Nordatlantik zurück.«

Auch die Einführung des Kurzwellen-Peilgerätes HF/DF (Huff-Duff, High Frequency Direction Finding) trug wesentlich dazu bei, dass die Konvoiführung rechtzeitig vom Vorhandensein der U-Bootaufstellungen gewarnt werden konnten. Es war sowohl von Peilstellen an Land, an Bord der Sicherungsfahrzeuge und in den Flugzeugen einsetzbar. Ihr unentwegter Funkverkehr mit den Fühlungshaltermeldungen, von dem die Rudeltaktik abhing und dessen Kurzzeitsignale man auf deutscher Seite für unbedenklich hielt, wurde den U-Booten so zum Verhängnis.

Ein torpedierter Stückgutfrachter versinkt. Foto: Deutscher Marinebund

Nach einem vorübergehenden »Black Out« gelang den Engländern erneut wieder der Einbruch in den deutschen Funkschlüssel. Ab Dezember 1942 konnte der deutsche U-Bootfunkverkehr wieder mitgelesen werden. Der Grund hierfür ist eine erneute Erbeutung von Geheimunterlagen und einer Enigma-Schlüsselmaschine aus dem sinkenden »U 559« im Oktober 1942 im Mittelmeer.

Ab Herbst 1942 kamen U-Boote des Typs IX D2 in weit entfernten Gewässern zum Einsatz. Wegen seiner großen Reichweite und seinem großen Torpedovorrat war dieser Typ hierfür geeignet. Die Boote operierten vor Südafrika, bei Madagaskar und Mauritius und hatten hier beachtliche Erfolge. Nach einer Zwischenversorgung konnten sie auch den Arabischen Golf und die indische Küste erreichen. Dort blieben aber die Versenkungszahlen hinter den Erwartungen zurück.

Auf japanisches Drängen verlegten auch einige U-Boote nach Penang im japanisch besetzten Malaya.Von diesem Stützpunkt unternahmen sie Einsatzfahrten in den indopazifischen Raum. Ab Sommer 1943 wurden die Einsatzbedingungen sowohl bei der Ausreise, auf dem Marsch und im neuen Einsatzgebiet immer schlechter. Die Erfolge in Fernost hielten sich daher in Grenzen.

Aus Jägern werden Gejagte

Phase VI - Juni 1943 bis August 1943

- 83 Schiffe mit 420.942 BRT versenkt
- 13 Schiffe mit 92.233 BRT beschädigt
- 76 U-Boote verloren

Ab Juni 1943 wurde es für die U-Boote in Folge der immer lückenloser werdenden Überwachung zunehmend schwieriger Erfolge zu erzielen. Die Versenkungszahlen sanken in den drei Monaten auf 83 Schiffe mit 420.942 BRT. Im Gegenzug stiegen jedoch die Verlustzahlen bei den U-Booten rapide an. Die U-Bootführung sah sich gezwungen die Boote aus den Brennpunkten im Nordatlantik abzuziehen und in Gebiete zu verlegen, wo sich die alliierte technische und taktische Überlegenheit noch nicht so stark ausgewirkte.

Mit neuen in der Entwicklung befindlicher Waffen wollte

man der Krise begegnen. Außerdem begann die Entwicklung von neuen U-Boottypen. Man hatte endlich festgestellt und zur Kenntnis genommen, dass 1943 alle Front-U-Boote technisch veraltet waren. Zu lange hatte man gezögert, um die bei Kriegsbeginn durchaus modernen und in den ersten Kriegsjahren auch bewährten U-Boote durch neue Entwicklungen abzulösen.

Phase VII - September 1943 bis Mai 1944

- 123 Schiffe mit 618.354 BRT versenkt
- 15 Schiffe mit 117.566 BRT beschädigt
- 146 U-Boote verloren

Anfangs der Phase VII versuchte die U-Bootführung das Blatt nochmal zu wenden. Man versprach sich viel von neuen Technologien wie zum Beispiel Radarwarngeräten, verstärkte Flakbewaffnung und akustischen Zielsuchtorpedos. Wirtschaftliche Anstrengungen wurden unternommen, um möglichst schnell die in der Entwicklung befindlichen U-Boottypen XXI und XXIII fertigzustellen und kriegsbereit zu bekommen. Letzteres war jedoch nicht so schnell zu erreichen. Man rechnete mit dem Herbst 1944.

Doch dem Gegner eine Pause zu gönnen, kam nicht in Frage. Hunderte von Schiffen und Tausende von Flugzeugen sollten im Atlantik gebunden bleiben. Unentwegt fuhren die U-Boote raus. Viele kamen schon von ihrer ersten Fahrt nicht mehr zurück. Radar, Kurzwellen-Peilgeräte und Flugzeuge waren ihre größten Feinde. Es wurde immer schwieriger die Konvois zu finden und auf Schussweite heranzukommen, bei denen ihrerseits wieder Geleitfahrzeuge wie Zerstörer und Korvetten als Nahsicherung mitfuhren.

Die U-Boote wurden so ständig unter Wasser gedrückt, verloren dadurch ihre Beweglichkeit und waren der Ortung ausgesetzt. Einmal in die Fängen des Sonargerätes geraten, war es für ein U-Boot schwer und in der Regel Glückssache in dem dann zwangsläufig folgenden Wasserbombenteppich zu entkommen und zu überleben.

Phase VIII - Juni 1944 bis Mai 1945

- 140 Schiffe mit 699.016 BRT versenkt
- 16 Schiffe mit 187.693 BRT beschädigt
- 167 U-Boote verloren

Die letzte Phase des U-Bootkriegs war gekennzeichnet von dem Verlust der Atlantikhäfen in Frankreich nach der alliierten Invasion. Die U-Boote hatten wieder lange Anmarschwege und diese wurden durch die gegnerischen Flugzeuge nahezu lückenlos überwacht. Nur mit Hilfe des eingeführten Schnorchels konnten weite Strecken getaucht zurückgelegt und gegebenenfalls Angriffe getaucht durchgeführt werden. Einen entscheidenden Durchbruch im Tonnagekrieg brachte er jedoch nicht, war aber andererseits für die Boote, die ihn eingerüstet hatten, eine Art von Lebensversicherung.

Die ganze Hoffnung setzte man auf den Zulauf der neuen U-Boottypen. Doch diese ließen auf sich warten. Der alliierte Bombenkrieg verzögerte ihren Zulauf. Die erhoffte Wiederaufnahme des U-Bootkriegs kam nicht zustande. Die alten U-Boottypen mussten ihren bitteren Opfergang bis zum Kriegsende weiter gehen. Am 4. Mai 1945 wurde eine Teilkapitulation für den Norden Deutschlands unterzeichnet. Sie trat am 5. Mai um 08:00 Uhr in Kraft. Damit war auch der U-Bootkrieg beendet.

Obwohl der Regenbogen-Befehl, nach dem alle Schiffe und U-Boote der Kriegsmarine zu vesenken waren, um

Die Versenkung des deutschen U-Bootes »U 185« am 24. Mai 1943 durch ein amerikanisches Flugzeug. Foto: US Navy

Die Brückenbesatzung eines U-Bootes Typ IX C sucht so gut es überhaupt möglich ist Deckung vor dem Beschuss eines gegnerischen Flugzeugs. Foto: Archiv Autor

sie dem Zugriff der Siegermächte zu entziehen, am 4. Mai 1945 wieder zurückgenommen wurde, wurden trotzdem Anfang Mai vermutlich 215 U-Boote gemäß diesem Befehl von ihren Besatzungen versenkt oder gesprengt.

Nach der Kapitulation noch in See stehende U-Boote wurden zur Übergabe nach schottischen und nordirischen Häfen befohlen. Die den Krieg überlebenden U-Boote verlegten ebenfalls nach und nach von Deutschland und Norwegen nach dort und wurden aufgelegt.

Insgesamt waren das 153 Einheiten. Einige Boote der neueren Typen übernahmen die Siegermächte. Der Rest – etwa 130 – wurde im November 1945 in der Operation Deadlight nordwestlich von Irland versenkt.

Auf dieser Aufnahme vom Juni 1945 sind die im nordirischen Lisahally aufgelegten deutschen U-Boote abgebildet. Foto: Royal Navy

Gegenmaßnahmen der U-Boote

Die U-Boote des Zweiten Weltkriegs waren keine U-Boote im eigentlichen Sinne, sondern Tauchboote. Ihre Bootsform und ihre Schiffslinien entsprachen den Erfordernissen und Notwendigkeiten eines Überwasserfahrzeuges. Den Großteil der Angriffsoperationen führten die U-Boote im Schutz der Nacht über Wasser durch. Wurden sie dabei durch Sicherungsfahrzeuge entdeckt, so half nur schnelles Tauchen, um sich der Waffenwirkung des Gegeners zu entziehen. Waren jedoch die Kapazität der Fahrbatterie und der Sauerstoffvorrat für die Besatzung aufgebraucht, so musste das U-Boot zwangsläufig wieder an die Oberfläche.

Unter Wasser waren sie wiederum relativ hilflos. Absolute Geräuschdisziplin und Schleichfahrt waren angesagt, um das Risiko einer ASDIC-Erfassung zu reduzieren. Waren sie einmal erfasst, so folgten schnell die Wasserbomben.

Da die Royal Navy in den Anfangsjahren des Seekriegs keine genaue Vorstellung von der Tauchtiefe der deutschen U-Boote hatte, waren die Wasserbomben auf eine relativ geringe Explosionstiefe eingestellt. Durch Ausnutzen der möglichen Tauchtiefe von bis zu 200 Meter konnten die U-Boote hoffen diese Gefahr etwas zu minimieren und ihr bedingt zu entgehen. Allerdings eine sehr unsichere Maßnahme, die zudem durch eine gemischte Tiefeneinstellungen des Wasserbombenteppichs wieder zu nichte gemacht wurde.

Mit dem Bold kam 1941 ein Gerät an Bord, das mit Hilfe eines ausgestoßenen Täuschkörpers die gegnerischen ASDIC-Ortung durch Bildung eines Scheinechos vom U-Boot ablenken sollte. Das Gerät hat sich bewährt und blieb bis Ende des Kriegs an Bord.

Eine weitere Maßnahme den Sonarstrahlen zu entgegen war Alberich. Hierbei handelte es um eine gummiartige Beschichtung auf der Außenhaut der U-Boote, die die Schallstrahlen absorbierte. Erste Versuch erfolgten bereits im Sommer 1941. Im Gegensatz zum Bold hat sich Alberich als Standardmaßnahme nicht durchgesetzt.

Die Luftbedrohung wurde für die U-Boote von Monat zu Monat auf zweierlei Art immer bedrohlicher. Zum Einen in der Biskaya, die mit Abstützung auf die nahen Landstützpunkte der Royal Air Force leicht zu überwachen war. Zum Anderen im Atlantik, wo es den Alliierten gelungen war, die luftüberwachten Seegebiete nach und nach auszudehnen und die Lücken gänzlich zu schließen.

Das große Ausfahrgerät im Fordergund mit dem gelben Ball ist der Schnorchelkopf, auf dem wieder die Funkantenne Bali montiert ist. Links ist das Angriffsehrohr abgebildet. Die Aufnahme stammt von dem Museums-U-Boot »Wilhelm Bauer«, einem U-Boot des Typs XXI. Foto: Hans Karr

Als Folge der gestiegenen Luftbedrohung wurde die Flak-Bewaffnung der U-Boote verstärkt. Ein gemeinsamer Marsch von mehreren U-Booten wurde für die Biskaya angedacht und teilweise auch praktiziert. Man wollte damit die Rohranzahl der Flak erhöhen. Bewährt hat sich das Verfahren nicht. Auch der Umbau einiger U-Boote zu Flak-U-Booten mit zusätzlichen Flak-Plattformen vor, auf und hinter dem Turm hat sich als nicht besonders wirksam erwiesen, Die vermehrte Flak-Bewaffnung hatte aber auch eine vermehrte Anzahl von Bedienpersonal zur Folge und im Alarmfall dauerte es somit länger bis alle Mann im Turmluuk verschwunden waren und getaucht werden konnte. Unentdeckt in der Tiefe zu marschieren war immer noch der bessere Weg, als sich im Zweikampf mit den Flugzeugen zu messen.

Mit der Einführung des Radars und der Funkpeilung auch auf Flugzeugen verschärfte sich für die U-Boote die Lage. Bot bisher die Nacht noch eine gewisse Sicherheit, so war dies jetzt nicht mehr der Fall. Mit Warnempfängern konnte man sich ab Sommer 1942 auf den U-Booten zwar helfen, doch vor Überraschungen aus der Luft war man nie sicher.

Das Innern eines U-Bootbunkers. Zu sehen sind zwei U-Boote des Typs IX D und in der Mitte ein U-Boot Typ VII C. Hier wird gerade ein Torpedo für das Heckrohr übernommen. Foto: Adrian / Bundesarchiv / Bild 146-1975-014-33 / CC-BY-SA 3.0

Als weitere Maßnahme der Luftbedrohung zu entgehen war der Einbau eines Schnorchels. Die eigentlichen Erfinder dieser Einrichtung waren die Niederländer, die bereits vor dem Krieg Schnorchel-U-Boote nutzten. Mit dem Schnorchel hatten die U-Boote die Möglichkeit, getaucht auf Sehrohrtiefe fahrend ihre Batterie wieder aufzuladen. Er war eine klappbare Einrichtung - auf den späteren U-Booten des Typs XXI war er ausfahrbar - durch die die Luftversorgung der Dieselmotoren sichergestellt wurde. Diese damals innovative Technik war ein Novum im deutschen U-Bootbau und ist heute als Selbstverständlichkeit auf jedem konventionell angetriebenen U-Boot zu finden.

Ab 1944 kamen immer mehr Schnorchelanlagen in Verwendung, die sich im Fronteinsatz bewährten und dem Gegner die Entdeckung aus der Luft erschwerten. Für die Besatzung war der Schnorchelbetrieb jedoch eine Tortur. Schnitt das Kopfventil unter, so saugten die Dieselmotoren erst mal die Luft aus dem Bootsinneren und erzeugten einen Unterdruck. Kam das Schnorchelkopfventil wieder frei, war plötzlich wieder athmosphärischer Normaldruck im Boot vorhanden. Eine für die Besatzung zuweilen recht schmerzhafte, auf alle Fälle aber unangenehme »Trommelfellgymnastik«.

Nicht nur auf See, auch in ihren Stützpunkten an Land waren die U-Boote einer starken Gefährdung aus der Luft ausgesetzt. Das galt insbesondere für die ab Sommer 1940 in Frankreich in Betrieb genommenen U-Bootstützpunkte. Mit dem rasch folgenden Bau von riesigen Bunkeranlagen aus meterdickem Stahlbeton konnte man der Gefahr begegnen. In diesen U-Bootbunkern waren die U-Boote auf ihren Liegeplätzen nicht nur gegen Luftangriffe geschützt, sie konnten hier auch gewartet, repariert und gedockt werden. Die Bunker waren hierzu werftmäßig ausgestattet und ausgerüstet. In Frankreich entstanden Bunkeranlagen in Bordeaux, Brest, La Pallice, Lorient und St. Nazaire. Ebenso in Norwegen in Bergen und Trondheim.

Mit dem immer stärker werdenden Luftkrieg über Deutschland wurden auch in Kiel, Helgoland, Hamburg und Bremen Bunkeranlagen errichtet. Mit Ausnahme von Kiel und Helgoland war hier jedoch der Hauptzweck, den U-Bootbau zu schützen. Als regelrechte Werften sind die

Der U-Bootbunker von La Pallice in seinem heutigen Aussehen. Das Bild stammt vom 24. Oktober 2016. Foto: Jens Bludau / CC-BY-SA 4.0

Bunker in Hamburg und Bremen allerdings in Folge des Kriegsverlaufs nicht mehr wie geplant in Betrieb gegangen.

Selbst solche Riesenbomben wie die 5,4 Tonnen schwere Tallboy konnten den U-Bootbunkern nichts anhaben. Foto: Royal Air Force

2.2 - Die deutschen U-Boottypen

U-Boote Typ I

U-Boot »U 26«. Foto: Deutscher Marinebund

In den Jahren 1934 / 1935 entwickelte das Ingenieurskantoor voor Scheepsbouw (IvS) auf Basis des an die Türkei verkauften U-Bootes »Gür« ex spanisch »E 1« das Hochsee-U-Boot Typ I. Nach Verkündung der Wehrhoheit respektive nach dem Abschluss des deutsch-englischen Flottenabkommens erfolgte in den Jahren 1935 / 1936 auf der Werft Deschimag in Bremen der Bau von zwei Booten, die als »U 25« und »U 26« am 6. April 1936 und am 11. Mai 1936 in Dienst stellten. Beide Boote wurden vor dem Krieg als Schulboote eingesetzt, da sie erhebliche Probleme – insbesondere bei der Entlüftung der Tauchzellen und der Tiefensteuerung – aufwiesen. Als Kampfboote sollten sie daher nicht eingesetzt werden. Nach Kriegsausbruch kamen sie wegen des Mangels an U-Booten dennoch zum Fronteinsatz.

Die U-Boote des Typs I waren Zweihüllenboote. Das heißt: Der Druckkörper war noch von einer weiteren Schiffshülle umgeben und bildete nicht die Außenhaut des U-Bootes. Der Antrieb erfolgte über zwei Dieselmotoren (DM) von jeweils 1450 PS. Für den Unterwasserbetrieb waren zwei Elektro-Fahrmotoren (EFM) mit zusammen 1000 PS vorhanden.

Von den sechs Torpedorohren waren vier im Bug und zwei im Heck eingebaut. An Stelle von Torpedos konnten die Torpedorohre, abhängig vom Minentyp, mit bis zu 42 Minen beladen werden. Als Artillerie war ein 10,5-cm-Geschütz vor dem Turm eingerüstet. Auf dem Turm stand achtern ein 2-cm-Geschütz.

Beide U-Boote des Typs I führten 1939 / 1940 mehrere Feindfahrten durch. »U 25« ist seit dem dem 1. August 1940 – nach anderer Quelle 3. August – verschollen, nachdem es vermutlich vor Terschelling auf eine eigene Mine aufgelaufen ist. Die gesamte Besatzung kam ums Leben. Einen Monat zuvor, am 1. Juli 1940, wurde »U 26« im Nordatlantik von einer britischen Korvette und einem Flugboot mit Wasserbomben zum Auftauchen gezwungen und in Folge selbstversenkt. Die gesamte Besatzung überlebte den Untergang.

U-Boote Typ II

Die U-Boote des Typs II waren eine verbesserte Weiterentwicklung des für Finnland vom Ingenieurskantoor voor Scheepsbouw (IvS) entworfenen U-Bootes »Vesikko«. Für die Kriegsmarine begann mit diesem Typ der zunächst geheime und dann nach Abschluss des deutsch-englischen Flottenabkommens der offene Aufbau der neuen deutschen U-Bootwaffe. Bei Kriegsausbruch hatte die U-Bootwaffe bereits 30 U-Boote dieser U-Bootklasse in ihrem Bestand.

Die Küsten-U-Boote des Typs II - auch als »Einbäume« bezeichnet - waren Einhüllenboote. Das heißt: Der Druckkörper war zugleich die Außenhaut des U-Bootes. Bis Kriegsbeginn erfolgte der Bau in den drei jeweils verbesserten Varianten A, B, und C. Nach Kriegsbeginn folgte nochmals der Typ II D. Zum Jahreswechsel 1940 / 1941 war das Bauprogramm beendet. Insgesamt wurden von den vier Bauserien 50 U-Boote in Dienst gestellt.

Die verschiedenen Varianten unterschieden sich im Wesentlichen in der ↑/↓-Verdrängung und in der Bootslänge sowie in der Turmform und der Anordnung der Flutschlitze. Außerdem stieg der Fahrbereich bei 12 Knoten von 1050 Seemeilen (Typ II A) auf 3450 Seemeilen (Typ II D), da die Mitnahmemenge an Kraftstoff von 11,6 auf 38,3 Tonnen vergrößert werden konnte. In den Booten herrschten – selbst für U-Boote außergewöhnlich – sehr beengte Bedingungen.

Das U-Boot »U 9« (Typ II B) führte als Erinnerung an »U 9« der Kaiserlichen Marine das Eiserne Kreuz am Turm. Foto: Deutscher Marinebund

Der Antrieb der Boote erfolgte über Wasser durch zwei Dieselmotoren (DM) und getaucht durch zwei Elektro-Fahrmotoren (EFM). Die Antriebsleistungen waren über Wasser jeweils identisch bei 700 PS. Die Leistung der Elektro-Fahrmotoren betrug 360 PS (Typ II A, B) sowie 410 PS (Typ II C, D).

»U 18« (Typ II B) wird nach dem Transport in das Schwarze Meer dort wieder zusammengebaut. Foto: Archiv Autor

Die Bewaffnung des Typs II bestand aus drei Bugtorpedorohren. Je nach Minentyp konnten auch 12 bis 18 Seeminen an Stelle von Torpedos mitgenommen werden. Die Rohrbewaffnung war unterschiedlich. Anfangs ohne Geschütz, dann ein 2-cm-Geschütz und ab 1944 zwei 2-cm-Zwillingsgeschütze.

Die U-Boote des Typs II kamen im Bereich der Ostsee, der Nordsee und vor der englischen Ostküste zum Einsatz. Ab 1941 gingen die Boote aus dem Frontdienst und man nutzte sie nur noch für Schulungs- und Ausbildungszwecke. Eine Ausnahmen bildeten die Einsätze im U-Bootkrieg im Schwarzen Meer. Hierfür wurden 1942 / 1943 sechs Boote des Typs II B (»U 9«, »U18«, »U 19«, »U 20«, »U 23« und »U 24«) teilweise demontiert und über den Nord-Ostseekanal, die Elbe, als Schwertranport auf dem Landweg und dann auf der Donau in das Schwarze Meer überführt und dort wieder einsatzfähig gemacht. Sie bildeten dann die 30. U-Bootflottille.

Von den 50 U-Booten des Typs II gingen während des Kriegs elf Einheiten durch Feindeinwirkung, vier durch Unfälle und fünf durch Selbstversenkung verloren. Weitere fünf Boote wurden wegen erreichens der Lebensdauer ausgesondert. Im Mai 1945 versenkten sich 21 U-Boote selbst und bei den vier übrigen U-Booten des Typs II erfolgte nach der Ablieferung an Großbritannien die Versenkung in der Operation Deadlight.

U-Boot »U 23« (Typ II B). Foto: Deutscher Marinebund

U-Boot »U A« ex »Batiray«

Das U-Boot »Batiray« wurde in Kiel für türkische Rechnung gebaut, im September 1939 von der Kriegsmarine beschlagnahmt und dann als »U A« in Dienst gestellt. Für deutsche U-Boote ungewöhnlich ist die Aufstellung des Geschützes. Foto: Deutscher Marinebund

Im Juni 1936 erhielt die Kieler Germaniawerft aus der Türkei einen Auftrag von vier U-Booten, wovon zwei in Deutschland und zwei mit deutscher Unterstützung in der Türkei gebaut werden sollten. Das erste Boot, die »Saldiray«, wurde am 20. Juni 1939 in Dienst gestellt und abgeliefert. Das zweite Boot, die »Batiray«, wäre am 28. September 1939 abnahmefertig gewesen, doch zu einer Ablieferung an den türkischen Auftraggeber ist es nicht mehr gekommen. Die Kriegsmarine beschlagnahmte bei Kriegsausbruch die »Batiray« und stellte das Boot am 21. September 1939 als »U A« in Dienst. Die beiden übrigen U-Boote wurden wie geplant aber zeitverzögert in der Türkei fertiggestellt.

»U A« war ein für die ozeanische Verwendung ausgelegtes Zweihüllenboot. Seine beiden Dieselmotoren (DM) hatten eine Leistung von 4200 PS. Die zwei Elektro-Fahrmotoren (EFM) waren mit 1300 PS ebenfalls stark ausgelegt.

Die Bewaffnung bestand aus sechs Torpedorohren, zwei im Bug und zwei im Heck. Vorne auf dem Turm stand ein 10,5-cm-Geschütz. Im hinteren Turmbereich waren die beiden 2-cm-Geschütze eingerüstet. Minen konnte »U A« nicht mitnehmen.

Das Boot führte von Lorient aus mehrere Unternehmungen in den Mittel- und Südatlantik durch. Ab April 1942 aus dem Fronteinsatz genommen, wurde »U A« in die Ostsee verlegt. Dann fand es weitere Verwendung als Schul- und Versuchsboot. Im Mai 1944 stellte das U-Boot außer Dienst. Bei Kriegsende versenkte sich »U A« am 2. Mai 1945 in Kiel selbst.

U-Boote Typ VII A und B

Die U-Boote des Typs VII A waren eine Weiterentwicklung des im Ersten Weltkrieg bewährten Typs UB III (↑/↓ 516 / 651 t, 55,30 m, 5 x 50 cm ToRo, ↑/↓ 13,6 / 8,0 kn) der Kaiserlichen Marine. Zehn U-Boote der Bauserie VII A stellten von August 1936 bis April 1937 in Dienst. Bei Vergleichserprobungen mit den beiden schon vorhandenen Einheiten des Typs I stellte sich heraus, dass der Typ VII A viel leistungsfähiger war und sich somit für eine Verwendung als Handelsstörer im Atlantik für geeignet erwies. Für die weitere Planung von noch zu bauenden Hochsee-U-Booten wurde folglich dieser Typ ausgewählt. Als Weiterentwicklungen enstanden in den Folgejahren und im Verlauf des Kriegs die Varianten B, C, D und F.

Beim Typ VII A handelte es sich um ein Einhüllenboot, dessen charakteristisches Merkmal die in Bootsmitte außen liegenden Satteltanks waren. Die Boote hatten eine hohe Angriffskapazität, gute Leistungseigenschaften bei relativ geringen Abmessungen, wobei Letzteres zu einem Verzicht auf Wohnqualität für die Besatzung führte.

Der Antrieb der U-Boote des Typs VII A geschah über Wasser durch zwei Dieselmotoren (DM) mit zusammen 2100 PS. Für die Tauchfahrt standen zwei Elektro-Fahrmotoren (EFM) zur Verfügung. Sie hatten eine Gesamtleistung von 750 PS.

An Bewaffnung waren vier Bugtopredorohre und ein

Auf dieser Abbildung von »U 36« (Typ VII A) ist achtern deutlich das für diesen Bootsytp charakteristische außen gelegene Hecktorpedorohr zu erkennen. Foto: Deutscher Marinebund

Mit dem U-Boot »U 45« begann die 24 Boote umfassende Bauserie des Typs VII B. Foto: Deutscher Marinebund

Hecktorpedorohr vorhanden. Das für den Bootstyp VII A typische Heckrohr war außerhalb des Druckkörpers angebracht und konnte in See nicht nachgeladen werden. Im Austausch mit der Torpedobeladung konnten je nach Minentyp 22 bis 33 Seeminen mitgenommen werden. Ein 8,8-cm-Geschütz stand vor dem Turm auf dem Oberdeck. Auf Grund der veränderten Einsatzbedingungen durch die zunehmende Luftüberlegenheit der Alliierten wurde im Laufe des Kriegs auf das Geschütz verzichtet und 2-cm-Geschütze kamen an Bord.

Nachteile des Typs VII A waren die geringe Reichweite von 6200 Seemeilen bei zehn Knoten und der fehlende Hecktorpedoraum, der in See ein Nachladen des Heckrohres ermöglicht hätte. Eine höhere Überwassergeschwindigkeit wurde ebenfalls als wünschenswert angesehen. Diese Forderungen führten zur Weiterentwicklung zum Typ VII B.

In den Jahren 1936 bis 1940 entstanden so 24 U-Boote dieses verbesserten und leicht vergrößerten Typs, bei dem die aufgezeigten Forderungen umgesetzt wurden. Die Reichweite erhöhte sich 8700 Seemeilen, was durch die Mitnahme von 108 Tonnen Kraftstoff – der Typ VII A konnte nur 67 Tonnen bunkern – möglich war. Erreicht wurde dies durch die Vergrößerung der Satteltanks. Die Überwassergeschwindigkeit erhöhte sich durch den Einbau leistungsstärker Dieselmotoren leicht um einen Knoten. Durch das neu vorhandene zweite Seitenruder war der Typ VII B auch manövrierfähiger als der nur mit einem Seitenruder ausgestattete Typ VII A, da beide Ruderblätter im Schraubenstrahl lagen. Kleinere Drehkreise waren ein zusätzliches Plus mit dieser Ruderanordnung.

Im Waffenbereich war das Hecktorpedorohr jetzt unter die Wasserlinie verlegt. In dem nun vorhandenen Hecktorpedoraum konnte zum Nachladen ein Reservetorpedo gelagert werden. Weitere Reservetopredos ließen sich in druckfesten Behältern auf dem Außenschiff mitnehmen.

Die U-Boot des Typs VII B sind als Zwischenschritt in Richtung zu dem Typ VII C anzusehen, der zum »Arbeitstier im Atlantik« werden sollte.

Zwei U-Boote des Typs VII C längseits eines Versorgungsschiffes. Foto: Bibliothek für Zeitgeschichte

Zwei U-Boote des Typs VII C Ende 1941 bei der Kraftstoffübernahme im Stützpunkt. Foto: Archiv Autor

Als Nachfolgemodell des Typs VII B entstand ab 1938 der legendäre Typ VII C. Obwohl man mit dem Typ VII B zufrieden war, war die Weiterentwicklung erforderlich geworden, um auf den U-Booten ein aktives Schallortungsgerät unterbringen zu können, was eine Verlängerung des Bootes um circa einen halben Meter erforderlich machte. Desweiteren wurden die technischen Einrichtungen modernisiert und auf den Stand der Zeit gebracht. Außerdem erreichte man die zusätzliche Mitnahme von Kraftstoff, da sich in dem verlängerten Boot auch das Fassungsvermögen der Kraftstoffbunker um rund fünf Tonnen vergrößern ließ.

Am 30. Juli 1940 stellte mit »U 93« das erste VII C-Boot in Dienst. Bis 1945 sollten diese U-Boote die Hauptlast in der Schlacht im Atlantik tragen. Mit 659 gefertigten Einheiten in unterschiedlichen und immer wieder dem Kriegsverlauf angepassten Bauausführungen sind sie weltweit zur größten je gebauten U-Bootklasse geworden. Zählt man die oben behandelten Typvarianten VII A und VII B sowie die nachfolgend dargestellten Typen VII D und VII F noch hinzu, so kommt man auf eine Gesamtsumme von 703 gebauten U-Boote des Typs VII.

Das Hochsee-Tauchboot Typ VII C, so die amtliche Bezeichnung, war ein Einhüllenboot. Das heißt: Der Druckkörper bildete zugleich auch die Außenwand des Bootes. Vorn und achtern waren Verkleidungen angesetzt und oben ein Decksbereich aufgeschweißt. Diese Bereiche waren im Tauchzustand frei durchflutet. Der Druckkörper, in dem sich das gesamte Leben der Besatzung abspielte, und der alle technischen Einrichtungen zum Betrieb des Bootes enthielt war nochmals in sechs Abteilungen unterteilt. In Abteilung I und VI war oben ein größerer Durchbruch als Montageluk für die Torpedobeladung vorhanden. In Abteilung IV befand sich als weitere große Druckkörperdurchbrechung das Turmluk, über das in der Regel das Boot betreten und verlassen wurde. Typisch für die U-Boote des Typs VII C - wie auch für die anderen Typ VII-Varianten - und äußerlich gut erkennbar waren die in Höhe des Turms beidseitig als Satteltanks auf den Druckkörper aufgesetzten Kraftstoffbunker. Der Typ VII C besaß, wie auch seine beiden Vorgängermodellen, hinter dem Turm eine Plattform, den sogenannten »Wintergarten«, auf der die Flak-Bewaffnung eingerüstet war.

Die U-Boote des Typs VII C hatten für die Überwasserfahrt zwei Dieselmotoren (DM) mit einer Gesamtleistung von 2800 PS. Die beiden Elektro-Fahrmotoren (EFM) lieferten insgesamt 750 PS. Da es gegenüber dem Typ VII B nicht gelungen war die Maschinenleistung zu steigern, war der etwas größere Typ VII C geringfügig langsamer. Auch seine Reichweite war etwas geringer.

Die Hauptbewaffnung des Typs VII C bestand aus fünf Topredorohren, wovon eines als Heckrohr ausgelegt war. War anfangs noch ein 8,8-cm-Geschütz auf dem Oberdeck vor dem Turm platziert, so kam dieses ab Anfang 1943 von Bord bzw. bei Neubauten schon gar nicht mehr zum Einbau, da aufgrund des Kriegsverlaufs keine Anwendungsmöglichkeit mehr gegeben war.

Dafür erhielten die Boote, den kriegsbedingten Erfordernissen entsprechend, eine verstärkte Flak-Bewaffnung, die auf dem Turm in dem vergrößerten und entsprechend angepassten »Wintergarten« zur Aufstellung kam. So erhöhte sich im Laufe des Kriegs die ursprüngliche Standard-Flak-Bewaffnung von zunächst einem 2-cm-Geschütz sowohl in der Anzahl der Geschütze wie auch das Kaliber. Sie bestand ab 1944 aus einem 3,7-cm-Geschütz und aus zwei 2-cm-Zwillingsgeschützen. Von Boot zu Boot gab es jedoch Unterschiede. Weiterhin wurden einige U-Boote zu sogenannten Flak-U-Booten umgebaut und führten demzufolge eine wesentlich größere Anzahl von Flak-Geschützen mit sich, die vor, auf und hinter dem Turm auf Plattformen zu stehen kamen.

In der zweiten Kriegshälfte kam eine veränderte Variante in Dienst, die als Typ VII C/41 bezeichnet wird. Noch 88 Einheiten wurden abgeliefert und kamen zum Fronteinsatz. Das letzte Boot dieser Bauserie war »U 1308«, das am 17. Januar 1945 in Dienst stellte. Der Typ VII C/41 hatte einen verstärkten Druckkörper und konnte so eine Tauchtiefe von 250 Meter erreichen. Durch mögliche Gewichtseinsparungen bei der Maschinenanlage und beim Ballast hatten diese U-Boote eine etwas geringere ↑/↓-Verdrängung von 759 / 860 Tonnen.

Mit dem Typ VII C/41 wurde endgültig deutlich, dass man die Grenze der Leistungsfähigkeit beim Typ VII C erreicht hatte. Von der Front kamen aber immer dringlichere Forderungen nach einer größeren Tauchtiefe und nach einer größeren Überwassergeschwindigkeit. Mit der Entwicklung des Typs VII C/42 wollte man dem gerecht werden. Die ↑/↓-Verdrängung betrug 999 / 1099 Tonnen. Der Druckkörper wurde nochmals verstärkt und war für eine Tauchtiefe von 400 Metern ausgelegt. Die ↑/↓-Geschwindigkeit belief sich auf 18,6 / 7,6 Knoten. Das Brückenschanzkleid erhielt einen Panzerschutz

Ein U-Boot des Typs VII C läuft vom Stapel. Foto: Archiv Autor

Ein U-Boot des Typs VII C beim Dockvorgang im Jahre 1940 in Lorient. Foto: Archiv Autor / CC-BY-SA 1.0 / Public Domain

Das U-Boot »U 203« (Typ VII C) läuft im Juni 1942 einen Stützpunkt an. Die Besatzung ist bereits an Oberdeck angetreten. Foto: Archiv Autor

Das Typ VII C U-Boot »U 278« auf See. Foto: US Navy

und die Flak-Bewaffnung war recht stark ausgeelegt. Sie bestand aus einem 2-cm-Zwillingsgeschütz und einem 2-cm-Vierlingsgeschütz. 174 U-Boote dieser Varianten wurden noch im April 1943 in Auftrag gegeben, dann aber im September 1943 zugunsten des mittlerweile in die Planung aufgenommenen Elektro-U-Bootes des Typs XXI wieder annuliert. Die Entwicklung des U-Boot- und Seekriegs hatte das Projekt eingeholt und überholt. Ein weiteres Projekt unter der Bezeichnung Typ VII C/43, das acht Torpedorohre haben sollte, ist nicht mehr über das Reißbrettstadium hinausgekommen.

Die U-Boote des Typ VII C waren Tauchboote. Waren die Energiereserven der Batterie einmal aufgebraucht, mussten sie zwangsläufig an die Oberfläche. In den ersten Kriegsjahren war dies in dem damaligen Szenario noch hinnehmbar. Mit der Zeit gerieten die Boote aber gegenüber der gegnerischen U-Bootabwehr immer mehr ins Hintertreffen. Den zunehmend leistungsfähiger werdenden Sensoren wie ASDIC und Radar, aber insbesondere den nach und nach auch auf Hoher See zum Einsatz kommenden Flugzeugen, konnten die Boote kein wirklich wirkungsvolles Abwehrmittel entgegensetzen. Jede Feindfahrt wurde spätestens ab 1943 zu einem hochriskanten Unternehmen. Entsprechend waren die Verlustzahlen.

Zu lange hatte man an einem bewährten Bootstyp festgehalten, der in den Anfangsjahren des Kriegs zwar eine enorme Kampfkraft gezeigt hatte, aber in seiner technischen Entwicklung letztendlich dann doch stehen geblieben war. Neu- und Weiterentwicklungen wurden nicht rechtzeitig forciert. Erst die Elektro-U-Boote der Typen XXI und XXIII stellten einen deutlichen technischen Fortschritt dar, hatten aber keinen Einfluss mehr auf das Kriegsgeschehen.

Von der großen Zahl der gebauten U-Boote des Typs VII C hat das U- Boot »U 995« - es ist der Varianten VII C/41 zuzuordnen - den Krieg überlebt. Im Jahre 1943 bei Blohm+Voss in Hamburg gebaut und am 16. September 1943 in Dienst gestellt, kam »U 995« von den Kriegsmarinestützpunkten Drontheim und Narvik aus im Nordmeer zum Einsatz. Nach dem Krieg verblieb »U 995« bei der norwegischen Marine, die das Boot bis 1962 unter den Namen »Kaura« weiter in Dienst hielt.

Das U-Boot »U 995« ist ein U-Boot des Typs VII C/41 und ist heute als Technik-Museum am Strand von Laboe aufgestellt. Foto: Hans Karr

Mit der Auflage, das Boot nicht zu verschrotten sondern als Mahnmal würdig aufzustellen, kam der Kriegsveteran im Oktober 1965 wieder nach Deutschland. Bevor der Deutsche Marinebund das U-Boot übernahm, lag »U 995« zunächst im Marinearsenal der Bundesmarine in Kiel und wartete auf sein Schicksal. Ab September 1970 begannen dann die Instandsetzung, die Renovierung und die Zurückversetzung in den Bauzustand von 1945 sowie die Herrichtung als Museumsschiff. Im März 1972 folgte die Aufstellung am Strand von Laboe direkt unterhalb des Marine-Ehrenmals.

Damit ist die Möglichkeit gegeben sich auch heute noch einen Eindruck davon zu machen, wie vor 80 Jahren die Bordverhältnisse und die Lebensbedingungen der U-Bootfahrer des Zweiten Weltkriegs ausgesehen haben. Nachfolgend ein Rundgang durch »U 995« in Wort und Bild.

Der vordere Teil des U-Bootes besteht aus dem Torpedoraum mit den vier Bugtorpedorohren. Nahtlos und räumlich eine Einheit bildend schließt sich nach achtern der Bugraum an. Er war Wohnraum für die Mannschaftsdienstgrade und zugleich Lagerraum für Reservetorpedos und Verpflegung, was zumindest zu Anfang der Unternehmung zu einer qualvollen Enge führte.

Nach achtern folgt der Wohnbereich für Portepeeunteroffiziere und Offiziere. Außerdem ist hier an Backbord die einzige benutzbare Toilette für die gesamte Besatzung vorhanden. Mit der Wohnecke für den Kommandanten an Backbord sowie dem Funk- und Horchraum an Steuerbord findet dieser Bootsbereich seine Abschluss. Von außen betrachtet ist dies etwa die Vorderkante des Turms.

Über ein druckfestes Kugelschott gelangt man nun in die unter dem Turm gelegene Zentrale des Bootes mit dem darüber liegenden druckfesten Turminneren. Hier sind zum Einen die Führungsmittel wie die beiden Sehrohre und der Navigationstisch zu finden sowie zum Anderen die betriebstechnischen Einrichtungen wie Tiefen- und Seitenruder, Ventile, Manometer und Messgeräte für die Flut-, Lenz- und Trimmanlagen konzentriert. In diesem Bootsabschnitt ist auch das Turmluk angeordnet. Über zwei Lukendeckel kommt man von der Zentrale direkt auf die Brücke.

Die Haupttauchzelle und ein Kraftstoffbunker befinden sich unter der Zentrale innerhalb des Druckkörpers. Außerhalb desselben im Bug- und Heckbereich jeweils weitere Tauchzellen. Die Tauchzeit der VII C-Boote betrug etwa 30 Sekunden und je nach Lage auch etwas weniger.

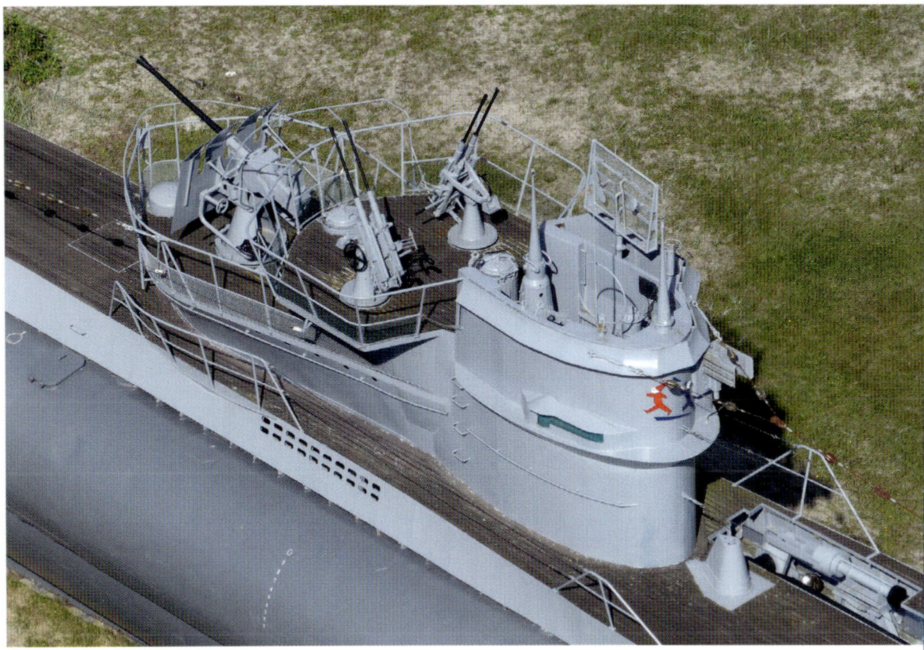

Diese Turmaufnahme des Museum-U-Bootes »U 995« zeigt die Flak-Anordnung und die Ausrüstung auf der Brücke eines U-Bootes des Typs VII C gegen Ende des Kriegs. Gegenüber den Booten der Anfangsjahre ist der Turm mit einer Vielzahl von Ausfahrgeräten, Sensoren und Antennen ausgerüstet. Foto: Hans Karr

Die Trimmzellen zum Aussteuern des Bootes bei Unterwasserfahrt sind wiederum vorn und achtern im Druckkörper platziert.

Nach der Zentrale kommt in Richtung Achterschiff der wieder durch ein druckfestes Kugelschott abgetrennte Wohnraum der Unteroffiziere. In diesem Abschnitt befindet sich auch die Kombüse sowie eine weitere Toilette, die aber in der Regel als Lagerraum genutzt wurde und so für ihren eigentlich zugedachten Zweck nicht zur Verfügung stand.

In dem sich nach achtern anschließenden Motorenraum stehen zwei Dieselmotoren. Dabei handelte es sich bei den meisten der Boote um Germania 6-Zylinder-Vier-Takt-Dieselmotoren Typ F 46. Auf einigen U-Booten des Typs VII C kamen auch MAN 6-Zylinder-Vier-Takt-Dieselmorotren Typ M 6 V 40/46 zum Einbau. Die Dieselmotoren waren über eine Kupplung mechanisch auf je eine Welle geschaltet.

Räumlich durch ein Schott getrennt schließt sich nach achtern der E-Maschinenraum an. Groß im Raum stehen mit schmalen Durchlass die beiden Schaltschränke. Direkt unter ihnen sind die Elektro-Fahrmotoren ein-

Marine-Ehrenmal und das am Strand liegende Museums-U-Boot »U 995«. Foto: Deutscher Marinebund

gebaut. Hierbei handelt es sich um Doppelanker-E-Maschinen unterschiedlicher Hersteller (AEG = Allgemeine Elektrizitäts Gesellschaft, BBC = Brown, Boverie & Co, GL = Garbe, Lahmeyer & Co, SSW = Siemens-Schuckert-Werke). Auch sie wirkten über eine Kupplung jeweils auf eine Welle. Nach entsprechender Schaltung dienten sie bei Überwasserfahrt als Ladegeneratoren für die Batterie. Ab September 1943 kam der Schnorchelmast zur Einführung. Damit war es nun auch möglich die Diesel bei Unterwasserfahrt zu betreiben und die Batterie aufzuladen.

Die Batterie ist in zwei Teilbatterien mit jeweils 62 Zellen aufgeteilt. Die Einbauorte liegen unter den Wohnbereichen der Unteroffiziere und der Offiziere respektive Portepeeunteroffiziere. Im hinteren Teil des E-Maschinenraums befindet sich das achtere Torpedorohr.

Bugtorpedorohre

Bugraum mit Reservetorpedo, zugleich Wohnraum der Mannschaften

Wohnraum Oberfeldwebel

Kommandantenecke

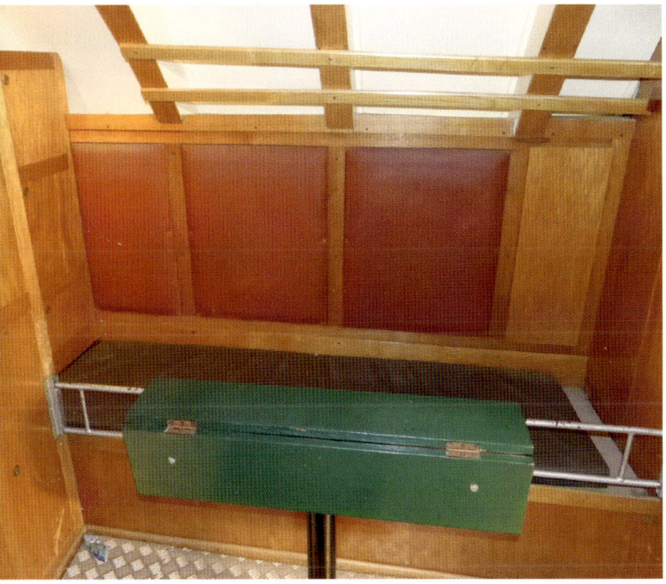

Wohnraum Offiziere

Funkraum

Horchraum

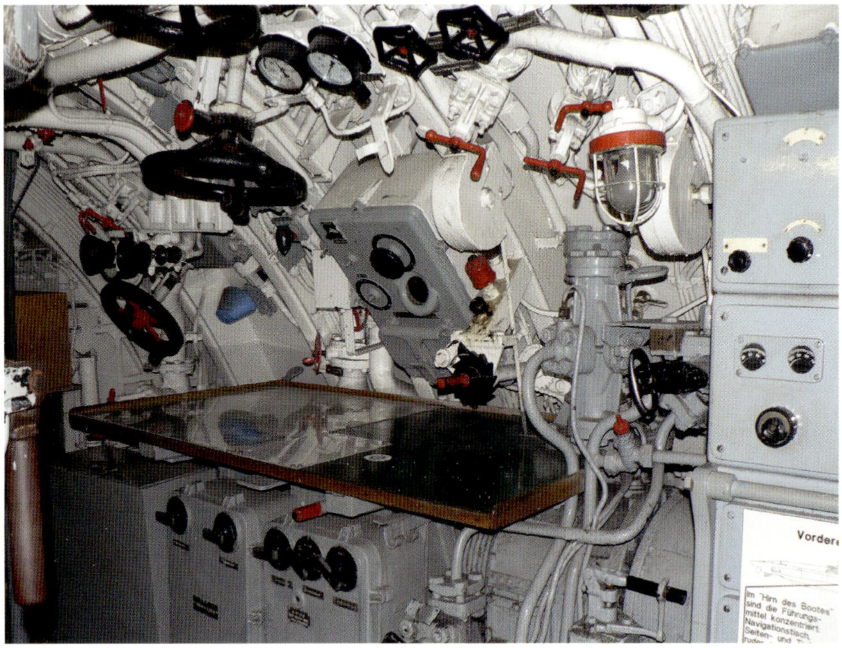

Navigationsecke

Zentrale

Luftzielsehrohr

Wohnraum Unteroffiziere

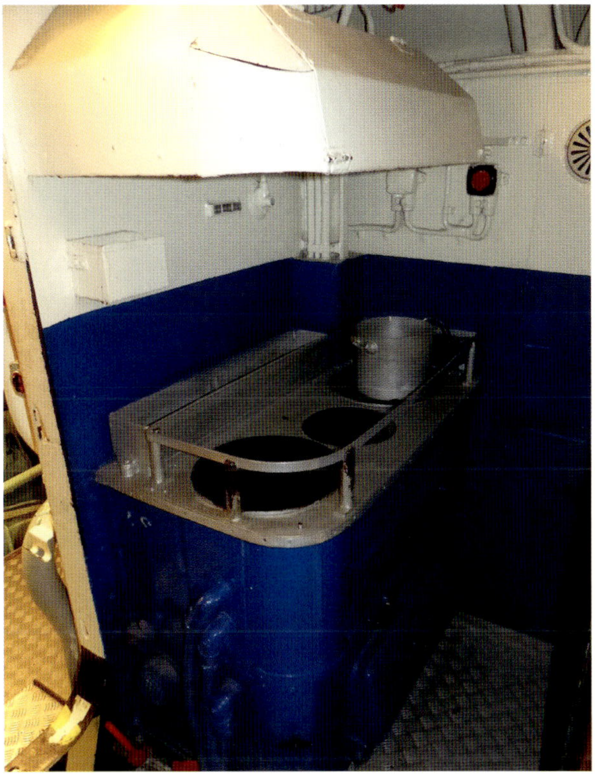

Kombüse

Dieselmotorenraum

Heckraum mit dem Hecktorpedorohr

E-Schalttafeln, darunter die beiden Elektro-Fahrmotoren

alle Fotos: Hans Karr

U-Boote Typ VII D

»U 214« war ein U-Boot des Typs VII D. Man beachte die hinter dem Turm herausragenden Minenschächte. Foto: Bibliothek für Zeitgeschichte

Die sechs U-Boote des Typs VII D waren eine verlängerte Version des Typs VII C, die 1939 / 1940 entwickelt und in den Jahren 1940 bis 1942 gebaut wurden. Die Indienststellungen erfolgten vom 30. August 1941 (»U 213«) bis zum 24. Januar 1942 (»U 218«).

Hinter der Zentrale – von außen gesehen hinter dem Turm – und vor dem Wohnraum der Unteroffiziere fügte man bei diesem Typ eine Sektion von 9,80 Meter Länge ein. Ansonsten entsprach dieser Typ weitestgehend dem Grundmodell VII C. Um Wiederholungen zu vermeiden, wird deshalb auf weitere Einzelheiten nicht mehr eingegangen. Es sei aber erwähnt, dass der Typ VII D bei 10 Knoten mit 11.200 Seemeilen einen sehr großen Aktionsradius hatte. Hierfür hatte man die Satteltanks verlängert und konnte somit 50 Tonnen Kraftstoff mehr mitnehmen, als der Typ VII C. Allerdings war die Geschwindigkeit gerinfügig geringer als bei diesem. Durch die zusätzliche Sektion wurde zudem Platz für zusätzliche Kojen und zusätzlichem Stauraum geschaffen.

Die Bewaffnung bestand aus einem Hecktorpedorohr und vier Bugtorpedorohren, in denen im Austausch mit den Torpedos auch Minen mitgeführt werden konnten. Das eingefügte Zwischenstück enthielt fünf senkrecht den Druckkörper durchstoßende Minenschächte, in denen 15 weitere Seeminen untergebracht werden konnten, ohne dass dies zu Lasten der Torpedoanzahl führte. Die oberen Enden der Minenschächte ragten über das Oberdeck hinaus und waren mit einem kleinen Aufbau verkleidet, der sich direkt an den Turm anschloss.

Die U-Boote des Typs VII D konnten neben ihren Verminungsaufgaben – die Einsatzgebiete hierfür waren die britischen Gewässer – auch als normale Kampfboote eingesetzt werden. Die U-Boote »U 213« bis »U 217« gingen alle bei Kampfeinsätzen in den Jahren 1942 bis 1944 im Atlantik und in britischen Gewässern verloren. »U 218« wurde nach dem Krieg an England ausgeliefert und bei der Operation Deadlight versenkt.

»U 218« des Typs VII D in einem U-Bootbunker. Auch hier sind die Minenschächte hinter dem Turm gut zu erkennen. Foto: Bibliothek für Zeitgeschichte

U-Boote Typ VII F

Das U-Boot »U 1061« während seiner Bauphase. Foto: Bibliothek für Zeitgeschichte

Der Typ VII F ist eine Variante des Typs VII D. Die vier Boote dieses Typs – »U 1059« bis »U 1062« – stellten im Laufe des Jahres 1943 in Dienst.

Hintergrund der Entwicklung war die Tatsache, dass häufig U-Boote sich im Einsatz verschossen hatten, aber an Hand des Kraftstoffbestandes sowie der noch vorhandenen Vorräte an Verpflegung und sonstiger Ausrüstung noch über eine weitere Stehzeit im Operationsgebiet verfügten. Für diese Fälle wollte man in der Lage sein, Torpedos nachzuführen.

Der Typ VII F hatte gegenüber dem Typ VII C deshalb auch eine Zwischensektion hinter der Zentrale eingefügt bekommen, die hier eine Länge von 10,53 Meter aufwies. Darin konnten 21 Torpedos gestaut werden. Im Aufbaudeck war in druckfesten Behältern die Mitnahme von weiteren fünf Torpedos möglich. Auf dem Achterdeck befand sich eine zusätzliche Luke zum Be- und Entladen der Torpedos. Wie beim Typ VII D gab es auch hier zusätzlichen Platz für Kojen und nutzbaren Stauraum im Boot. Zur Vermeidung von Wiederholungen hinsichtlich des Typs VII C wird auch hier auf die Darstellung weiterer technischer Einzelheiten verzichtet.

Als die U-Boote des Typs VII F zuliefen und in Dienst stellten, hatte sich jedoch die Lage im Atlantik zu Ungunsten der U-Boote verändert. Eine zwangsläufig zeitaufwendige stundenlange Torpedoübergabe von Boot zu Boot war im Atlantik nicht mehr möglich und praktikabel. Deshalb wurden die Boote zu Transporteinsätzen verwendet. So als Torpedoversorger für die norwegischen Stützpunkte und für die Basis der Monsun-U-Boote Penang in Fernost. Bereits in 1944 gingen drei U-Boote verloren. »U 1061« wurde nach dem Krieg an England ausgeliefert und bei der Operation Deadlight versenkt.

»U 1061« ist im Winter 1944 / 1945 in den Schären südlich von Bergen aufgelaufen. Foto: Bibliothek für Zeitgeschichte

U-Boote Typ IX

Mit »U 37« begann die Bauserie von acht U-Booten des Typs IX A. Foto: Bibliothek für Zeitgeschichte

Für weitreichende ozeanische Operationen ließ die Kriegsmarine die U-Boote des Typs IX entwickeln und bauen. Sie waren die größten deutschen Vorkriegs-U-Boote und eine Weiterentwicklung von den großen MS-Booten der Bauserie »U 81« (↑/↓ 808 / 946 t, 70,06 m, 6 x 50 cm ToRo, ↑/↓ 16,8 / 9,0 kn) des Ersten Weltkriegs. Ebenso ging man bei der Konstruktion auch von dem mit zwei Einheiten bereits vorhandenen Typ I aus. Vom August 1938 bis zum November 1939 stellten acht Einheiten des Typs IX in Dienst. In Folge wurden sie als Typ IX A bezeichnet, dem sich in den Folgejahren sechs weitere Bauvarianten anschließen sollten.

Um weit entfernte Operationsgebiete wie zum Beispiel Mittel- und Südatlantik oder die Karibik schnell erreichen zu können, hatte dieser U-Boottyp über Wasser eine genügend hohe Marschgeschwindigkeit. Um für die hierzu notwendigen größeren Motoren im Bootsinneren Platz zu schaffen, wurden die Unterkunftsbereiche vor die Zentrale und die Maschinenräume direkt hinter die Zentrale verlegt. Bei den Zweihüllen-U-Booten war der Druckkörper fast vollständig von der Außenhülle umgeben.

Der Überwasserantrieb des Typs IX A erfolgte durch zwei Dieselmotoren (DM) mit einer Gesamtleistung von 4400 PS. Für die Tauchfahrt waren zwei Elektro-Fahrmotoren (EFM) von zuammen 1000 PS vorhanden.

Bewaffnet waren die U-Boote mit sechs Torpedorohren, davon vier im Bug und zwei im Heck. Für den absehbaren langen Aufenthalt im Operationsgebiet war die Mitnahme von 22 Torpedos möglich. Für die Aufnahme der hierfür erforderlichen Torpedobehälter musste das Oberdeck breiter ausgelegt werden.

Im Austausch mit den Torpedos konnten je nach Erfordernis und Minentyp 44 bis 66 Seeminen übernommen werden. Vor dem Turm stand ein 10,5-cm-Geschütz.

»U 37« bei Reparaturarbeiten im Jahr 1940 in einem Dock in Lorient. Foto: Mannewitz / Bundesarchiv / Bild 101II-MW-1032-11A / CC-BY-SA 3.0

»U 67«, ein U-Boot des Typs IX C, liegt 1942 zu Reparaturarbeiten im U-Bootbunker von Lorient. Foto: Dietrich / Bundesarchiv / Bild 101II-MW-5335-30 / CC-BY-SA 3.0

Das U-Boot »U 175« vom Typ IX C wird am 17. April 1943 durch Wasserbombenangriffe zum Auftauchen gezwungen und durch den anschließenden Beschuss weiter beschädigt. Die Besatzung konnte vor dem Aussteigen ihr Boot noch selbst versenken, hatte aber 13 Tote. Foto: US Navy

Als Flak-Bewaffnung waren ein 3,7-cm- und ein 2-cm-Geschütz vorhanden. Bei dieser ursprünglichen Rohrbewaffnung gab es im Laufe des Kriegs zahlreiche Variationen und Änderungen.

Dieser Bauserie folgten nahezu nahtlos ab Dezember 1939 die 14 U-Boote des verbesserten Typs IX B. Der Typ IX B hatte als wesentlichen Unterschied mit 165 Tonnen eine um elf Tonnen größere Bunkerkapazität und damit bei zehn Knoten Geschwindigkeit auch einen um 1500 Seemeilen vergrößerten Aktionsradius, der nun 12.000 Seemeilen betrug.

Der Typ IX C war die nächste Bauserie, die sich durch eine nochmalige Vergrößerung der Bunkerkapazität von dem Vorgängertyp unterschied. Die U-Boote hatten zusätzliche Kraftstoffbunker zwischen Druckkörper und Außenhüllen eingebaut bekommen. Mit nun 208 Tonnen Kraftstoff ergab sich ein Aktionsradiusa von 13.450 Seemeilen bei 10 Knoten an Geschwindigkeit. Zwischen März 1939 und Juli 1942 gingen 54 U-Boote Typ IX C in Dienst.

Bei dem Typ IX C/40 war es nochmals möglich die Bunkerpkapazität an Kraftstoff zu erhöhen. Sechs weitere Tonnen ergaben einen neuen Aktionsradius von 13.850 Seemeilen. Insgesamt 97 Boote dieser Varianten wurden bis Anfang 1944 in Dienst gestellt.

Schon zu Beginn des Kriegs war man zu der Erkenntnis gelangt, dass ein operativer Bedarf an einem U-Boot bestand, das sowohl über eine große Reichweite wie auch über eine große Geschwindigkeit verfügen müsste. Eine vollkommen neue Konstruktion konnte man sich aus zeitlichen Gründen nicht erlauben. So griff man wieder auf den Typ IX zurück, der entsprechend modifiziert werden sollte.

Die Variante IX D1 hatte eine einzigartige Maschinenanlage. Je drei Dieselmotoren (DM), die sonst auf Schnell-

Das Bild wurde am 19. Mai 1945 aufgenommen und zeigt links »U 953« (VII C) und rechts »U 861« (IX D2) vor dem U-Bootbunker in Trondheim. Foto: Royal Navy

booten zum Einbau kamen und sich dort bewährt hatten, waren über ein Getriebe auf eine Welle geschaltet. Mit zusammen 9000 PS erreichten die Boote eine Geschwindigkeit von 20,8 Knoten. Auf den beiden mit dieser Motorenanordnung in den Jahren 1940 bis 1942 gebauten U-Booten »U 180« und »U 195« bewährte sich diese Maschinenkonzeption jedoch nicht. Das Kühlsystem war leckanfällig, bei voller Last war die Hitze im Motorenraum nicht zu ertragen und zudem waren die Dieselmotoren störanfällig. Weiterhin stießen sie große weiße Abgaswolken aus, die weithin sichtbar waren. Zudem war der erreichte Aktionsradius nicht so groß, wie man sich erhofft hatte.

Die beiden U-Boote wurden deshalb 1943 / 1944 umgebaut und als reine Transport-U-Boote auf der Fernost-Route zur Versorgung der Monsun-U-Boote genutzt. Beim Umbau wurde wieder auf zwei Dieselmotoren rückgerüstet und die Torpedorohre ausgebaut. Damit waren sie in der Lage 252 Tonnen an Fracht aufzunehmen. Allerdings betrug jetzt die Geschwindigkeit nur noch 16,5 Knoten. Desweiteren erhielten die Boote einen Schnorchel und eine größere Batterie.

»U 180« ist seit dem 24. August 1944 in der Biskaya verschollen. »U 195« wurde am 6. Mai 1945 von Japan übernommen und dann als »I 506« in Dienst gestellt. Nach der japanischen Kapitulation ging das Boot in britische Hände. Es wurde im Februar 1946 durch britische Seestreitkräfte versenkt. Nach einer anderen Quelle wurde es 1947 abgebrochen.

Mit der Bauvariante Typ IX D2 wurde der Operationsradius des Typs IX C/40 nochmals vergrößert. Durch zwei zusätzliche schwächere Marschantriebe konnten mit dem Typ IX D2 Einsatzreichweiten bis in den Indischen Ozean und in die japanisch besetzten Gebiete erreicht werden. Sie werden in der Literatur deshalb auch als Monsun-U-Boote bezeichnet.

Die Maschinenanlage bestand aus zwei MAN-9-Zylinder-Viertakt-Dieselmotoren M 9 V 40/46 von jeweils 2200 PS sowie von zwei MWM-6-Zylinder-Viertakt-Dieselmotoren RS 34 S von jeweils 500 PS. Für die Tauchfahrt standen zwei Elektro-Fahrmotoren von zusammen 1000 PS zur Verfügung. Die MWM-Diesel wurden bei Überwasserfahrt als Marschmotoren benutzt, während gleichzeitig die MAN-Motoren über die Elektro-Fahrmotoren die Batterie aufluden. Mit ihrem Kraftstoffvorrat von 441 Tonnen war im diesel-elektrischen Fahrbetrieb bei 10 Knoten eine Reichweite von 31.500 Seemeilen möglich.

Eine weitere Besonderheit der U-Boote des Typs IX D2 war der Ein-Mann-Schlepptragschrauber von Typ Focke-Achgelis Fa 330 Bachstelze. Dieser konnte in Seegebieten, in denen keine Luftbedrohung zu erwarten war, zur Erweiterung des Beobachtungshorizonts eingesetzt werden.

Die Bauvariante Typ IX D/42 wurde aus der Version IX D2 entwickelt. In der Grundkonzeption gab es aber keine wesentlichen Änderungen. Von den 1942 beauftragten 24 Booten wurde jedoch mit »U 883« nur eines fertiggestellt und am 27. März 1945 in Dienst genommen. Als zweite Einheit lief »U 884« am 17. Mai 1944 zwar noch vom Stapel, wurde aber nicht mehr zu Ende gebaut. Die Bauaufträge der übrigen vogesehenen U-Boote wurden zugunsten des anlaufenden Baus des Typs XXI bereits im September 1943 annulliert.

Die U-Boote der Typen IX A, B, C und D trugen zusammen mit den U-Booten der Typen VII A, B und C die Hauptlast im U-Bootkrieg. Beide Typen bildeten das Rückgrat der deutschen U-Bootwaffe im Zweiten Weltkrieg. Mit insgesamt 204 fertiggestellten Einheiten war der Typ IX in seinen sieben Varianten das am zweithäufigsten verwendete deutsche U-Boot.

U-Boote Typ X B

U-Boot »U 116« des Typs X B. Deutlich sind die Minenschächte auf dem Vorschiff zu erkennen. Foto: Bibliothek für Zeitgeschichte

Die U-Boote des Typs X waren reine Minen-U-Boote. Ihr Entwurf geht zurück bis in das Jahr 1938. Dieser Entwurf X A blieb aber im Entwurfsstadium und wurde zugunsten des daraus abgeleiteten Typs X B aufgegeben. Der Bau von insgesamt acht U-Booten Typ X B erfolgte von 1942 bis 1944. »U 234« stellte als letztes Boot dieser Bauserie am 2. März 1944 in Dienst.

Der Typ X B war ein Zweihüllenboot. Der Antrieb erfolgte durch zwei Dieselmotoren (DM) mit insgesamt 4200 PS. Für die Tauchfahrt waren zwei Elektro-Fahrmotoren (EFM) mit einer Gesamtleistung von 1100 PS vorhanden.

Die Torpedobewaffnung war entsprechend der geplanten Verwendung mit zwei Hecktorpedorohren schwach ausgelegt. Insgesamt 15 Torpedos konnte das Boot mitnehmen. Davon zwei in den Rohren, drei zur Lagerung im Torpedoraum und die übrigen in druckfesten Behältern unter dem Hauptdeck.

Die Minenschächten waren wie folgt angeordnet:

- beidseitig im mittleren Bereich des Bootes zwei Gruppen von jeweils sechs Schächten
- im Vorschiff eine Gruppe von sechs Schächten

Vorne konnten pro Schacht drei, in den übrigen Schächten zwei Minen geladen werden. Damit ergab sich eine Gesamtbeladung von 24 x 2 + 6 x 3 = 66 Minen.

An Artillerie stand vor dem Turm ein 10,5-cm-Geschütz. Auf dem Turm kamen 3,7-cm- und 2-cm-Flak-Geschütze zur Einrüstung. Im Laufe der Indiensthaltung hat sich dies aber geändert. Das 10,5-cm-Geschütz kam von Bord und die Flugabwehr wurde verstärkt.

Neben den Minenverlegeaufgaben wurden die U-Boote des Typs X B auch als Versorgungs-U-Boote genutzt. Sie transportierten Kraftstoff, Proviant und Torpedos zu den Front-U-Booten. Die hierfür notwendigen Frachtbehälter wurden dann in den Minenschächten gelagert.

Gegen Ende des Kriegs wurden die U-Boote »U 219« und »U 234« zu Langstrecken-Fracht-U-Booten umgebaut. Sie sollten Personal, Ausrüstung und Waffen an den deutschen Verbündeten Japan transportieren. Nach der deutschen Kapitulation wurde »U 219« von Japan übernommen und als »I 505« in Dienst gestellt. Nach der japanischen Kapitulation wurde es englische Kriegsbeute und im Februar 1946 versenkt. Nach einer anderen Quelle wurde es 1948 abgebrochen. »U 234« erreichte auf seiner am 17. April 1945 begonnenen ersten Transportfahrt nicht mehr sein Ziel. Es kapitulierte im Mai 1945 in Portsmouth und wurde 1946 bei Versuchen versenkt. Die übrigen sechs U-Boote des Typs X B gingen bei der Versorgung deutscher U-Boote durch Feindeinwirkung im Atlantik verloren.

Das U-Boot »U 118« des Typs X B wird am 12. Juni 1943 von einem amerikanischen Flugzeug westliche der Kanarischen Inseln angegriffen und versenkt. Deutlich sind auf dieser Abbildung die Minenschächte im Vorschiff zu erkennen. Foto: US Navy

U-Boote Typ XIV

Das U-Boot »U 459« desTyps XIV. Foto: Bibliothek für Zeitgeschichte

Der Bau von Versorgungs-U-Booten war ein Gedanke, der im Oberkommando der Kriegsmarine immer wieder erwogen wurde und auch schon bei der Kaiserlichen Marine vorhanden war. Ab Mitte der 1930er Jahre wurde an der Umsetzung gearbeitet. Konkrete Formen nahm das Vorhaben für den Bau von Tauchbooten für ozeanische Öltransporte wie es offiziell hieß dann im Sommer 1939 an. Nach Kriegsausbruch wurde die Umsetzung sofort verstärkt in Angriff genommen.

Um das Ziel möglichst schnell zu erreichen, griff man auf schon vorhandene und erprobte U-Boottechnik und auf Bauelemente der Kampfboote der Typen VII und IX zurück. Das Einfügen in das laufende U-Bootbauprogramm ließ sich so leicht realisieren.

Im Mai 1940 erging bereits der Bauauftrag für sechs U-Boote des Typs XIV - auch als U-Tanker und später im Kriegseinsatz wegen ihrer voluminösen Bootsform als »Milchkuh« oder »Seekuh« bezeichnet - an die Deutschen Werke in Kiel. Die U-Boote »U 459« bis »U 464« stellten dann von November 1941 bis April 1942 in Dienst. Im Zeitraum Dezember 1942 bis März 1943 folgten die U-Boote »U 487« bis »U 490«. Drei weitere U-Tanker wurden im Sommer 1943 auf Kiel gelegt. Obwohl schon zu 75 bis 80 Prozent fertig, erfolgte 1944 ihr Baustopp. Weitere elf geplante U-Boote des Typs XIV wurden nicht mehr im Bau begonnen.

Zu dieser Zeit waren die Einsatzbedingungen für die U-Boote generell schlecht geworden und Versorgungsmanöver ließen sich auf Grund des überlegenen Gegners nicht mehr durchführen. Außerdem ging jetzt beim U-Bootbau die gesamte Energie und Werftkapazität in die neu entwickelten Elektro-U-Boote der Typen XXI und XXIII, von denen man sich eine Wende im U-Bootkrieg erhoffte.

Die U-Boote des Typs XIV waren Zweihüllenboote. Ein breites und relativ trockenes Oberdeck erleichterte die seemännischen Arbeiten bei den Versorgungsmanövern. Die relativ große Bootsbreite erlaubte den Einbau eines breiten Tankkörpers zur Mitnahme von Kraftstoff.

Im Überwassermarsch erfolgte der Antrieb der U-Boote durch zwei Dieselmotoren (DM) mit zusammen 2800 PS. Für den Unterwasserbetrieb standen zwei Elektro-Fahrmotoren (EFM) mit zusammen von 750 PS zur Verfügung.

Die U-Boote des Typs XIV waren nur zur Selbstverteidigung bewaffnet. Vor und hinter dem Turm standen an Oberdeck je ein 3,7-cm-Geschütz. Auf der Brücke war ein 2-cm-Geschütz vorhanden. Torpedorohre waren auf den U-Booten des Typs XIV nicht eingerüstet.

Die U-Boote waren mit Schlepptrossen und Schläuchen zur Ölübergabe sowie mit Schlauchbooten für die Trockenversorgung ausgerüstet. Schwere Lasten wurden mit Hilfe von Flaschenzügen und an Oberdeck aufgestellten kleinen Ladebäumen bewegt. Diese vorhandene Ausrüstung zeigt, dass nur bei relativ gutem Wetter und mäßigem Seegang Versorgungsmanöver durchgeführt werden konnten und das Ganze bei harter körperlicher Anstrengung der Besatzungen. Maschinelle Heiß- und Fiereinrichtungen waren naturgemäß auf U-Booten nun mal nicht praktikabel und somit auch nicht vorhanden. Als einziger der zehn abgelieferten und in Dienst gestellten U-Tanker hatte »U 490« einen Schnorchel eingerüstet bekommen.

Mitte 1943 entwickelte man ein Verfahren zur Unterwasser-Versorgung. Dabei fuhr der U-Tanker mit einer geringen Geschwindigkeit von zwei bis drei Knoten vor das zu versorgenden U-Boot und brachte eine Boje mit einer Schlepptrosse, einer luftgefüllten und damit schwimmfähigen Schlauchverbindung und einem Telefonkabel aus. Waren die Verbindungen hergestellt, so tauchten beide Boote zunächst auf Seehrohretiefe ab. Dann begann die Beölung. Die Tauchtiefe wurde nun auf 30 bis 35 Meter und die Schleppgeschwindigkeit auf drei bis vier Knoten erhöht. Schleppendes Fahrzeug war der U-Tanker. Die Übergabe von etwa 80 Kubikmeter Kraftstoff dauerte bei diesem Verfahren um die vier Stunden. Danach tauchten beide Boote wieder auf und die Schlepp-, Schlauch- und Telefonverbindungen wurden gelöst.

Während der Tauch- und Gefechtsausbildung in der Danziger Bucht wurden übungsmäßig über 200 solcher Versorgungen erfolgreich durchgeführt. Der letzte fertiggestellte U-Tanker »U 490« war mit den dafür notwendigen Einrichtungen ausgerüstet. Zu einer Unterwasserversorgung unter realen Kriegsbedingungen ist es jedoch nicht mehr gekommen.

Mit ihrem Kraftstoffvorrat konnte eine »Milchkuh« pro Einsatz zwölf U-Boote des Typs VII C für eine zusätzliche Einsatzdauer von vier Wochen oder fünf U-Boote des Typs IX für acht Wochen versorgen. Durch den Einsatz der Versorgungs-U-Boote waren die großen Erfolge des Jahres 1942 und Anfang 1943 überhaupt erst möglich geworden.

Am 21. August 1942 ging mit der Versenkung von »U 464« das erste Boot verloren. Es war zugleich seine erste und damit auch letzte Einsatzfahrt. Bis auf zwei Mann wurde die Besatzung gerettet. Die Engländer erhielten durch die Verhöre der geretteten Besatzungsmitglieder nun die Gewissheit, dass es auf deutscher Seite Versorgungs-U-Boote gab und es begann eine verstärkte Jagd auf diese für die U-Bootkriegführung so wichtigen Unterstützungseinheiten, der in der Folge alle übrigen neun Boote nach und nach auch zum Opfer fielen.

Hilfreich war hierbei auch die Tatsache, dass es den Briten gelungen war in den deutschen Funkschlüssel einzubrechen. Ohne Funksprüche war aber ein Treffen zwischen den Kampf-U-Booten und ihren Versorgern nun mal nicht zu arrangieren. Außerdem gelang es den Alliierten mehr und mehr die Luftüberwachung über dem Atlantik zu verstärken und räumlich auszudehnen sowie durch Radar und Funkpeilungen effektiver zu machen. Die U-Boote hatten in Folge kaum noch einen Chance unentdeckt zu bleiben.

Mehrere U-Boote halten sich im April 1942 klar, um von »U459« versorgt zu werden. Foto: Bibliothek für Zeitgeschichte

Walter-Turbine

In der Zwischenkriegszeit wurden alle Kriegsschiffe durch ausgereiftere Antriebsanlagen schneller, nur das U-Boot blieb bei seiner maximalen ↑/↓-Geschwindigkeit von um die 17 / 7 Knoten stehen. Der Ingenieur Hellmuth Walter begann Anfang der 1930er Jahre mit der Entwicklung einer Wärmekraftmaschine, die unter Luftabschluss für einen schnelleren U-Bootantrieb in Frage kam. Als Energieträger wählte er Dieselöl, also eine Kohlewasserstoffverbindung mit gutem Heizwert, und als Sauerstoffträger Wasserstoffperoxyd (H_2O_2). So versuchte er mit Hilfe eines Katalysators (Kalium- oder Natriumpermanganat) das Wasserstoffperoxyd in Heißdampf zu verwandeln und damit anschließend über eine Turbine Strom zu erzeugen. Mitte der 1930er Jahre, Walter arbeitete mittlerweile im Auftrag der Kriegsmarine, entstand auf der Germaniawerft in Kiel zu Demonstartions- und Erprobungszwecken eine Landanlage.

Die Funktionsweise dieses auch als Walter-Turbine (WT) bezeichneten U-Bootantriebssystems wird in David Miller »Deutsche U-Boote bis 1945 – Ein umfassender Überblick« auf der Seite 73 mit wenigen Sätzen wie folgt erklärt und bewertet:

»Das Wasserstoffperoxyd wird in einen Katalysator eingeleitet, in dem es in Dampf und Sauerstoff aufgespalten wird. Diese beiden Stoffe werden in eine Verbrennungskammer geleitet. Dort werden sie mit Wasser und Diesel gemischt und dieses Gemisch wird dann gezündet. Dadurch werden Dampf (88 Prozen) und Kohlendioxyd (12 Prozent) mit viel höherer Temperatur und Druck erzeugt, und diese wiederum werden in eine Turbine eingeleitet, in der das Gas-Wasser-Gemisch wieder getrennt wird. Das überschüssige Wasser und das Kohlendioxyd werden dann in das umgebende Seewasser abgeleitet. (...) Das Resultat von Walters Entwicklungen war eine Antriebsquelle, die leicht, sehr kompakt und vollkommen unabhängig von externer Luftzufuhr war.«

Das Erprobungsboot für den Walter-Antrieb »V 80« vermutlich während seiner Bauphase. Foto: Bibliothek für Zeitgeschichte

Typ V 80

Unter großer Geheimhaltung entstand 1939 / 1940 auf der Germaniwerft ein kleines nur ↑/↓ 73 / 76 Tonnen verdrängendes Demonstrations-U-Boot. Bei Tauchfahrten erreichte »V 80« mit seiner 2000 PS Walter-Turbine eine Dauergeschwindigkeit von 28 Knoten. Ende 1942 wurden die Versuche mit »V 80« eingestellt. Das U-Boot »V 80« wurde im März 1945 vor Hela selbst versenkt.

Eine vergrößerte Version »V 300« wurde im Februar 1942 beauftragt, aber im Sommer des Jahres schon wieder zugunsten des Typs Wk 202 annulliert.

»V 80« bei Erprobungen des Walter-Antriebs. Foto: Bibliothek für Zeitgeschichte

Typ Wa 201 und Typ Wk 202

Als weitere Versuchs-U-Boote dienten die beiden unterschiedlichen Typen Wa 201 und Wk 202. Jeweils zwei U-Boote wurden von ihnen gebaut, die die Bootsnamen »U 792« und »U 793« sowie »U 794« und »U 795« erhielten. In den Jahren 1942 bis 1944 entstanden diese konkurrierenden Entwürfe auf der Werft Blohm+Voss in Hamburg (Wa 201) und der Germaniawerft in Kiel (Wk 202).

Das Walter-U-Boot »U 793« bei Erprobungen im April 1944. Foto: Bibliothek für Zeitgeschichte

Beide Entwürfe können als Prototypen für den späteren Typ XVII B angesehen werden. Ihre Baudaten sind wie folgt:

Name	Bauwerft	Stapellauf	Indienststellung
»U 792«	Blohm+Voss	28.09.43	16.11.43
»U 793«	Blohm+Voss	04.03.44	24.04.44
»U 794«	Germaniawerft	07.10.43	14.11.43
»U 795«	Germaniawerft	21.03.44	22.04.44

Das Walter-U-Boot »U 792« am Kran der Bauwerft. Foto: Bibliothek für Zeitgeschichte

Als Antrieb hatten »U 792« und »U 794« einen Dieselmotor (DM) mit 230 PS, einen Elektro-Fahrmotor (EFM) von 77,5 PS und zwei Walter-Turbinen (WT) von zusammen 5000 PS. Die U-Boote »U 793« und »U 795« besaßen nur eine Walter-Turbine (WT) mit 2500 PS. Mit dem konventionellen Antrieb wurde eine ↑/↓-Geschwindigkeit von 9 / 5 Knoten erreicht. Mit der Walter-Turbine kamen die U-Boote getaucht auf 25 Knoten. Die längste Tauchzeit wurde mit vier Stunden und 25 Minuten gemessen.

An Bewaffnung waren zwei Bugtorpedorohre eingerüstet. Nach anderer Quelle waren diese nur konstruktiv vorgesehehen, aber nicht eingebaut. Rohrwaffen waren für diese U-Boote nicht eingeplant.

Nach der Indienststellung des jeweils ersten Bootes begannen die Erprobungen in der Danziger Bucht. Diese verliefen, wie bei so einer innovativen Konstruktion nicht anders zu erwarten war, nicht ganz problemlos. Techni-

Die Aufnahme vom 7. Oktober 1943 zeigt wie das Walter-U-Boot »U 794« mit dem Werftkran vermutlich in das Hafenbecken gesetzt wird. Foto: Bibliothek für Zeitgeschichte

sche Probleme und so manche »Kinderkrankheit« galt es zu beseitigen. Trotzdem zeigte sich das enorme Potenzial, das in den neuen U-Bootentkonstruktionen steckte. Die vier U-Boote wurden Ende 1944 außer Dienst gestelllt und aufgelegt.

Name	Verbleib
»U 792«	5. Mai 1945 bei Rendsburg selbst versenkt, später gehoben, englische Kriegsbeute, weitere Versuche in England
»U 793«	wie »U 792«
»U 794«	5. Mai 1945 in der Geltinger Bucht selbst versenkt, später gehoben und abgebrochen
»U 795«	3. Mai 1945 in Kiel auf der Germaniawerft selbst versenkt, später gehoben und abgebrochen

Typ XVII B

Den Walter-U-Booten der Typen Wa 201 und Wk 202 folgte schon in deren Bauphase der Typ XVII B, dessen Bau im Jahre 1943 begonnen hatte. Insgesamt wurden mit »U 1405« bis »U 1416« zwölf Einheiten bei der Hamburger Werft Blohm+Voss in Auftrag gegeben. Davon wurden lediglich die drei U-Boote, »U 1405«, »U 1406« und »U 1407« fertiggebaut und in Dienst gestellt. Durch den Mangel an Arbeitskräften und durch die Auslastung mit dem Bau des Typs XXI verzögerte sich die Fertigstellung.

Name	Bauwerft	Stapellauf	Indienst-stellung
»U 1405«	Blohm+Voss	01.12.44	21.12.44
»U 1406«	Blohm+Voss	02.01.45	08.02.45
»U 1407«	Blohm+Voss	Feb. 1945	29.03.45

Das Walter-U-Boot des Typs XVII B »U 1406« im März 1945. Foto: Bibliothek für Zeitgeschichte

Die begonnenen U-Boote »U 1408« und »U 1409« wurden auf der Werft wieder abgebrochen und der Bau von »U 1410« annuliert. Ebenso die U-Boote »U 1411« bis »U 1416«, die zugunsten des Typs XXI nicht mehr wie ursprünglich vorgesehen gebaut wurden.

Zwölf weitere Einheiten sollten als Typ XVII G bei der Germaniawerft in Kiel gebaut werden. Auch diese im Januar 1943 beauftragten U-Boote fielen der mittlerweile erfolgten Priorisierung des Typs XXI zum Opfer und wurden im Herbst 1943 annulliert.

Die U-Boote des Typs XVII B waren Einhüllenboote und mit einem Schnorchel ausgerüstet. Sie hatten zwei Tiefenruder am Heck im Stabilisierung-Flossenkreuz. Vordere Tiefenruder waren nicht vorhanden.

Der Antrieb setzte sich zusammen aus einem Dieselmotor (DM) mit 230 PS, einem Elektro-Fahrmotor (EFM) mit 77,5 PS und einer Walter-Turbine (WT) mit 2500 PS.

Als Bewaffnung hatten die Boote zwei Bugtorpedorohre und konnten vier Torpedos mitführen. Ein Rohrbewaffnung war nicht vorgesehen.

Die drei fertigestellten U-Boote kamen nicht mehr zum Einsatz.

Das Walter-U-Boot »U 1406« des Typs XVII B wurde nach dem Krieg in die USA transportiert und dort weiter erprobt. Foto: US Navy

Das Walter-U-Boot »U 1407« des Typs XVII B in Cuxhaven. Die Aufnahme datiert Anfang 1945. Foto: Bibliothek für Zeitgeschichte

Name	Verbleib
»U 1405«	5. Mai 1945 in der Eckernförder Bucht selbst versenkt, später gehoben und abgebrochen
»U 1406«	5. Mai 1945 in Cuxhaven selbst versenkt, später gehoben und im September 1945 als Decksladung zu Erprobungen in die USA verfrachtet, im Mai 1948 abgebrochen
»U 1407«	5. Mai 1945 in Cuxhaven selbst versenkt, später gehoben, britische Kriegsbeute, in den Jahren 1946 bis 1949 als »Meteorite« weiter erprobt, 1949 abgebrochen

Schlussbemerkungen

Die Entwicklung der Walter-Technologie erfuhr durch die Kriegsmarine zunächst keine besondere Priorisierung. Man setzte stattdessen – sowohl in der Friedenszeit als auch in den ersten Kriegsjahren – auf die bewährten Kampfboote der Typen VII und IX. Für innovative Techniken hatte man wenig im Sinn. Erst als es zu spät und wertvolle Zeit verloren war und der U-Bootkrieg sich im Zusammenbruch befand ging man verschärft an die Herstellung der Fronttauglichkeit der Walter-U-Boote. Da die ebenfalls zu spät begonnene Entwicklung und der Bau der Elektro-U-Boote der Typen XXI und XXIII parallel verlief und forciert wurde und man sich von ihnen eine schnellere Fertigung und Fronttauglichkeit versprach fielen sie zwangsläufig wieder in das Hintertreffen, woraus sich wiederum die lange Bauzeit der doch recht kleinen U-Boote erklären läßt.

Drei U-Boote des Typs XXI im Mai 1945 in Bergen. Foto: Royal Navy

U-Boote Typ Typ XXI

Die einzige U-Bootentwicklung, die Chancen hatte den U-Bootkrieg wieder zugunsten Deutschlands zu wenden, waren die U-Boote des Typs XXI. Ihre Ursprünge lagen im Jahre 1942, als der U-Bootkrieg sich zu wenden begann und die bislang bewährten Typen VII und IX den Anforderungen nicht mehr genügten, da technisch und opertativ überholt. Der eigentliche Bau lief 1943 an und setzte sich bis 1945 fort.

Dabei ging man unkonventionelle Wege. Vorgefertigte Sektionen wurden in verschiedenen Orten durch Stahlbaubetriebe hergestellt und dann auf der eigentlichen Bauwerft zum fertigen U-Boot zusammengefügt und endausgerüstet. Es war nicht ungewöhnlich, dass an einem Bauort mehrere gleiche Sektionen lagen und auf den Abtransport in die Werft warteten. Dabei bestand allerdings die Gefahr, dass bei einem Bombenangriff gleich der Bau einer größeren Anzahl von U-Booten auf einen Schlag über Nacht in Frage gestellt werden konnte.

Diese Bausektionen waren schiffbaulich wie folgt aufgegliedert:

- Sektion I Heck
- Sektion II E-Maschinenraum
- Sektion III Dieselmaschinenraum
- Sektion IV Mannschaftswohnraum
- Sektion V Zentrale
- Sektion VI vordere Wohnräume
- Sektion VII Torpedolagerraum
- SektionVIII Bug
- Sektion IX Turmaufbau

Mit den U-Booten des Typs XXI erhoffte man sich noch eine Wende im U-Bootkrieg, doch sie kamen zu spät und hatten keinen Einfluss mehr auf das Kriegsgeschehen. Insgesamt entstanden noch 118 Einheiten.

Die U-Boote des Typs XXI waren Zweihüllenboote, die für die Atlantik-Kriegführung entworfen wurden und einen acht-förmigen Druckkörper hatten. Durch den Schnorchel, geeignete stromlinienförmige aquadynamische Schiffsform und starke Leistung im Unterwasserfahrbetrieb waren sie das erste für den prinzipiellen Unterwassereinsatz gebaute U-Boot, das diesen Namen auch wirklich verdiente. Genau wie der parallel gebaute Typ XXIII zählte diese U-Bootentwicklung gegen Ende des Kriegs zu den technisch fortschrittlichsten und innovativsten U-Bootkonstruktionen. Die Besatzung war für U-Bootverhältnisse komfortabel in eigenen vom übrigen Bordbetrieb getrennten Schlafräumen untergebracht.

Der Antrieb erfolgte über Wasser durch zwei Dieselmotoren (DM) von jeweils 2000 PS und getaucht durch zwei Elektro-Fahrmotoren (EFM) von je 2100 PS. Zudem waren zwei Elektro-Fahrmotoren (EFM) mit je 113 PS für die Schleichfahrt vorhanden. Damit erreichten die U-Boote des Typs XXI mit den beiden Wellen eine ↑/↓-Geschwindigkeit von 15,6 / 17,2 Knoten. Bei fünf Knoten Geschwindigkeit konnten sie Dank der großen Batterieanlage - daher auch der Name Elektro-U-Boot - bis zu 68 Stunden unter Wasser bleiben. Im Schnorchel-Betrieb war eine Fahrt von fünf Knoten möglich. Mit diesen Eigenschaften waren die U-Boote vor Wasserbom-

Nach der Kapitulation übergebene U-Boote des Typs XXI. Foto: Bibliothek für Zeitgeschichte

benangriffen ziemlich sicher, zumal sie über eine Tauchtiefe von 240 Meter verfügten. Bei einer eventuellen Ortung hätten sie der U-Jagdeinheit weglaufen können.

Bewaffnet war der Typ XXI mit sechs Bugtorpedorohren. Er konnte 23 Torpedos mitführen. Davon ließen sich 17 hinter den Topredorohren für das neuartige Schnell-Nachlade-System im Torpedoraum lagern. Alternativ konnten 14 Torpedos und zwölf Minen mitgenommen werden. An Rohrwaffen waren an der Vorder- und der Hinterkante des Turms je ein 2-cm-Zwillingsgeschütz installiert.

Die U-Boote des Typs XXI kamen nicht mehr zum Fronteinsatz. Zum Einen war die Entwicklung und der Bau ohnehin zu spät angelaufen und zum Anderen verzögerten Bombenangriffe auf die Werften und die Zulieferbetriebe den Baufortschritt doch erheblich. Einige Boote verlegten noch kurz vor Kriegsende in norwegische Stützpunkte. Lediglich zwei U-Boote – »U 2511« und »U 3008« – liefen wenige Tage vor der Kapitulation noch zu einer Einsatzfahrt aus, wurden aber am 3. Mai über Funk zurückbeordert.

Auf dem Rückmarsch in seinen norwegischen Stützpunkt Bergen führte am 4. Mai 1945 »U 2511« einen Scheinangriff auf einen Kreuzerverband durch und kam auf Torpedoreichweite heran, ohne dass das Boot entdeckt wurde. Ein tatsächlicher Angriff wurde jedoch angesichts der Befehlslage nicht mehr durchgeführt. Die Glaubwürdigkeit dieser Darstellung wird von einigen neueren Literaturquellen bezweifelt, während andere Literaturquellen sie bestätigen. Nach der Kapitulation wurde »2511« an England übergeben und 1946 bei der Operation Deadlight versenkt.

Auch »U 3008« führte auf seinem befohlenen Rückmarsch in der Nordsee noch einen simulierten Angriff auf einen englischen Konvoi durch, ohne entdeckt zu werden. Das Boot wurde nach dem Krieg in die USA überführt und dort bis 1954 recht ausführlich erprobt und dann 1955 abgewrackt.

Mit einer langen Dienstzeit war »U 3008« nicht alleine. Zahlreiche weitere U-Boote des Typs XXI wurden nach dem Krieg von den Alliierten in ihrer technischen Auslegung eingehend untersucht, im Seebetrieb erprobt und ebenfalls über Jahre in Dienst gehalten. So wird zum Beispiel die »Roland Morillot«, das ehemalige »U 2418«, erst in »Weyers Flottentaschenbuch 1966 / 67« als ein im Dienst befindliches U-Boot der französischen Marine letztmalig aufgeführt. Mit dem U-Boot »Wilhelm Bauer« ex »U 2540« ist in Deutschland ein Exemplar dieser bedeutenden U-Bootentwicklung, die schiffbaulich gesehen großen Einfluss auf den U-Bootbau nach dem Zweiten Weltkrieg hatte, als Museumsboot erhalten geblieben.

»U 2540« stellte am 24. Februar 1945 in Dienst. Am

»U 3008« im April 1948 mit umgebauten Turm als Erprobungsboot der amerikanischen Marine. Foto: US Navy

Die »Wilhelm Bauer« ex »U 2540« im April 1976 an ihrem Liegeplatz im Marinestützpunkt von Eckernförde. Man beachte den völlig umgebauten Turm der bei der Bundesmarine als Erprobungsboot genutzten »Wilhelm Bauer«. Foto: Hans Karr

4. Mai 1945 versenkte die Besatzung das Boot in der Nähe vom »Flensburg Feuerschiff«. Im Juni 1958 wurde es gehoben, wieder instandgesetzt und bei der Bundesmarine am 1. September 1960 als »Wilhelm Bauer« erneut in Dienst gestellt. Bis zu seiner Außerdienststellung am 15. März 1982 diente es unter ziviler Besatzung als Versuchs- und Erprobungsboot. Nach dem Rückbau in den Originalzustand von 1945 liegt die »Wilhelm Bauer« heute als Technikmuseum und Besuchermagnet im Alten Hafen beim Deutschen Schifffahrtsmuseum in Bremerhaven.

Die »Wilhelm Bauer« liegt heute im rückgebauten Zustand von 1945 als Technikmuseum in Bremerhaven. Foto: Hans Karr

U-Boote Typ XXIII

»U 2340« beim Stapellauf am 28. September 1944. Foto: Bibliothek für Zeitgeschichte

Das Küsten-U-Boot vom Typ XXIII war für den Einsatz an der englischen Ostküste vorgesehen. Die in den Anfangsjahren des Kriegs diesen Bereich abdeckenden U-Boote des Typs II waren dort nicht mehr einsetzbar. Die Konstruktionsgrundsätze, wie stromlinienförmige Bauweise und hohe Unterwassergeschwindigkeit, entsprachen den Forderungen an den Typ XXI. Die Entwurfsarbeiten waren Mitte 1943 fertig. Der Bau der Boote begann noch im gleichen Jahr und wurde bis 1945 fortgesetzt.

Der Typ XXIII war ein Einhüllenboot, das ebenfalls im Sektionsbau gefertigt wurde und dessen Druckkörper, genau wie beim Typ XXI, die Form einer Acht hatte. Die Anfertigung der Baumodule erfolgte bei verschiedenen Stahlbaufirmen, die den Bauwerften zuliefern mussten, wo der Zusammenbau und die Endausrüstung vorgenommen wurden. Die Bausektionen gliederten sich schiffbaulich wie folgt:

- Sektion I Heck
- Sektion II Maschinenraum
- Sektion III Zentrale und vorderer Wohnraum
- Sektion IV Bug

Bei Unterwasserfahrt wies der Typ XXIII Dank seiner optimalen Konstruktionsformen gute Fahreigenschaften auf. Im Überwasserbetrieb hatte er jedoch ein ungünstiges Seeverhalten.

Der Antrieb des Typs XXIII bestand aus einem Dieselmotor (DM) von 575 PS und einem Elektro-Fahrmotor (EFM) von 580 PS sowie einem Elektro-Fahrmotor (EFM) für die Schleichfahrt, der 35 PS an Leistung aufwies und der über einen Keilriemen auf die Welle wirkte. Die Spitzengeschwindigkeit lag unter Wasser bei 12,5 Knoten. Im Schnorchelbetrieb konnte eine Fahrt von maximal 10,75 Knoten erreicht werden.

Das U-Boot »U 4709« vom Typ XXIII. Foto: Bibliothek für Zeitgeschichte

Die Bewaffnung bestand lediglich aus zwei Bugtorpedorohren. Eine Mitnahme von Reservetorpedos war aufgrund der beengten Verhältnisse und der geringern Abmessungen nicht möglich. Rohrwaffen waren nicht eingerüstet.

Bis zum Kriegsende waren insgesamt 62 U-Boote des Typs XXIII in Dienst gestellt worden. Stationiert wurden

Das U-Boot »Hai« ex »U 2365« im ursprünglichen Bauzustand. Foto: Deutscher Marinebund

Das U-Boot »Hecht« ex »U 2367« nach Umbau. Foto: Deutscher Marinebund

sie in Norwegen und in Norddeutschland. Vermutlich sind noch zehn U-Boote auf Feindfahrt gegangen. Keines der Boote ging dabei verloren. Allerdings gerieten aus anderen Gründen sieben Boote in Verlust. Insgesamt fünf alliierte Schiffe haben die U-Boote des Typs XXIII in ihrer kurzen Einsatzperiode versenkt.

Zwei U-Boote des Typs XXIII standen nach dem Krieg nochmals für einige Jahre im Dienste der Bundesmarine.

Am 4. Mai 1945 verließ das am 2. März in Dienst gestellte U-Boot »U 2365« die Geltinger Bucht mit Zielhafen Kristiansand. Während des Überwassermarsches wurde das Boot im Kattegat von englischen Fliegern mehrfach angegriffen. Die entstandenen leichten Schäden konnten auf Grund liegend mit Bordmitteln behoben werden. Angesichts des sich abzeichnenden Kriegsendes versenkte die Besatzung am 8. Mai ihr Boot nördlich der Insel Anholt. Elf Jahre später tauchte im Juni 1956 das U-Boot an den Trossen des Bergungskrans »John Beckedorf« wieder auf.

Das am 17. März 1945 in Dienst gestellte U-Boot »U 2367« wurde in der Kieler Bucht während eines Fliegerangriffs von einem anderen Boot am Heck gerammt und musste zur Instandsetzung. Vor der Besetzung Kiels durch die Engländer wich das Boot am 2. Mai in die Flensburger Förde aus. Nach der Kapitulation versenkte die Besatzung am 9. Mai ihr Boot südöstlich des Leuchtturms Schleimünde. Im August 1956 wurde auch dieses U-Boot wieder gehoben.

Beide U-Boote waren trotz der langen »Tauchphase« in erstaunlich gutem Zustand und konnten wieder instand gesetzt werden. Öl- und Schlammablagerungen hatten sie vor Korrosion geschützt. Erneuert werden mussten lediglich die feuchtigkeitsempfindlichen elektrischen Einrichtungen und das Kabelnetz. Nur einer Überholung bedurften die Dieselmotoren, andere maschinenbaulichen Elemente und die Sehrohre. Auch die Elektro-Fahrmotoren waren nach gründlicher Reinigung wieder verwendbar.

In fast ursprünglicher Ausführung wieder hergestellt, nur der Bugbereich war zur Aufnahme eines Sonars etwas verändert worden, erfolgte am 15. August 1957 unter dem Namen »Hai« die Indienststellung von ex »U 2365«. Am 1. Oktober 1957 setzte auch ex »U 2367« als »Hecht« erneut Flagge und Wimpel. Im Laufe der Indiensthaltung wurden die Boote allerdings mehrmals umgebaut. Das U-Boot »Hai« ging am 14. September 1966 in der Nordsee im Sturm verloren. »Hecht« wurde am 30. September 1968 außer Dienst gestellt und anschließend verschrottet.

Tabelle Bootsdaten U-Boote, Deutschland (1)						
Name / Klasse	**Typ I**	**Typ II A**	**Typ II B**	**Typ II C**	**Typ II D**	**»U A«**
Baujahre	1935 / 1936	1934 / 1935	1935-1940	1937-1940	1939-1941	1936-1939
Anzahl	2	6	20	8	16	1
Verdrängung (↑/↓) (t)	862 / 983	254 / 303	279 / 328	291 / 341	314 / 364	1128 / 1284
Länge (m)	72,39	40,90	42,70	43,90	43,97	86,65
Breite (m)	6,21	4,08	4,08	4,08	4,92	6,80
Tiefgang (m)	4,30	3,83	3,90	3,82	3,93	4,12
Tauchtiefe (m)	200	150	150	150	150	200
Besatzungsstärke	43	25	25	25	25	45
Antriebsleistung DM (PS)	2900	700	700	700	700	4200
Antriebsleistung EFM (PS)	1000	360	360	410	410	1300
Antriebswellen	2	2	2	2	2	2
Geschwindigkeit (↑/↓) (kn)	18,6 / 8,3	13,0 / 6,9	13,0 / 7,0	12,0 / 7,0	12,7 / 7,4	18,0 / 8,4
Fahrbereich (↑) (sm / kn)	7900 / 10	1050 / 12	1800 / 12	1900 / 12	3450 / 12	13.100 / 10
Fahrbereich (↓) (sm / kn)	78 / 4	35 / 4	43 / 4	42 / 4	56 / 4	75 / 4
Torpedorohre (53,3 cm)	6	3	3	3	3	6
Torpedoanzahl	14	5	5	5	5	12
Minenanzahl	28-42	12-18	12-18	12-18	12-18	keine
Rohrwaffen	siehe Text					

Tabelle Bootsdaten U-Boote, Deutschland (2)					
Name / Klasse	**Typ VII A**	**Typ VII B**	**Typ VII C**	**Typ VII D**	**Typ VII F**
Baujahre	1935-1936	1936-1940	1938-1945	1940-1942	1941-1943
Anzahl	10	24	659	6	4
Verdrängung (↑/↓) (t)	626 / 745	753 / 857	769 / 871	965 / 1080	1084 / 1181
Länge (m)	64,51	66,50	67,10	76,90	77,63
Breite (m)	5,85	6,20	6,20	6,38	7,30
Tiefgang (m)	4,37	4,74	4,74	5,01	4,91
Tauchtiefe (m)	200	200	200	200	200
Besatzungsstärke	44	44	44	44	46
Antriebsleistung DM (PS)	2100	2800	2800	2800	2800
Antriebsleistung EFM (PS)	750	750	750	750	750
Antriebswellen	2	2	2	2	2
Geschwindigkeit (↑/↓) (kn)	17,0 / 8,0	17,9 / 8,0	17,7 / 7,6	16,7 / 7,3	17,6 / 7,9
Fahrbereich (↑) (sm / kn)	6200 / 10	8700 / 10	8500 / 10	11.200 / 10	14.700 / 10
Fahrbereich (↓) (sm / kn)	94 / 4	90 / 4	80 / 4	69 / 4	75 / 4
Torpedorohre (53,3 cm)	5	5	5	5	5
Torpedoanzahl	11	14	14	12	14+26
Minenanzahl	22-33	26-39	keine	26-39 + 15	keine
Rohrwaffen	siehe Text				

Tabelle Bootsdaten U-Boote, Deutschland (3)								
Name / Klasse	**Typ IX A**	**Typ IX B**	**Typ IX C**	**Typ IX C/40**	**Typ IX D1**	**Typ IX D1**	**Typ IX D2**	**Typ IX D/42**
Baujahre	1936-1939	1937-1940	1939-1942	1940-1944	1940-1942	1943-1944	1940-1944	1943-1945
Anzahl	8	14	54	97	2	(2)	28	1
Verdrängung (↑/↓) (t)	1032 / 1153	1051 / 1178	1120 / 1232	1144 / 1257	1610 / 1799	1610 / 1799	1616 / 1804	1616 / 1804
Länge (m)	76,50	76,50	76,76	76,76	87,58	87,58	87,58	87,58
Breite (m)	6,51	6,76	6,76	6,86	7,50	7,50	7,50	7,50
Tiefgang (m)	4,70	4,70	4,70	4,67	5,35	5,35	5,35	5,35
Tauchtiefe (m)	200	200	200	200	200	200	200	200
Besatzungsstärke	48	48	48	48	55	55	55	55
Antriebsleistung DM (PS)	4400	4400	4400	4400	9000	2800	4400+1000	4400+1000
Antriebsleistung EFM (PS)	1000	1000	1000	1000	1000	1000	1000	1000
Antriebswellen	2	2	2	2	2	2	2	2
Geschwindigkeit (↑/↓) (kn)	18,2 / 7,7	18,2 / 7,3	18,3 / 7,3	18,3 / 7,3	20,8 / 6,9	16,5 / 6,9	19,2 / 6,9	19,2 / 6,9
Fahrbereich (↑) (sm / kn)	10.500 / 10	12.000 / 10	13.450 / 10	13.850 / 10	9500 / 14	12.750 / 10	31.500 / 10	31.500 / 10
Fahrbereich (↓) (sm / kn)	78 / 4	64 / 4	63 / 4	63 / 4	115 / 4	115 / 4	57 / 4	57 / 4
Torpedorohre (53,3 cm)	6	6	6	6	6	keine	6	6
Torpedoanzahl	22	22	22	22	24	keine	24	24
Minenanzahl	44-66	44-66	44-66	44-66	48-72	keine	48-72	48-72
Rohrwaffen	siehe Text							

Tabelle Bootsdaten U-Boote, Deutschland (4)								
Name / Klasse	**Typ X B**	**Typ XIV**	**Typ V 80**	**Typ Wa 201**	**Typ Wk 202**	**Typ XVII B**	**Typ XXI**	**Typ XXIII**
Baujahre	1942-1944	1940-1943	1939-1940	1942-1944	1942-1944	1943-1945	1943-1945	1943-1945
Anzahl	8	10	1	2	2	3	118	62
Verdrängung (↑/↓) (t)	1763 / 2177	1688 / 1932	73 / 76	277 / 309	236 / 259	312 / 337	1621 / 1819	234 / 258
Länge (m)	89,80	67,10	22,05	39,05	34,60	41,45	76,70	34,68
Breite (m)	9,20	9,35	2,10	4,50	4,50	4,50	8,00	3,02
Tiefgang (m)	4,71	6,51	3,20	4,30	4,55	4,30	6,32	3,66
Tauchtiefe (m)	200	240	unbekannt	unbekannt	unbekannt	150	240	160
Besatzungsstärke	52	53	4	12	12	19	57	14
Antriebsleistung DM (PS)	4200	2800	keine	230	230	230	4000	575
Antriebsleistung EFM (PS)	1100	750	keine	77,5	77,5	77,5	4200 + 226	580 + 35
Antriebsleistung WT (PS)	keine	keine	2000	5000	2500	2500	keine	keine
Antriebswellen	2	2	1	1	1	1	2	1
Geschwindigkeit (↑/↓) (kn)	17,0 / 7,0	14,9 / 6,2	? / 28	9,0 / 5,0 - 25	9,0 / 5,0 - 25	8,8 / 5 - 25	15,6 / 17,2	9,7 / 12,5
Fahrbereich (↑) (sm / kn)	18.450 / 10,0	12.350 / 10.0	unbekannt	2910 / 8,5	1840 / 9,0	3000 / 8,0	15.500 / 10,0	4450 / 6,0
Fahrbereich (↓) (sm / kn)	93 / 4	55 / 4	50 / 28	127 / 20	117 / 20	123 / 25	340 / 5	194 / 4
Torpedorohre (53,3 cm)	2	keine	keine	2	2	2	6	2
Torpedoanzahl	15	keine	keine	4	4	4	23 / 14	2
Minenanzahl	66	keine	keine	keine	keine	keine	keine / 12	keine
Rohrwaffen	siehe Text							

2.3 - Flugzeuge in der Atlantikschlacht

Deutschland

Focke-Wulf Fw 200 Condor

Die Focke-Wulf Fw 200 Condor war vor dem Krieg als Langstreckenverkehrsflugzeug entwickelt worden und absolvierte im Juli 1937 als solches ihren Erstflug. Allerdings wurden nur 16 zivile Flugzeuge hergestellt. Bis 1944 folgten nochmals 263 militärische Maschinen in verschiedenen Baureihen, die als Fernbomber und Seefernaufklärer im Atlantik und im Eismeer erfolgreich gegen Geleitzüge zum Einsatz kamen. Gegen Ende des Kriegs fand die Condor überwiegend eine Verwendung als Transportflugzeug.

Seefernaufklärer Focke-Wulf Fw 200 Condor. Foto: Walter Frentz / Bundesarchiv / Bild 146-1978-043-02 / CC-BY-SA 3.0

Blohm&Voss Bv 138

Die Blohm&Voss Bv 138, auch »fliegender Holzschuh« genannt, wurde Mitte der 1930er als Seefernaufklärer entwickelt, absolvierte aber erst im Juli 1939 ihren Erstflug. Im Januar 1940 begann die Serienfertigung des Flugbootes. Insgesamt wurden 248 Flugzeuge in verschiedenen Ausführungen hergestellt. Erfolgreich wurden die Maschinen im Eismeer, im Englischen Kanal sowie in der Biskaya zur Aufklärung und zur U-Bootbekämpfung eingesetzt. Ebenso kamen sie in der Nord- und Ostsee zum Einsatz.

Eine Bv 138 im Schwimmzustand. Foto: Karlo Marth / CC-BY-SA 2.5

Blohm&Voss Bv 222 Wiking

Das Transport- und Seefernaufklärungsflugzeug Blohm&Voss Bv 222 Wiking war als ziviles Atlantik taugliches Flugboot entwickelt worden. Seinen Erstflug machte es im Juni 1940. Durch den Kriegsausbruch kam ein ziviler Einsatz nicht mehr in Frage. Bis 1944 wurden insgesamt nur 13 Maschinen gebaut, die von der Luftwaffe als Fernaufklärer, unter anderem über dem Atlantik, eingesetzt wurden. Außerdem kamen sie als Transportflugzeuge zum Einsatz.

Die Bv 222 Wiking war das größte Flugboot der Luftwaffe. Foto: Bundesarchiv / Bild 146-1978-061-09 / CC-BY-SA 3.0

Torpedoangriff einer Heinkel He 111. Ein Flugzeugtorpedo fällt, der Zweite ist noch unter der Maschine sichtbar. Foto: Bundesarchiv / Bild 183 L20414 / CC-BY-SA 3.0

Heinkel He 111

Die Heinkel He 111 war der Standardbomber der Luftwaffe, der aus einem Verkehrsflugzeug entstanden ist. Der Erstflug fand im Februar 1935 statt. Neben den wenigen Zivilflugzeugen wurden rund 7600 militärische Versionen hergestellt, hauptsächlich als Bomber, aber auch als Torpedobomber sowie als Transport- und Schleppflugzeuge für die Lastensegler. Die Flugzeuge kamen an allen Fronten zum Einsatz. Für die Bekämpfung der Eismeergeleitzüge waren Luftwaffeneinheiten mit diesem Flugzeugtyp in Nordnorwegen stationiert. Insbesondere bei Kämpfen um die Geleitzüge PQ 17 und PQ 18 konnte die He 111 große Erfolge erzielen.

Eine Heinkel He 115 am Kran hängend. Foto: Archiv Autor

Heinkel He 115

Das Schwimmerflugzeug Heinkel He 115 war ein Aufklärungs- und Torpedoflugzeug der Luftwaffe., dessen Entwicklung 1935 begann. Der Erstflug war im August 1937. Insgesamt wurden 223 Flugzeuge bis Ende des Kriegs in verschiedenen Varianten als Aufklärer, Bomber, Torpedoflugzeuge und Minenleger gebaut. Darunter auch eine Schwimmerversion mit Stahlkufen für den Einsatz im eisigen hohen Norden. Das hochseefähige Flugzeug hatte in der Nordsee, im Nordatlantik, im Eismeer und im Mittelmeer Einsätze als Seefernaufklärer, zum Minen legen und zur Geleitzugbekämpfung.

Der im Deutschen Museum in München ausgestellte Ein-Mann-Schlepptragschrauber Focke-Achgelis Fa 330 Bachstelze. Foto: Hans Karr

Focke-Achgelis Fa 330 Bachstelze

Die Focke-Achgelis Fa 330 Bachstelze war ein motorloser Ein-Mann-Schlepptragschrauber, der als »erhöht angeordnetes Auge« für den Einsatz auf U-Booten bestimmt war. Die äußerst einfach gestalteten Fluggeräte wurden geschleppt und allein durch die Geschwindigkeit des U-Bootes sowie durch den Wind angetrieben und emporgehoben. Sie konnten mit einem Mann als Besatzung eine Höhe von bis zu 120 Meter erreichen und trugen so zu einer erheblichen Erweiterung des Beobachtungshorizonts bei, der normalerweise auf einem U-Boot wegen der geringen Augeshöhe nur wenige Seemeilen beträgt. Die Tragschrauber ließen sich auseinander bauen und in druckfesten Behältern verstauen. Mehr als 100 dieser einfachen, aber für ihre Zeit technisch hoch entwickelten innovativen Geräte wurden gebaut. Sie wurden auf den U-Booten des Typs IX D2 auf ihren Ferneinsätzen mitgenommen, konnten allerdings nur in Seegebieten eingesetzt werden, in denen keine Luftbedrohung zu erwarten war und in denen das die Bachstelze einsetzende U-Boot nicht gefährdet war.

Großbritannien

Short S 25 Sunderland

Das Flugboot Short S 25 Sunderland war eine militärische Weiterentwicklung der zivilen Version Short S 23. Im Oktober 1938 absolvierte die Sunderland ihren Erstflug. Insgesamt stellte das Royal Air Force Coastal Command während des Kriegs 746 Maschinen in Dienst. Sie waren auf britischer Seite die effektivsten Langstrecken-Flugboote und kamen im Atlantik und im Mittelmeer als Seefernaufklärungs- und Transportflugzeug sowie zur Seenotrettung zum Einsatz. Die bekannteste Rolle der Sunderland ist jedoch ihre Verwendung als U-Bootjäger. Nach dem Zweiten Weltkrieg wurden Sunderland-Flugboote zu Passagierflugzeugen umgebaut und in Short Sandringham umbenannt. Die in mehreren Ländern geflogenen Maschinen kamen unter anderem im Atlantikverkehr und im Pazifik zum Einsatz. Bis teilweise Mitte der 1960er Jahre waren die Flugboote in der zivilen Nutzung.

Ein Flugboot Sunderland bei der Überwachung eines Konvois. Foto: Royal Air Force

Vickers Wellington

Die Vickers Wellington war ein mittelschweres Bombenflugzeug, das ab Beginn der 1930er Jahre entwickelt wurde und im Juni 1936 seinen Erstflug absolvierte. Mit insgesamt 11.384 in vielen Varianten gefertigter Flugzeuge wurde die Wellington zum meistgebauten Bomber der Royal Air Force. Er kam meist in Nachteinsätzen im Bombenkrieg über Deutschland zum Einsatz, fand aber auch über Nordafrika und im Fernen Osten Verwendung. Ab 1941 wurden neu entwickelte Versionen als U-Jagd-, Minenlege- und Minenräumflugzeuge gebaut und vom Royal Fleet Arm eingesetzt.

Das mittelschwere Bombenflugzeug Vickers Wellingtopn kam sowohl im Bombenkrieg über Deutschland als auch zur U-Jagd über dem Nordatlantik in Verwendung. Foto: Royal Air Force

Vereinigte Staaten von Amerika

Consolidated PBY Catalina

Die Consolidated PBY Catalina war mit fast 3300 Exemplaren das meistgebaute Flugboot des Zweiten Weltkriegs. Foto: US Navy

Die Entwicklung des Flugbootes Consolidated PBY Catalina begann Anfang der 1930er Jahre. Der Prototyp des Flugzeugs hatte seinen Erstflug im Februar 1935. Im Dezember 1939 bestellte die US Navy 200 Exemplare der Catalina, die als Langstrecken-Patrouillenflugzeuge die Neutralität der USA schützen sollten. Insgesamt liefen fast 3300 Exemplare in den Werkshallen des Herstellers Consolidated Aircraft vom Band. Die Catalina ist damit das meistgebaute Flugboot im Zweiten Weltkrieg. In Verwendung kam die Catalina bei der US Navy, der US Air Force, der Royal Navy und den sowjetischen Seeluftstreitkräften. Aufgrund ihrer großen Reichweite war die Catalina für die Seefernaufklärung und für die Sicherung von Geleitzügen sowie als U-Jagdflugzeug geeignet. Sie kam sowohl im Nordatlantik und im Eismeer wie auch im Pazifik diesbezüglich zum Einsatz. Nach dem Krieg blieb das Flugboot noch lange Jahre bei zahlreichen Nationen in den Küstenwachen oder in den Seeluftstreitkräften im Dienst.

Lockheed A 29 Hudson

Leichtes Bomben- und Seeaufklärungsflugzeug Lockheed A 29 Hudson. Foto: US Air Force

Die Lockheed A 29 Hudson war ein leichter Bomber und Küstenaufklärungsflugzeug der Ende 1930er Jahre. Die erste Maschine flog im Dezember 1938. Sie war im Auftrag des Coastal Command der britischen Royal Air Force bestellt worden. Rund 2000 Maschinen sollten im Laufe des Zweiten Weltkriegs noch folgen. 1942 wurden auch die ersten Maschinen an die US Air Force ausgeliefert. Die Gesamtzahl der in die USA gelieferten Maschinen erhöhte sich auf rund 820 Flugzeuge. Die Hudson wurde hauptsächlich vom britischen Coastal Command, von der US Navy, der US Air Force sowie zahlreichen anderen Luftstreitkräften (Kanada, Australien, Neuseeland, Niederlande, u. a.) geflogen und eingesetzt. Im Nordatlantik kam die Hudson überwiegend zur Seeraumaufklärung und zur U-Jagd zum Einsatz.

Consolidated B 24 Liberator

Der schwerer Bomber Consolidated B 24 Liberator war der meistgebaute amerikanische Flugzeugtyp im Zweiten Weltkrieg. Das Flugzeug war erst nach einer im Januar 1939 veröffentlichten Ausschreibung entstanden. Der Prototyp erhob sich im Dezember 1939 zum ersten Mal in die Lüfte. Von 1940 bis Mai 1945 wurden in mehreren Varianten 18.482 - nach anderer Quelle 18.188 - Maschinen hergestellt. Neben seiner Rolle als Bomber wurde das Flugzeugmuster auch zur Wetterbeobachtung und als Seefernaufklärer sowie zur U-Bootbekämpfung eingesetzt. Es kam sowohl im Nordatlantik wie auch im Pazifik zum Einsatz. Die Flugzeuge des Typs Liberator waren maßgeblich daran beteiligt, dass die deutsche U-Bootwaffe ab 1943 schwere Verluste erlitt. Mit Hilfe der Liberator konnte 1943 das sogenannte »Luftloch« über dem Nordatlantik geschlossen werden und somit zum Schutz der Konvois eine lückenlose Luftüberwachung sichergestellt werden.

Eine Consolidated B 24 Liberator bei der Seeraumüberwachung. Foto: US Air Force

Tabelle Flugzeugdaten, Deutschland						
Name	**Focke-Wulf Fw 200 Condor**	**Blohm&Voss Bv 138**	**Blohm&Voss Bv 222 Wiking**	**Heinkel He 111**	**Heinkel He 115**	**Focke-Achgelis Fa 330 Bachstelze**
Typ	Radflugzeug	Flugboot	Flugboot	Radflugzeug	Schwimmerflugzeug	Schlepptragschrauber
Verwendung	Fernbomber, Seefernaufklärer	Seefernaufklärer	Seefernaufklärer, Transportflugzeug	Bomber, Torpedobomber	Seefernaufklärer, Torpedobomber	Seeaufklärer
Besatzung	6	6	6-13	5	3	1
Länge (m)	23,85	19,85	37,00	16,40	17,30	4,42
Spannweite (m)	32,84	26,94	46,00	22,50	22,28	Ø Rotor: 7,32
Anzahl Triebwerke	4	3	6	2	2	keine
Motorenleistung (PS)	4 x 1100	3 x 880	6 x 1000	2 x 1300	2 x 960	keine
Geschwindigkeit (km/h)	406	285	385	440	305	ca. 35
Reichweite (km)	4490	3880	7450	2300	2800	entfällt
Dienstgipfelhöhe (m)	7000	4200	6500	6500	5200	120
Leergewicht (t)	12,950	8,100	27,000	8,680	6,772	0,068
Abfluggewicht (t)	21,450	18,150	45,000	12,030	10,605	0,140
Bewaffnung	6 x MG, Bomben	3 x MG, Bomben, Wasserbomben	11 x MG	7 x MG, Bomben, Torpedos	2 x MG, Bomben, Minen, Torpedos	keine

Tabelle Flugzeugdaten, Großbritannien, USA					
Name	**Short S 25 Sunderland**	**Vickers Wellington**	**Consolidated PBY Catalina**	**Lockheed A 229 Hudson**	**Consolidated B 24 Liberator**
Typ	Flugboot	Radflugzeug	Flugboot	Radflugzeug	Radflugzeug
Verwendung	Seefernaufklärer, U-Jagdflugzeugg	Bomber	Seefernaufklärer, U-Jagdflugzeug	Leichter Bomber, Seefernaufklärer	Schwerer Bomber, Seefernaufklärer
Land	Großbritannien	Großbritannien	USA	USA	USA
Besatzung	7-11	6	9	5	10
Länge (m)	26,00	18,54	19,46	13,52	20,47
Spannweite (m)	34,39	26,26	31,70	19,95	33,53
Anzahl Triebwerke	4	2	2	2	4
Motorenleistung (PS)	4 x 1065	2 x 1590	2 x 1200	2 x 1200	4 x 1200
Geschwindigkeit (km/h)	336	410	315	405	483
Reichweite (km)	2848	3540	4055	4480	2730
Dienstgipfelhöhe (m)	4880	5800	4816	8100	10.500
Leergewicht (t)	15,663	8,417	7,976	5,825	17,200
Abfluggewicht (t)	26,332	13,380	16,081	9,320	25,400
Bewaffnung	bis 16 MG, Bomben, Wasserbomben	8 x MG, Bomben	2 x MG, Bomben, Wasserbomben	bis 7 x MG, Bomben	10 x MG, Bomben

2.4 - Die U-Boote der Alliierten, Italiens und Japans

Frankreich

Das U-Boot »Archimede« des »1500-Tonnen«-Typs. Foto: Bibliothek für Zeitgeschichte

Die französische Marine erkannte als erste in dem U-Boot ein leistungsfähiges Seekriegsmittel und baute schon sehr frühzeitig eine starke U-Bootwaffe auf, die dann auch mit einer großen Anzahl von rund 70 Einheiten aus dem Ersten Weltkrieg hervorgegangen war. Allerdings befand sich diese Flotte nicht mehr auf dem neuesten technischen Stand.

Ein U-Boot des »1500-Tonnen«-Typs während der Bauphase. Deutlich zu erkennen ist der schwenkbare Torpedorohrsatz am Heck mit je zwei 55-cm- und 40-cm-Rohren. Foto: Deutscher Marinebund

Nach den wirtschaftlichen und politischen Schwierigkeiten der unmittelbaren Nachkriegszeit, begann 1922 mit den U-Booten der »Requin«-Klasse die Modernisierung. Kontinuierlich folgten bis 1939 fünf weitere Klassen in unterschiedlichster Auslegung, Bootsgröße und Anzahl sowie der U-Kreuzer »Surcouf«. Die meistgebauten französischen U-Boot-Klassen der 1920er und 1930er Jahren waren die mittelgroßen U-Boote des »600 / 630 Tonnen«-Typs und die größeren Einheiten des »1500 Tonnen«-Typs. Des Weiteren war die französische Werftindustrie auch Lieferant für ausländische Marinen wie Griechenland, Jugoslawien, Lettland und Polen. Insgesamt 15 U-Boote wurden gegen Ende der 1920er Jahre in die genannten Länder exportiert.

Ein besonderes Merkmal französischer U-Boote waren außen zwischen Druckkörper und Verkleidung eingebaute schwenkbare Torpedorohrsätze. Sie hatten allerdings den Nachteil, dass sie zum Einen nicht auf See nachgeladen werden konnten und zum Anderen im Tauchzustand das Manövrierverhalten und die Trimmung der U-Boote stark beeinflussten.

Im Zweiten Weltkrieg kamen die französischen U-Boote zunächst gegen die Achsenmächte zum Einsatz. Nach der französischen Niederlage wurden sie weiterhin sowohl von der freifranzösischen Marine als auch von der Vichy-Regierung eingesetzt. Dabei gingen wesentlich mehr französische U-Boote durch Angriffe der Alliierten als zuvor bei Kämpfen mit den Achsenmächten verloren. Viele der Einheiten wurden aber auch selbst versenkt, um sie im Juni 1940 und im November 1942 dem gegnerischen Zugriff zu entziehen.

»1500-Tonnen«-Typ

Bei den U-Booten des »1500-Tonnen«-Typs handelt es sich um hochseefähige U-Boote. Die insgesamt 31 Einheiten entstanden ab 1924 in drei Baulosen auf acht verschiedenen Werften. Im Jahre 1939 stellten die letzten beiden Boote der zahlenmäßig größten französischen U-Bootklasse in Dienst.

Der Antrieb bestand für die Überwasserfahrt aus zwei Dieselmotoren (DM). Je nach Baulos hatten diese jeweils eine Leistung von 3000 PS, 3600 PS oder 4300 PS. Einheitlich standen zwei Elektro-Fahrmotoren (EFM) von je 500 PS für die Tauchfahrt zur Verfügung.

Bewaffnet waren die U-Boote mit insgesamt neun 55-cm-Torpedorohren. Ein Viererrohrsatz war fest am Bug eingebaut und vom Bootsinneren nachladbar. Ein schwenkbarer Drillingsrohrsatz befand sich außen hinter dem Turm. Am Heck war ein zweiter außen gelegener Rohrsatz mit zwei 55-cm-Rohren und zwei 40-cm-Rohren eingerüstet. Bei späteren Umbauten wurden die beiden 40-cm-Torpedorohre durch ein 55-cm-Rohr ersetzt.

Artilleristisch waren die U-Boote des »1500-Tonnen«-Typs mit einem 10-cm-Geschütz ausgerüstet. Während des Zweiten Weltkriegs erhielten einige Einheiten eine zusätzliche Flak-Bewaffnung.

Der »1500-Tonnen«-Typ war der erfolgreichste und am häufigsten eingesetzte französische U-Boottyp, von dem allerdings schon vor dem Zweiten Weltkrieg zwei Einheiten durch Unfall verloren gingen. Die U-Boote waren zunächst im gesamten französischen Einflussbereich - von Europa bis nach Indochina - stationiert. Nach Kriegsausbruch operierten die in Europa befindlichen U-Boote gegen die deutsche Handelsschifffahrt. Mit Ende der deutsch-französischen Kampfhandlungen kamen der »1500-Tonnen«-Typ sowohl bei der Vichy-Regierung als auch bei der freifranzösischen Marine weiter zum Einsatz. Bei Kampfhandlungen gingen elf U-Boote während des Kriegs verloren. Zwölf U-Boote versenkten sich 1940 bzw. 1942 selbst und entzogen sich so dem deutschen respektive dem italienischen Zugriff. Ein Boot stellte in Vietnam außer Dienst. Fünf Einheiten des »1500-Tonnen«-Typs überlebten den Krieg. Bis auf eine Ausnahme blieben diese bis 1952 im Dienst der französischen Marine.

Großbritannien

Nach Ende des Ersten Weltkriegs besaß die Royal Navy nach »Weyers Taschenbuch der Kriegsflotten 1918« rund 160 U-Boote der unterschiedlichsten Klassen. Darunter eine große Anzahl von U-Booten, deren Bau bis in das Jahr 1904 zurückging. Sie waren nicht mehr auf dem neuesten technischen Stand und besaßen somit keinen allzu großen operativen Wert. Auch die zu diesem Zeitpunkt noch modernen Kriegsbauten, die U-Boote der »H«- und »L«-Klasse, standen zwangsläufig mittelfristig zum Ersatz an. Diese U-Boote hatten eine ↑/↓-Verdrängung von 440 / 500 Tonnen bzw. 890 / 1080 Tonnen.

Die notwendige Modernisierung der U-Bootewaffe begann dann Mitte der 1920er Jahre mit der »O«-Klasse. Auf diesem Schiffsentwurf aufbauend folgten bald die »P«- und »R«-Klassen. Alle drei U-Boottypen waren Hochsee-U-Boote und hauptsächlich für den Einsatz in Fernost vorgesehen.

Für den Einsatz in heimischen Gewässern sowie in der Nordsee und im Mittelmeer entstand in den 1930er Jahren die »S«-Klasse, die mit 62 gebauten Booten die größte englische U-Bootklasse wurde. Die »Porpoise«-Klasse war als Minenleger eine Sonderform. Ebenso die 22 Knoten schnelle »River«-Klasse, die als Flotten-U-Boot eingesetzt werden sollte, aber nur in drei Einheiten gebaut wurde.

Das U-Boot »Tudor« der »T«-Klasse. Deutlich ist der ungewöhnliche Einbau der zwei außen liegenden Bugtorpedorohren zu erkennen. Foto: Royal Navy

Die U-Boote der »T«-Klasse operierten im Zweiten Weltkrieg auf allen Kriegsschauplätzen, wo die Royal Navy kämpfte. Diese Bauserie umfasste 55 Einheiten. Mit der »U«- und »V«-Klasse stellte die englische Marine - ebenfalls in einer großen Anzahl von zusammen 71 Einheiten - mittelgroße U-Boote für den Einsatz in der Nordsee und im Mittelmeer in Dienst. Von einer noch in Angriff genommene »A«-Klasse wurden lediglich zwei U-Boote vor Kriegsende fertiggestellt und übernommen, kamen aber nicht mehr zum Einsatz. Diese Klasse bildete somit die erste Nachkriegsgeneration der englischen U-Bootwaffe. Die letzten Einheiten holten erst in den 1970er Jahren Flagge und Wimpel nieder.

Für die U-Boote der Royal Navy gab es zwangsläufig wenig Ziele. Lediglich im Mittelmeer konnten die Einheiten einen wirklich entscheidenden klassischen U-Bootkrieg führen. Zum Einen wurde von ihnen der italienische und deutsche Nachschubverkehr nach Nordafrika empfindlich gestört und zum Anderen bedrohten sie ständig die italienische Flotte. Im Mittelmeer hatten sie ihre größten Erfolge, aber auch ihre größten Verluste. Hier gingen über 45 U-Boote der Royal Navy verloren.

Die englischen U-Bootklassen hatten überwiegend eine Ein-Buchstaben-Bezeichnung. Bis auf wenige Ausnahmen begannen die jeweiligen Namen der Einheiten mit diesem Kennbuchstaben. Auch bei der amerikanischen und der russischen Marine war eine solche Klassenbezeichnung üblich. Es handelt sich hierbei jedoch keinesfalls um die gleichen U-Bootentwicklungen, sondern um grundsätzlich andere U-Boottypen.

»T«-Klasse

Die U-Boote der »T«-Klasse wurden Anfang der 1930er Jahre geplant, mit dem Ziel die Einheiten der »O«-, »P«- und »R«-Klassen zu ersetzen, da die Royal Navy mit diesen Entwürfen nicht besonders zufrieden war. Um unter der Tonnagegrenze des Londoner Flottenvertrages zu bleiben und dennoch eine große Zahl an U-Booten bauen zu können, reduzierte man die Größe. In der Zeit von 1936 bis 1945 entstanden auf sechs Werften in zwei Gruppen insgesamt 55 U-Boote. Sieben weitere Boote wurden noch geordert, zum Teil auch auf Kiel gelegt, aber nach Kriegsende storniert.

Die »T«-Klasse war als Einhüllenboot mit Satteltanks konstruiert. Die Kraftstoffbunker waren innerhalb des Druckkörpers. Die Boote hatten genietete Bootskörper, wobei bei der Gruppe 2 auch geschweißte Ausführungen vorhanden waren. Der Antrieb erfolgte durch zwei Dieselmotoren (DM) mit jeweils 1250 PS bei Überwasserfahrt und durch zwei Elektro-Fahrmotoren (EFM) von je 725 PS bei Tauchfahrt.

Die Torpedobewaffnung der »T«-Klasse war recht stark und in ihrer Anordnung auch außergewöhnlich ausgelegt. Die Gruppe 1 besaß insgesamt zehn 53,3-cm-Torpedorohre. Davon befanden sich sechs Bugtorpedorohre innerhalb des Druckkörpers und waren somit auf See nachladbar. In einer großen Ausbuchtung waren außerhalb des Druckkörpers an der Bugspitze nochmals zwei Torpedorohre vorhanden. In der Verkleidung befanden sich unterhalb des Turms die beiden restlichen Torpedorohre. Bei der Gruppe 2 kam noch ein elftes Torpedorohr außerhalb des Druckkörpers am Heck zum Einbau.

Die Artilleriebewaffnung bestand bei allen Einheiten aus einem 10,2-cm-Geschütz, das vor dem Turm erhöht eingebaut war. Teilweise waren auch auf einer Plattform im hinteren Turmbereich 2-cm-Geschütze eingerüstet. Die Gruppe 1 konnte an Stelle von Torpedos Minen mitnehmen.

Das U-Boot »Thetis« hatte einen tragischen Start in sein Schiffsleben. Bei der ersten Erprobungsfahrt sank es am 1. Juli 1939 mit der gesamten Besatzung und dem eingeschifften Erprobungspersonal auf flachem Wasser. Drei Monate später konnte das U-Boot gehoben und wieder instand gesetzt werden. Als »Thunderboldt« wieder Dienst gestellt, wird das Boot am 14. März 1943 im Mittelmeer versenkt. Erneut kommt die gesamte Besatzung ums Leben.

Die U-Boote der »T«-Klasse operierten im Zweiten Weltkrieg auf allen Kriegsschauplätzen, wo die Royal Navy in Kämpfe verwickelt war. Sie waren überaus erfolgreich, mussten aber auch Verluste von 15 Booten hinnehmen, davon alleine 13 im Mittelmeer. Vier U-Boote der »T«-Klasse überließ die Royal Navy der niederländischen Marine, wo sie als »Zwaardvisch«-Klasse in Dienst gestellt wurden. Nach Kriegsende wurde eine große Anzahl der U-Boote in den Reservestatus überführt. Einige blieben im Dienst und durchliefen eine Modernisierungsphase. Das letzte U-Boot der »T«-Klasse stellte im August 1969 bei der Royal Navy außer Dienst. Bei der israelischen Marine war ein nach dort abgegebenes U-Boot bis 1977 im Dienst.

Niederlande

Auf dieser Aufnahme des U-Bootes »O 21« sind die außen gelegenen Torpedorohre gut zu erkennen. Foto: Bibliothek für Zeitgeschichte

Bei Ende des Ersten Weltkriegs besaßen die Niederlande zehn U-Boote, deren Bauzeit bis 1905 zurückging. Weitere 12 Einheiten waren geplant. Teilweise wurde schon im Krieg mit ihrem Bau begonnen. Die Fertigstellung erfolgte in den 1920er Jahren. Im Zweiten Weltkrieg kamen diese Einheiten, da mittlerweile veraltet, allerdings nicht mehr zum Einsatz.

Ihre Folgeprojekte, die ab den 1930 Jahren auf Stapel gelegt wurden und zwischen 1932 und 1940 Flagge und Wimpel setzten, kamen während des Zweiten Weltkriegs in der Nordsee, im Mittelmeer, in den Gewässern von Niederländisch-Ostindien und in pazifischen Seegebieten zum Einsatz.

Die niederländische Marine unterschied über lange Zeit zwischen zwei Grundtypen von U-Booten. Zum Einen waren dies die U-Boote, die für die heimischen Gewässer vorgesehen waren und ihrer Bootsnummer mit arabischen Zahlen ein »O« für Onderzeeboot vorangestellt hatten. Zum Anderen gab es die U-Boote mit »K« für Kolonialboot, die in den Gewässern von Niederländisch-Ostindien zum Einsatz kommen sollten und mit römischen Zahlen fortlaufend nummeriert wurden. Neben dieser in der Namensgebung liegenden Unterscheidung bestand zwischen den beiden Bootstypen ein hauptsächlicher Unterschied in Größe und Fahrstrecke.

Im Jahre 1937 gab man diese Trennung auf und benannte fortan die U-Boote nur noch mit der O-Kennung. Hinsichtlich ihrer Verwendung wurden die Boote dann auch so konstruiert, dass sie sowohl für die europäischen Gewässer wie auch für die Kolonialgebiete geeignet und einsetzbar waren.

Im Zweiten Weltkrieg erzielten einige niederländische U-Boote auf dem pazifischen Seekriegsschauplatz bemerkenswerte Erfolge. Neben zahlreichen japanischen Handels- und Hilfsschiffen versenkten sie auch mehrere Kriegsschiffe. Andererseits gingen durch die Kriegsereignisse auch U-Boote verloren.

Neben den Eigenbauten betrieb die niederländische Marine auch von Großbritannien übernommene Einheiten der »S«-, »T«- und »U«-Klasse.

»O 21«-Klasse

Die in den Jahren 1939 / 1940 gebauten sieben U-Booten der »O 21«-Klasse waren Zweihüllenboote. Als Einsatzgebiet waren die europäischen Gewässer vorgesehen.

Als Antrieb waren zwei Dieselmotoren (DM) mit jeweils 2500 PS und zwei Elektro-Fahrmotoren (EFM) mit jeweils 500 PS an Bord vorhanden. Die U-Boote waren mit einer Schnorchelanlage ausgerüstet, die sich jedoch im Betrieb als unzuverlässig erwies und auf einigen Booten deshalb wieder ausgebaut wurde.

Die Bewaffnung bestand, wie auch auf den Vorgängerbooten, aus acht 53,3-cm-Topedorohren, wovon vier im Bug, zwei im Heck und zwei außen mittschiffs eingebaut waren. Auch die Artillerie war wie auf niederländischen U-Boote üblich eingerüstet. Ein 8,8-cm-Geschütz stand an Oberdeck vor dem Turm und zwei 4-cm-Geschütze befanden sich auf versenkbaren Lafetten vorne und achtern im Turm.

Beim Einmarsch der deutschen Wehrmacht in den Niederlanden waren fünf U-Boote der Klasse vom Stapel gelaufen. Von diesen gelang es, die ersten vier Baunummern aus eigener Kraft oder im Schlepp nach Großbritannien zu überführen. Dort fertiggestellt, kamen die U-Boote während des Kriegs auf alliierter Seite in der Nordsee, im Mittelmeer und in Fernost zum Einsatz. »O 22« ging im November 1940 vor Norwegen verloren. Nach dem Krieg blieben die drei überlebenden U-Boote in den Niederlanden bis 1948, 1954 und 1957 im aktiven Dienst.

Das U-Boot »O 27« in einer Nachkriegsaufnahme, was an der aufgemalten NATO-Kennung S 807 deutlich wird. Die Turmform wurde während des Fertigbaus im Krieg auf die deutsche Norm geändert. Foto: Deutscher Marinebund

»O 25« versenkte sich beim deutschen Einmarsch selbst, wurde aber gehoben und bei der Kriegsmarine als »UD 3« am 8. Juni 1941 in Dienst gestellt. Nach einigen Kriegseinsätzen stellte das Boot im Oktober 1944 außer Dienst und wurde im Mai 1945 in Kiel selbst versenkt.

Die unfertigen U-Boote »O 26« und »O 27« wurden ebenfalls von der Kriegsmarine übernommen und zu Ende gebaut. Sie liefen am 23. November 1940 und 26. September 1941 als »UD 4« und »UD 5« vom Stapel und stellten 1941 bzw. 1942 in Dienst. »UD 4« kam nie zu einem Kriegseinsatz und wurde im Mai 1945 bin Kiel selbst versenkt. »UD 5« führte mehrere Feindfahrten durch und gelangte nach Kriegsende wieder zurück in die Niederlande. Als »O 27« blieb es bis November 1959 im Dienst der niederländischen Marine.

Russland / Sowjetunion

Der Besitz einer großen U-Bootwaffe war – auch mit Blick auf die deutschen U-Booterfolge im Ersten Weltkrieg – eine der Schlüsselpunkte in der russischen / sowjetischen Seestrategie ab den 1920er Jahren. Dabei spielte das U-Boot allerdings eine überwiegend defensive Rolle. Im Jahre 1927 begann mit der aus sechs U-Booten bestehenden »Dekabrist«-Klasse / »D«-Klasse der Aufbau quasi bei Null, denn aus der Zaristischen Marine waren nach dem Ersten Weltkrieg lediglich acht veraltete U-Boote erhalten geblieben.

Mit der folgenden »Leninets«-Klasse / »L«-Klasse kamen dann im Laufe der Jahre schon 25 U-Boote in Dienst. Die sich anschließende »Shchuka«-Klasse / »Shch«-Klasse war schon um die 80 Einheiten stark. Nicht ganz so hoch in der Auflage war bei Kriegsbeginn mit rund 30 fertigen Einheiten die »Stalinets«-Klasse / »S«-Klasse. Auf eine wesentlich größere Anzahl von um die 100 Booten kamen die kleinen Küsten-U-Boote der »Malyutka«-Klasse / »M«-Klasse, die in mehreren Bauserien entstanden. Sie hatten eine Verdrängung zwischen 161 und 350 Tonnen aufgetaucht und getaucht zwischen 202 und 420 Tonnen.

Allerdings muss angemerkt werden, das bei nahezu allen russischen U-Bootklassen die zahlenmäßige Stärke von Quelle zu Quelle - zum Teil sogar sehr stark - differiert.

Das als Museumsboot in Wladivostock aufgestellte »S 56« der »Stalinets«-Klasse. Im Vordergrund ist das Wachboot »Krasnyi Vympel« zu sehen. An der Schiffsform ist der deutsche Einfluss bei der Konstruktion der »Stalinets«-Klasse deutlich sichtbar. Foto: Chekalin / CC-BY-SA 2.0

Auch sei an dieser Stelle noch erwähnt, dass mit Kriegsbeginn die Namen der U-Boote durch alpha-numerische Bezeichnungen ausgetauscht wurden.

Bei Kriegsbeginn verfügte die russische Marine weit über 200 U-Boote und damit die stärkste U-Bootflotte der Welt. Es sollte sich jedoch zeigen, dass sich ihre Rolle als sehr bescheiden einnahm. In der Ostsee wurden die U-Boote durch Minensperren im Finnischen Meerbusen eingeschlossen und kamen erst mit dem Zusammenbruch der deutschen Front ab Ende 1944 in die Ostsee durch. Spektakulär wurden die Versenkungen der überwiegend mit Flüchtlingen und Verwundeten besetzten und nach Westen fliehenden deutscher Schiffe wie zum Beispiel die Passagierschiffe »Wilhelm Gustloff« (25.484 BRT, am 30. Januar 1945 durch »S 13« versenkt, ca 10.600 Tote) und »General von Steuben« (13.325 BRT, am 10. Februar 1945 ebenfalls durch »S 13« versenkt, ca, 3600 Tote) oder das Frachtschiff »Goya«, (5230 BRT, am 16. April 1945 durch »L 3« versenkt, ca. 7000 Tote). Mit den jeweils tausenden von Opfern waren dies die bisher weltweit größten Schiffskatastrophen.

Ferner kamen die russischen U-Boote im Schwarzen Meer zum Einsatz. Auch hier blieben die Erfolge bescheiden. Genau wie in der Ostsee war es der deutschen Seite gelungen, die U-Boote durch Minensperren in ihren Häfen weitestgehend zu blockieren. Erst Anfang 1944 konnten die russischen U-Boote verstärkt offensiv vorgehen.

Eine begrenzte Anzahl von U-Booten operierte ab 1941 auch in der Arktis und im Nordmeer. Sie griffen vor allen Dingen die deutsche Küstenschifffahrt in den norwegischen Gewässern an und zwangen daher die deutsche Kriegsmarine Sicherungsfahrzeuge einzusetzen.

Im Pazifik fand für die russischen U-Boote der Krieg erst Anfang August 1945 statt. Doch hier war eigentlich gar kein Gegner mehr vorhanden. Ohnehin folgte wenige Wochen später die japanische Kapitulation.

Insgesamt betrachtet war die Erfolgsbilanz der russischen U-Boote im Zweiten Weltkrieg nicht besonders hoch, allerdings ihre Verluste. Die russische Marine war die einzige Marine, die mit weniger U-Booten aus dem Zweiten Weltkrieg heraus kam, als sie hineingegangen ist. Rund 100 U-Boote gingen in Verlust.

»Stalinets«-Klasse

Der Bau der »Stalinets«-Klasse, die später zur »S«-Klasse umdesigniert wurde, begann 1936. Ihr Gesamtumfang belief sich auf 57 auf Kiel gelegte Einheiten. Davon wurden 33 U-Boote bis 1945 gebaut. Einige der restlichen Einheiten wurden erst nach dem Krieg fertiggestellt und wiederum andere abgebrochen. Der Schiffsentwurf geht zurück auf das türkische U-Boot »Gür«, das in Spanien als »E 1« nach Entwürfen des Ingenieurskantoor voor Scheepsbouw (IvS) gebaut wurde.

Die U-Boote der »S«-Klasse waren Zweihüllenboote. In Folge der großen Anzahl von Einheiten, der vielen Bauwerften und der langen Bauzeit gab es zahlreiche Unterschiede in der Bauausführung.

Der Antrieb der U-Boote erfolgte im Überwassermarsch durch zwei Dieselmotoren (DM) mit jeweils 2000 PS. Für die Tauchfahrt waren zwei Elektro-Fahrmotoren (EFM) von jeweils 550 PS vorhanden.

Die Torpedobewaffnung bestand aus 53,3-cm-Rohren, von denen vier als Bugrohre und zwei als Heckrohre eingebaut waren. Die Artillerie war mit je einem 10-cm- und 4,5-cm-Geschütz eingerüstet.

Im Zweiten Weltkrieg waren die Einheiten der »S«-Klasse auf allen Schauplätzen des Seekriegs eingesetzt, konnten aber nur bescheidene Erfolge erringen. Dem standen 15 Verluste gegenüber. Die Überlebenden und die nach dem Krieg fertiggebauten U-Boote blieben noch bis in die 1950er Jahr im Dienst der russischen Marine.

Vereinigte Staaten von Amerika

Mitte der 1920er begann die amerikanische Marine mit einem rasanten Ausbau ihrer U-Bootwaffe. Von der bis dahin küstenorientierten Ausrichtung wandelte sich der Charakter allmählich in Richtung Hochseeverwendung. Eine mögliche Konfrontation mit Japan hielt man stets im Blick. Mit den Hawaii-Inseln stand hierfür eine gut geeignete Abstützung zur Verfügung.

Das U-Boot »Kingfish« der »Gato«-Klasse lief am 2. März 1942 auf der Marinewerft in Portsmouth / New Hampshire vom Stapel. Foto: US Navy

Zunächst sah man als Hauptziele die gegnerischen Schlachtschiffe und Flugzeugträger, schwenkte aber nach Kriegsbeginn um auf den uneingeschränkten U-Bootkrieg, also die warnungslose Versenkung feindlicher Schiffe. Nebenbei angemerkt: Das war exakt die Kriegsführung, zu der ab Februar 1917 die deutsche Kaiserliche Marine übergegangen war und die die Vereinigten Staaten im April 1917 zum Anlass nahm in den Ersten Weltkrieg einzutreten.

Die normale Aufgabe der amerikanischen U-Boote lag in der Überwachung und Störung der feindlichen Seeverbindungen. Bei den zahlreichen Inseln des pazifischen Einsatzgebietes legten sie sich in den Hinterhalt. Häufig wurden sie aber auch zum Legen von Minenfeldern genutzt oder zur Unterstützung und Versorgung von Guerillas in den japanisch besetzten Gebieten und Inseln. Zu Aufklärungsoperationen kamen sie ebenso in Verwendung wie als sogenannte »lifeguard submarines«. Soll heißen: Sie standen bei größeren See-Luft-Operationen nahe des Operationsgebietes in See, um abgeschossene Flugzeugbesatzung aus dem Ozean zu fischen. Über 500 Flieger wurden von ihnen gerettet, darunter George H. W. Bush, der 1989 der 41. Präsident der USA wurde. In der Schlussphase des Kriegs führten die amerikanischen U-Boote auch Küstenbeschießungen durch. Außerdem operierten sie jetzt auch nach deutschem Vorbild in sogenannten »wolf packs« und übernahmen damit die deutsche Rudeltaktik.

Bis Kriegsende verlor Japan durch die amerikanischen U-Boote rund 4.860.000 BRT an Handelsschiffsraum. Damit vernichteten sie fast die gesamte japanische Handelsmarine, die Truppen, Waffen und Nachschubgüter in die besetzten Gebiete transportierte und die Verbindung zum Mutterland aufrecht erhalten musste. Vergleicht man diese Versenkungszahl mit derjenigen aus der Schlacht im Atlantik, wo deutsche U-Boote rund 11.938.000 BRT versenkt hatten, so muss man berücksichtigen, dass es für die amerikanischen U-Booten im Pazifik weit weniger Ziele gab als für die deutschen im Atlantik.

Hinzu kamen nochmals rund 200 Versenkungen von Kriegsschiffen, darunter unter anderem Flugzeugträger, Kreuzer und Zerstörer. Die amerikanischen U-Boote leisteten so einen nicht zu verkennenden Beitrag zur Niederringung Japans. Die erfolgreichsten U-Boote der US Navy waren dabei die »Tautog« der »Tambor«-Klasse sowie die »Tang« der »Balao«-Klasse mit 26 respektive 24 versenkter japanischer Schiffe.

Genau wie die deutschen U-Boote hatten auch die Amerikaner in der Anfangszeit Probleme mit ihren Torpedos, was so manchem Ziel das Leben rettete. Erst mit der Einführung des elektrischen Torpedos in der Schlussphase des Kriegs verbesserte sich die Situation. Die Artilleriebewaffnung amerikanischer U-Boote war derjenigen anderer Marinen überlegen. Das ergab sich aus der Art der Kampfführung im Pazifik. Die Einführung von 2-cm- und 4-cm-Flak-Geschützen zwang auch zur Änderungen am Turm, der somit größer ausgeführt werden musste.

Mit den vor dem Zweiten Weltkrieg eingeführten U-Booten, insbesondere ab der «Porpoise«-, »Salmon«- und »Tambor«-Klasse, wurden wertvolle Erfahrungen gesammelt, die bei den in hohen Stückzahlen gefertigten Kriegsbauten eingeflossen sind. Diese »Gato«- und »Balao«-Klasse trugen dann auch die Hauptlast des U-Bootkriegs auf dem pazifischen Seekriegsschauplatz. Die Standardisierung und die Nutzung von vorgefertigten Teilen führten bei ihnen zu äußerst kurzen Bauzeiten zwischen neun und zwölf Monaten. Eine noch im Krieg begonnene »Tench«-Klasse kam nicht mehr zum Kriegseinsatz. Diese Boote bildeten in modernisierter Form bis zur Einführung der Atom-U-Boote die aktive U-Bootwaffe der amerikanischen Marine. Sie waren zugleich die letzten konventionellen U-Bootneubauten der US Navy.

Nach dem Zweiten Weltkrieg besaß die amerikanische Marine weit mehr U-Boote, als sie nun gebrauchen konnte. Viele wurden in die Reserve überführt und andere wieder modernisiert und dann zum Teil noch lange Jahre im aktiven Dienst behalten. Auch befreundete Nationen erhielten aus dem großen Pool von Aufliegern ehemalige amerikanische Kriegs-U-Boote.

»Gato«-Klasse

Die »Gato«-Klasse war die konsequente Weiterentwicklung der »Salmon«-, »Sargo«- und insbesondere der »Tambor«-Klasse und wurde von 1940 bis 1944 mit insgesamt 77 Einheiten gebaut. Mit ihr begann der kriegsbedingte zahlenmäßig starke Ausbau der amerikanischen U-Bootwaffe.

Die U-Boote der »Gato«-Klasse waren als Zweihüllenboote konstruiert. Sie hatten einen großen Fahrbereich und waren somit optimal dem zugedachten Einsatzgebiet und der Weite des pazifischen Raumes angepasst.

Die diesel-elektrische Antriebsanlage bestand aus vier Dieselmotoren (DM) von jeweils 1350 PS, die über Generatoren vier 685 PS starke Elektro-Fahrmotoren (EFM) mit elektrischem Strom versorgten. Letztere waren paarweise auf die Wellen geschaltet.

Die Bewaffnung der »Gato«-Klasse bestand aus zehn 53,3-cm-Torpedorohren. Davon waren sechs im Bugbereich eingebaut und vier befanden sich achtern. Die Artillerie auf den Booten war unterschiedlich eingerüstet. Zur Verwendung kamen ein 7,6-cm- oder 10,2-cm- oder 12,7-cm-Geschütz. Die Geschütze standen an Oberdeck hinter dem Turm, waren aber auch bei einigen Booten vor dem Turm zu finden. Einige Einheiten hatten zusätzlich noch zwei 2-cm- respektive 4-cm-Geschütze an Bord, die auf vorne und achtern am Turm angebrachten Plattformen standen. An Stelle von Torpedos konnten auf der »Gato«-Klasse 40 Minen mitgenommen werden.

Die Besatzung war, angesichts der zu erwartenden langen Seefahrten in tropischen Gewässern, für U-Bootverhältnisse komfortabel untergebracht. Klimaanlage, Frischwassererzeuger, Waschmaschine und Kühltruhe waren vorhanden. Auch hatte jedes Besatzungsmitglied eine eigene Koje. Dinge von denen deutsche und auch englische U-Bootfahrer nur träumen konnten.

Die U-Boote der »Gato«-Klasse trugen von Anfang an die Hauptlast im pazifischen Zufuhrkrieg, wo sie fast ausschließlich eingesetzt wurden. Die U-Boote hatten dort große Erfolge. Mit 21 versenkten japanischen Handelsschiffen war das U-Boot »Flasher« das erfolgreichste Boot dieser Klasse. Nur wenige Boote kamen auch 1942 / 1943 vorübergehend im östlichen Atlantik zur Unterstützung der angloamerikanischen Landung in Nordafrika zum Einsatz.

Insgesamt gingen 17 U-Boote der »Gato«-Klasse bei Kampfhandlungen verloren. Drei weitere U-Boote gerieten anderweitig in Verlust. Von den überlebenden Booten blieben einige im Dienst der US Navy. Andere wiederum wurden in den Reservestatus überführt oder für Sonderverwendungen umgebaut. Bei wieder anderen erfolgte Mitte der 1950er Jahre eine Abgabe an befreundete Nationen. Kurioserweise erhielt auch der frühere Kriegsgegner Japan mit der »Mingo« ebenfalls eine Einheit. Das U-Boot stellte dort als »Kuroshio« in Dienst und holte erst 1966 Flagge und Wimpel nieder. Im Zweiten Weltkrieg hatte die »Mingo« einen japanischen Zerstörer und fünf japanische Handelsschiffe versenkt.

Die im aktiven Dienst der amerikanischen Marine verbliebenen U-Boote der »Gato«-Klasse wurden nach dem Krieg umfassend modernisiert und umgestaltet. Sie blieben teilweise bis Ende der 1960er Jahre im Dienst. Einige U-Boote sind in den USA der Nachwelt als Museumsschiffe erhalten geblieben.

Das U-Boot »Barb« der »Gato«-Klasse. Foto: US Navy

Italien

Das U-Boot »Ambra« der »Perla«-Klasse in seinem urspr üpnglichen Aussehen. Foto: Bibliothek für Zeitgeschichte

Mit Bezug auf »Weyers Taschenbuch der Kriegsflotten 1940« hatte die italienische Marine zu Beginn des Zweiten Weltkriegs 121 U-Boote der unterschiedlichsten Klassen in ihrem Bestand und noch weitere zwölf Einheiten im Bau. Die einzelnen Bauzahlen der insgesamt 28 Klassen, die hier aus Platzgründen nicht weiter aufgeführt werden sollen, waren jeweils gering und bis auf die Ausnahmen der »Adua«-Klasse mit zehn Booten und der »Sirena«-Klasse mit zwölf Booten im einstelligen Bereich.

Der Krieg im Mittelmeer war für beide Seiten ein Kampf um die Nachschublinien. Italien - später zusammen mit Deutschland - musste die Versorgung der nordafrikanischen Front sicherstellen. Großbritannien war auf die Nutzung des Mittelmeeres angewiesen, da es die Verbindung zum fernöstlichen Kriegsschauplatz darstellte und zudem unter anderem auch die eigenen Stützpunkte in Ägypten und die Insel Malta versorgt werden mussten. Für diese Aufgaben kam den U-Booten beider Seiten im Mittelmeer eine bedeutende Rolle zu.

Vom September 1940 bis zum Februar 1943 verlegten insgesamt 32 italienische U-Boote nach Bordeaux. Von dort operierten sie im Atlantik, Auf 189 Feindfahrten versenkten sie 101 Handelsschiffe und mehrere Kriegsschiffe. 16 U-Boote gingen bei diesen Einsätzen verloren. Eine direkte operative und taktische Zusammenarbeit mit der deutschen U-Bootwaffe oder eine abgestimmte Kriegführung in der Atlantikschlacht kam dabei nur rudimentär zustande.

»Bedauerlicherweise für die Italiener erfüllten die von ihren U-Booten erzielten Erfolge selten die Erwartungen und rechtfertigten die in den Aufbau ihrer Unterwasserflotte in den Jahren vor dem Krieg investierten Mittel nicht. Dieser Misserfolg entstammt einer Verknüpfung aus technischen und strategischen Gründen«, schreibt Ermino Bagnasco in seinem Buch »Uboote im 2. Weltkrieg« auf der Seite 142 als Gesamtbewertung der italienischen U-Bootwaffe.

Von den von 1940 bis zur italienischen Kapitulation im September 1943 vorhandenen einsatzfähigen 145 U-Booten gerieten 88 in Verlust. Die restlichen U-Boote sollten gemäß Friedensvertrag an die alliierten Siegermächte abgegeben werden. Nur die Sowjetunion übernahm ihren Anteil, die übrigen Mächten lehnten ab und verlangten stattdessen ihre Zerstörung.

»Perla«-Klasse

Als Beispiel einer italienischen U-Bootklasse sei die »Perla«-Klasse erwähnt. Gebaut wurden die zehn Einheiten in den Jahren 1935 / 1936. Die Boote waren hochseeverwendungsfähig, hatten aber keine allzu große Reichweite. Von der Bootsgröße her gesehen lagen sie zwischen den deutschen Typen VII A und VII B.

Der Antrieb erfolgte über Wasser durch zwei Dieselmotoren (DM) von zusammen 1400 PS. Für Tauchfahrt waren zwei Elektro-Fahrmotoren (EFM) vorhanden, die 800 PS an Leistung aufbrachten.

Die Bewaffnung bestand aus sechs Torpedorohren, davon zwei Heckrohre. An Artillerie befanden sich ein 10-cm-Geschütz und von Boot zu Boot in unterschiedlicher Anzahl (1 bis 4) 1,32-cm-Rohrwaffen an Bord.

Während des Spanischen Bürgerkriegs kamen für mehrere Monate zwei Einheiten - »Iride« und »Onice« - als Leihgabe für die nationalspanische Marine unter den Namen »Gonzales Lopez« und »Aguilar Tablada« zum Einsatz.

Die U-Boote der »Perla«-Klasse operierten während des Zweiten Weltkriegs im Mittelmeer. Zwei U-Boote - »Iride« und »Ambra« - wurden 1940 und 1942 umgebaut und waren dann in der Lage in festen Druckbehältern Angriffsfahrzeuge der Kleinkampfverbände zu verbringen. Durch Feindeinwirkung gingen insgesamt fünf U-Boote der »Perla«-Klasse im Mittelmeer verloren. Das U-Boot »Perla« wurde von einer englischen Korvette gekapert und »Ambra« versenkte sich am 8. September 1943 selbst. Die übrigen drei U-Boote überlebten den Krieg unbeschädigt.

Japan

Zwischen den Jahren 1925 und 1940 entwickelte die japanische Marine ihre U-Bootwaffe auf Grundlage von drei zu bauenden U-Boottypen und definierte deren Verwendungs- und Einssatzzweck wie folgt:

- U-Kreuzer, Junsen, einzeln operierend
- U-Boot mit großer Reichweite, Kaidai, Flottentyp, Zusammenarbeit mit der Flotte
- mittlerer Typ, Verteidigung der eigenen Küste

»Als Japan im Dezember 1941 Amerika angriff, war die kaiserliche U-Bootswaffe weit von den Zielen entfernt, die gesteckt worden waren; sie besaß eine Gesamtstärke von nur 64 Booten. Davon waren 41 vom Kreuzer- und Flottentyp und zwei vom mittleren Typ moderner Bauart, 21 waren veraltet und von geringem Wert. Annähernd 20 Boote der drei Hauptklassen befanden sich im Bau«, schreibt Ermino Bagnasco in seinem Buch »Uboote im 2. Weltkrieg« auf der Seite 192.

Auf der Seite 193 fährt er fort: »Im Verlauf des Kriegs wurden 126 neue Unterseeboote in Japan gebaut. Hundert davon gehörten zu den erwähnten Klassen, der Rest war speziell als Transportunterseeboote für die isolierten Besatzungen auf den pazifischen Atollen und für die von den Amerikanern belagerten Stützpunkte entworfen. Dabei handelte es sich um Boote, die einfach und schnell gebaut werden konnten und bei denen alles auf das Wesentliche reduziert war. Die Transportkapazität variierte je nach Typ zwischen 60 und 400 Tonnen Fracht und / oder Treibstoff.«

Bald nach Aufnahme der Feindseligkeiten stellte die japanische Marine bei ihren U-Booten zahlreiche technische Mängel der verschiedensten Art, nicht mehr zeitgemäße Ausrüstung und Defizite bei der Ausbildung der Besatzungen fest. Alles zusammen führte dazu, dass die japanischen U-Boote zunehmend Verlusten durch die amerikanischen Hunter-Killer-Groups ausgesetzt waren. Insbesondere die großen Boote waren über Wasser leicht durch Radar und unter Wasser leicht durch Sonar zu lokalisieren. Außerdem hatten sie lange Tauchzeiten und waren gegen Wasserbomben nicht allzu resistent.

Die japanischen U-Boote wurden neben den oben schon erwähnten Transportaufgaben hauptsächlich gegen Kriegsschiffe und zu Aufklärungszwecken eingesetzt. Im Gegensatz zu den Amerikanern war der Handelskrieg mit der Jagd auf gegnerische Handelsschiffe keine primäres Einsatzkriterium. Die langen Verbindungswege von der amerikanischen Ostküste in den Pazifik sowie innerhalb des pazifischen Kriegsgebietes hätten genug Gelegenheit geboten, den amerikanischen Nachschub zu stören.

An fast allen großen pazifischen Seeschlachten nahmen dagegen japanische U-Boote mit mehr oder weniger großem Erfolg teil. So torpedierte das U-Boot »I 6« am 11. Januar 1942 den amerikanischen Flugzeugträger »Saratoga«, der daraufhin für mehrere Monate außer Gefecht war. Dem U-Boot »I 168« gelang es am 4. Juni 1942 den durch Luftangriffe schon schwer angeschlasgenen Flugzeugträger »Yorktown« zu versenken.

U-Flugzeugträger »I 401«. Foto: Archiv Autor

Ein U-Flugzeugträger der »Sen-Toku«- / »I 400«-Klasse im Dock. Foto: Archiv Autor

In der Gesamtbilanz versenkten im Laufe des Kriegs japanische U-Boote 184 alliierte Handelsschiffe und zahlreiche Kriegsschiffe, darunter zwei Flugzeugträger, zwei Kreuzer und zehn Zerstörer sowie weitere Hilfs- und kleinere Fahrzeuge. An eigenen Verlusten hatte die japanische U-Bootwaffe 129 U-Boote zu verzeichnen.

»Sen-Toku«-Klasse / »I 400«-Klasse

Von den insgesamt 23 japanischen U-Bootklassen wird nachfolgend der Typ »Sen-Toku«, auch als Klasse »I 400« bezeichnet, vorgestellt. Er ist mit einer ↑/↓-Verdrängung von 5223 / 6560 Tonnen. das größte je gebaute konventionelle U-Boot.

In den Jahren 1943 bis 1945 entstanden die Einheiten »I 400«, »I 401« »I 402« und »I 404« dieses Zweihüllen-U-Schiffes. »I 403« und »I 405« sowie zwölf weitere Einheiten dieser Klasse waren noch geplant, wurden aber schon 1943 wieder annulliert.

Den Druckkörper bildeten zwei neben einander liegende Zylinder. Damit ergab sich in der Wasserlinie für die »Sen-Toku«-Klasse eine große Bootsbreite und somit für den Flugbetrieb der mitgeführten Flugzeuge die notwendige ruhige und stabilisierte Plattform.

Als Überwasserantrieb dienten vier Dieselmotoren (DM) von zusammen 7700 PS, die paarweise auf eine Welle gekuppelt waren. Getaucht kamen zwei Elektro-Fahrmotoren (EFM) von zusammen 2400 PS zum Einsatz.

Bewaffnet war das Riesen-U-Schiff mit acht Bugtorpedorohren. An Rohrwaffen waren ein 14-cm-Geschütz und zehn 2,5-cm-Geschütze eingerüstet. Über ein Katapult konnten die drei an Bord in einem druckfesten Hangar mitnehmbaren Seeflugzeuge (Bomber) vom Typ Aichi M6A1 gestartet werden. Als Waffenzuladung für die Flugzeuge lagerte an Bord ein Vorrat von vier Torpedos, drei 800-kg-Bomben und zwölf 250-kg-Bomben.

In den Jahren 1944 / 1945 wurden »I 400« bis »I 402« fertiggebaut, blieben aber bis Kriegsende untätig. Der Bau von »I 404« wurde im März 1945 kurz vor seiner Fertigstellung eingestellt. Bei einem Luftangriff wurde der U-Flugzeugträger im Juli 1945 zerstört.

Die »Sen-Toku«-Klasse besaß eine Einsatzdauer von 90 Tagen und einen außergewöhnlich großen Fahrbereich von 37.500 Seemeilen. Als Einsatzoptionen für die »I 400«-Klasse waren Bombenangriffe auf die amerikanische Westküste angedacht. Weitere Angriffsoptionen bestanden gegen den für die amerikanische Flotte so wichtigen Panamakanal, der eine schnelle Verlegung von Schiffen aus der Atlantikflotte in die Pazifikflotte oder umgekehrt ermöglichte.

»I 400« und »I 401« im Jahre 1946 längseits eines amerikanischen Marineschiffes. Foto: Bibliothek für Zeitgeschichte

Tabelle Bootsdaten U-Boote, Alliierte, Italien und Japan

Name / Klasse	»1500 Tonnen«	»T«	»0 21«	»Stalinets«	»Gato«	»Perla«	»Sen-Toku«
Land	Frankreich	Großbritannien	Niederlande	Russland	USA	Italien	Japan
Baujahre	1924-1939	1934-1945	1939-1940	1936-1945	1940-1944	1935-1939	1943-1945
Anzahl	31	55	7	33	77	10	4
Verdrängung (↑/↓) (t)	1570 / 2084	Grp. 1: 1326 / 1575, Grp. 2: 1321 / 1571	881 / 1186	840 / 1070	1825 / 2424	696 / 825	5223 / 6560
Länge (m)	92,30	Grp. 1 / 2: 84,20 / 83,60	77,50	77,80	95,00	60,18	122,00
Breite (m)	8,20	8,10	6,50	6,40	8,32	6,45	12,00
Tiefgang (m)	4,70	3,60	4,00	4,40	4,66	4,60	7,02
Tauchtiefe (m)	80	95	105	100	95	50	100
Besatzungsstärke	61	Grp. 1 / 2: 56 / 61	55	50	60 bis 80	45	100
Antriebsleistung DM (PS)	6000 / 7200 / 8600	2500	5000	4000	5400	1400	7700
Antriebsleistung EFM (PS)	1000	1450	1000	1100	2740	800	2400
Antriebswellen	2	2	2	2	2	2	2
Geschwindigkeit (↑/↓) (kn)	↑ 17 - 19 - 20 / ↓ 10	15,0 / 9,0	19,5 / 9,0	19,5 / 9,0	20,0 / 8,7	14,0 / 7,5	18,7 / 6,5
Fahrbereich (↑) (sm / kn)	10.000 / 10	8000 / 10	6150 / 12	9800 / 10	11.800 / 10	2500 / 12	37.500 / 14
Fahrbereich (↓) (sm / kn)	100 / 5	80 / 4	28 / 8,5	148 / 3	95 / 5	74 / 4	60 / 3
Torpedorohre (53,3 cm)	9 (55 cm) + 2 (40 cm)	Grp. 1 / 2: 10 / 11	8	6	10	6	8
Torpedos	11 (55 cm) + 2 (40 cm)	Grp. 1 / 2: 16 / 17	14	12	24	12	20
Rohrwaffen	1 x 10 cm	1 x 10,2 cm	1 x 8,8 cm, 2 x 4 cm	1 x 10 cm, 1 x 4,5 cm	siehe Text	1 x 10 cm, 1-4 x 1,32 cm	siehe Text

2.5 - Klein-U-Boote

Japan

Das vor Pearl Harbor gestrandete Klein-U-Boot Typ A. Foto: US Navy

Typ A, B, C und D / »Ko-Hyoteki«, »Koryu«

Schon gegen Ende der 1930er Jahre begann die japanische Marine mit dem Bau von Klein-U-Booten. Die als Typ A bezeichneten Boote wurden bis Kriegsende mehrfach verbessert und dann als Typ B, C und D klassifiziert, wobei der Typ B mit nur einer Einheit gebaut wurde und als Prototyp für die nahezu unveränderte C-Bauserie gelten kann. Die Klein-U-Boote führten auch die Bezeichnungen »Ko-Hyoteki« (Typ A, B, C) und »Koryu« (Typ D).

Die ↓-Verdrängung stieg von 46 Tonnen auf 59,6 Tonnen. Die Klein-U-Boote hatten eine leistungstarke Batterieanlage und hohe Unterwassergeschwindigkeiten. Um einen Dralleffekt zu vermeiden, wurden sie, wie es auch bei einem Torpedo der Fall ist, über eine Welle mit zwei gegenläufige Schrauben angetrieben. Weitere technische Daten sind in der nachfolgenden Tabelle aufgelistet.

Eines der im Hafen von Pearl Harbor versenkten und später gehobenen Klein-U-Booten des Typs A. Man beachte die beiden gegenläufigen Schrauben auf der Antriebswelle des Bootes. Foto: US Navy

Fünf Klein-U-Boote des Typs A kamen bei dem japanischen Überfall auf Pearl Harbor zum Einsatz. Von größeren U-Booten wurden sie im »Huckepack« in das Einsatzgebiet gebracht und dann vor Hawaii für ihre selbständige Operation abgesetzt.

Sie sollten nach dem erfolgten japanischen Luftangriff in den Hafen eindringen und die Reste der amerikanischen Pazifikflotte attackieren. Erfolge haben sie nicht erzielt. Alle Boote gingen bei dem Einsatz verloren. Ein Klein-U-Boot lief auf den Strand. Ein zweites wurde gesichtet und vor der Hafeneinfahrt durch den Zerstörer »Ward« mit Wasserbomben zerstört. Drei Boote konnten in den Hafen eindringen und wurden dort ebenfalls zerstört.

Klein-U-Boote des Typs A griffen Ende Mai 1942 den Hafen von Sydney an, hatten jedoch keinen durchschlagenden Erfolg und gingen verloren.

Ebenfalls Ende Mai wurden zwei Klein-U-Boote mit Transport-U-Booten nach Diego Suarez verbracht, wo sie auf Teile der dort versammelten englischen Flotte angesetzt wurden. Sie versenkten einen Tanker und torpedierten das Schlachtschiff »Ramillies«, das beschädigt wurde. Auch diese Boote gingen bei der Abwehr des Angriffs verloren.

Die meisten Klein-U-Boote des Typs A fanden jedoch in der Küstenverteidigung Verwendung.

Klein-U-Boote des Typs C kamen unter anderem bei den Schlachten um Iwojima und Okinawa zum Einsatz, ebenso im Seegebiet vor den Philippinen und in der Insel-

Ein Klein-U-Boot des Typs C als Museumsexponat. Auf dieser Abbildung ist gut die Anordnung der Bugtorpedorohre zu erkennen, die senkrecht untereinander angeordnet sind. Foto: Daderot / CC-BY-SA 1.0

welt des Südwest-Pazifiks. Auch sie hatten beträchtliche Verluste zu verzeichnen. Über Erfolge liegen keine verlässlichen Dokumentationen vor. Einzelnachweise sind schwer zu führen.

Der Typ D wurde noch gegen Ende des Kriegs mit 496 Einheiten beauftragt, von denen 115 fertiggestellt wurden. Zu Einsätzen ist es nicht mehr gekommen.

Klein-U-Boote des Typs D im Trockendock der Marinewerft in Kure. Die Aufnahme stammt vom Oktober 1945. Foto: US Navy

»Kairyu«-Klasse

Die Klein-U-Boote der »Kairyu«-Klasse wurden gegen Ende des Kriegs entwickelt und noch mit 420 Einheiten beauftragt. Geplant waren 720 – nach anderer Quelle 760 – Klein-U-Boote. Tatsächlich gebaut wurden ab Februar 1945 nur noch 244 Boote.

Der Bau erfolgte aus drei vorgefertigten Sektionen, die auf der Bauwerft zusammengefügt wurden. Durch dieses Verfahren war für ein Boot nur eine Bauzeit von 30 Tagen möglich. Keines der fertiggestellten Klein-U-Boote ist noch zu einem Einsatz gekommen.

Der ↑/↓-Antrieb setzte sich zusammen aus einem Dieselmotor (DM) und einem Elektro-Fahrmotor (EFM), die eine Leistung von 85 und 80 PS aufwiesen.

Ein Klein-U-Boot der »Kairyu«-Klasse als Exponat im Yamato Museum in Kure. Foto: Yasuhiro ARAKAWA / CC-BY-SA 2.0

Die Bewaffnung bestand aus zwei seitlich am Rumpf des Bootes angebrachten 45,7-cm-Torpedos. Alternativ konnte die »Kairyu«-Klasse auch mit einem Gefechtskopf, der eine Sprengladung von 600 Kilogramm enthielt, ausgerüstet werden und wurde so zu Kamikaze-Klein-U-Booten.

»Kaiten«

Die Klein-U-Boote »Kaiten« waren von vorneherein als Kamikaze-Fahrzeuge geplant und ab Mitte 1944 gebaut worden. Im Prinzip waren sie keine Klein-U-Boote, sondern, überdimensionierte Torpedos, die von einem Mann gesteuert wurden. Mehrere hundert »Kaiten« wurden in unterschiedlichen Ausführungen hergestellt.

Ein »Kaiten« als Museumsexponat. Foto: Morio / CC-BY-SA 3.0

Ihr Transport in das Zielgebiet konnte sowohl als Außenladung mit eigens hierfür hergerichteten Transport-U-Booten oder durch Überwasserschiffe, auf denen eine spezielle Gleitbahn zum Wassern der Geräte vorhanden war, durchgeführt werden.

Während des Einsatzes steuerte der Pilot seinen »Kaiten« in etwa vier Meter Wassertiefe auf Kollisionskurs zum

Ein »Kaiten« wird von einem Überwasserschiff über eine Gleitbahn zu Wasser gelassen. Foto: Bibliothek für Zeitgeschichte

Ziel. Mit Hilfe eines Sehrohres konnte er sich dabei orientieren und Kurskorrekturen vornehmen.

Der Antrieb erfolgte durch einen Torpedomotor (TM) von 550 PS Leistung, der mit Sauerstoff und Kerosin als Energieträger betrieben wurde. Hinsichtlich der Geschwindigkeit gab es drei unterschiedliche Stufen mit entsprechenden Reichweiten. Im Einzelnen:

- 12 Knoten / 42 Seemeilen
- 20 Knoten / 23 Seemeilen
- 30 Knoten / 12 Seemeilen

Die Bewaffnung bestand aus einem Gefechtskopf mit einer Sprengladung von 1550 Kilogramm.

Der erste »Kaiten«-Einsatz fand im November 1944 statt. Bis in die letzten Kriegstage wurden sie verwendet. Allerdings kamen von der großen Zahl an gebauten »Kaiten« nur rund 50 tatsächlich zum Einsatz. Insgesamt gesehen blieben aber die erzielten Ergebisse begrenzt, was möglicherweise auf mangelnde Ausbildung der Piloten oder auf Schwierigkeiten beim Manövrieren und Steuern der »Kaiten« zurückzuführen ist.

Italien

SLC / »Maiale«

Der SLC (siluro a lenta corsa, langsam laufender Torpedo), später in »Maiale« (Schwein) umbenannt, war ein bemannter Torpedo der italienischen Marine. Zwei Soldaten mit Taucheranzügen saßen rittlings auf dem Unterwasserfahrzeug und lenkten den SLC, der zuvor von einem U-Boot in an Oberdeck aufgesetzten druckfesten Transportbehältern in das Zielgebiet verbracht wurde, auf der letzten Wegstrecke an das Zielobjekt.

Ein SLC »Maiale« als Museumsexponat. Foto: Edward Derela / CC-BY-SA 3.0

Der SLC war der Standardtorpedo der italienischen Marine und hatte eine Lämge von 6,70 Meter und einen Durchmesser von 0,533 Meter. Er hatte einen abnehmbaren Kopf mit einer Sprengladung von 220 Kilogramm.

Angetrieben wurde der SCL durch einen batteriegetriebenen Elektromotor mit 1,6 PS Leistung. Die möglichen Geschwindigkeiten betrugen 2,3 Knoten und 4,5 Knoten. Dem entsprechend waren Reichweiten von 15 bzw. vier Seemeilen möglich.

Die Einsatztiefe war auf 25 bis 30 Meter begrenzt.

Auf der Oberseite des Torpedos befanden sich in einer Art von offenem Cockpit die beiden Sitzplätze für die Taucher. Hier waren alle wichtigen Instrumente wie Magnetkompass, Volt- und Amperemeter sowie der Tiefenmesser und die zur Steuerung des Zwei-Mann-Torpedos notwendigen Bedienelemente installiert.

Hatte der »Maiale« sein Ziel erreicht, so wurde der Kopf mit der Sprengladung gelöst und unter den Rumpf des Zielschiffes positioniert. Die beiden Soldaten konnten sich anschließend mit dem SLC entfernen, um günstigenfalls wieder von ihrem Transport-U-Boote aufgenommen zu werden. Die Sprengladung wurde über einen Uhrwerkszünder aktiviert.

Zwischen 1941 und 1943 versenkten oder beschädigten die »Maiale« in kühn durchgeführten Angriffsoperationen in Gibraltar, Algier und Alexandrien 50.000 BRT an Handelsschiffsraum und 63.000 Tonnen an Kriegsschifftonnage, darunter die englischen Schlachtschiffe »Valiant« und »Queen Elizabeth«.

Das Cockpit eines »Maiale« mit den verschiedenen Bedienelementen. Foto: Giorgiosantin / CC-BY-SA 3.0

Das italienische U-Boot »Ambra« der »Perla«-Klasse mit aufgesetzten Transportbehälter für die Verbringung der SLC in das Zielgebiet. Links ist ein deutsches U-Boot des Typs VII C abgebildet. Foto: Archiv Autor

Typ CB

Das Klein-U-Boot des Typs CB wurde im Jahre 1940 entwickelt. Hierzu gab es einige Vorläufermodelle und auch Nachfolgemodelle, die im Gegensatz zum Typ CB jedoch keine Kriegsverwendung fanden.

Vom Januar 1941 bis August 1943 wurden zwölf Klein-U-Boote – »CB 1« bis »CB 12« – an die italienische Marine abgeliefert. »CB 13« bis »CB 22«, die sich noch im Bau befanden, wurden fertiggestellt und von der RSI-Marine (Repubblica Sociale Italiana, die faschistische Regierung Norditaliens) in Dienst genommen. Das gesamte Programm hatte in der Planung noch weitere 50 Boote vorgesehen, von denen aber keines mehr auf Stapel gelegt wurde.

Der Antrieb des Typs CB erfolgte über Wasser durch einen Dieselmotor (DM) von 90 PS. Im Tauchbetrieb sorgte eine Elektro-Fahrmotor (EFM) von 100 PS für den Vortrieb.

An Bewaffnung waren zwei außengelegene, nicht wasserdicht abgeschlossene 45,7-cm-Torpedorohre vorhanden.

Sechs Klein-U-Boote des Typs CB wurden 1942 mit der Eisenbahn an das Schwarze Meer gebracht und operierten mit verschiedenen Erfolgen dort gegen die sowjetische Schwarzmeerflotte. Unter anderem wurden im Juni 1942 zwei russische U-Boote von ihnen versenkt. Eines der CB-Boote ging verloren. Die übrigen fünf übernahm nach der Kapitulation Italiens die deutsche Kriegsmarine und überließ sie dann der rumänischen Marine.

Ein U-Boot des Typs CB als Museumsobjekt. Foto: unbekannt / CC-BY-SA 3.0

Die in Italien verbliebenen sechs Klein-U-Boote aus der ersten Bauserie des Typs CB operierten bis Kriegsende bei der italienischen Marine auf Seite der Alliierten.

Ein »Chariot« ohne Sprengkopf. Foto: Royal Navy

»Chariot«

Bereits 1941 hatte die Royal Navy einige gesunkene italienische SLC vor Gibraltar bergen können. Zusammen mit einer zusätzlich völlig intakt angeschwemmten »Maiale« dienten die Fundstücke dann als Vorlage für den »Chariot« (Streitwagen) genannten modifizierten britischen Nachbau.

Grundlage war wiederum ein 53,3-cm-Torpedo. Durch Vergrößerung der Batterie erreichte das 6,78 Meter lange Gerät für sechs Stunden eine Höchstgeschwindigkeit von 2,9 Knoten und damit eine Reichweite von knapp 18 Seemeilen. Der Antrieb erfolgte durch einen Elektromotor mit 1,1 PS Leistung. Die Tauchtiefe betrug maximal 30 Meter.

Als Bewaffnung konnte der »Chariot« einen Gefechtskopf mit einer Sprengstoffladung von 272 Kilogramm mitführen.

Ebenfalls nach italienischem Vorbild wurden auf zwei englischen U-Booten Druckbehälter für den Transport der »Chariots« an Oberdeck eingerüstet.

Mit großer Wahrscheinlichkeit sind um die 80 »Chariots« hergestellt worden.

Aus der Einsatzgeschichte:

- Ende Oktober 1942 wollte man zwei »Chariots« nach Norwegen schleppen und damit das Schlachtschiff »Tirpitz« angreifen. Der Versuch schlug fehl.
- Im Januar 1943 hingegen gelang ein Angriff in Palermo. Der italienische Kreuzer »Ulpio Traiano« wurde gesprengt und ein Handelsschiff wurde beschädigt.
- Im September und November 1943 misslingen Versuche »Chariot«-Einsätze in Norwegen durchzuführen.
- Im Juni 1944 konnte der nach dem italienischen Waffenstillstand in deutsche Hand gefallene Schwere Kreuzer »Bolzano«, gemeinsam mit italienischen »Maiale« durch »Chariots« versenkt werden.
- Im Oktober 1944 versenkten zwei »Chariots« bei Phuket zwei von den Japanern gehobene und zum Abschleppen bereite Dampfer. Dabei gingen jedoch beide »Chariots« verloren.

Ein »Chariot« wird an Bord eines Schiffes gehievt. Foto: Bibliothek für Zeitgeschichte

X-Craft und XE-Craft

Während des Zweiten Weltkriegs entwickelte die englische Royal Navy unter der Bezeichnung X-Craft einen Klein-U-Boottyp, der dafür gedacht war, große Schiffe auf ihren Liegeplätzen anzugreifen. In den Jahren 1940 bis 1943 kamen acht solcher X-Craft in zwei Bauserien in Dienst. Es handelte sich um die Boote »X 3« und »X 4« sowie um die leicht modifizierten Boote »X 5« bis »X 10« und »X 20« bis »X 25«. Sie waren für den Einsatz in Europa bestimmt. Eine nochmals leicht modifizierte Bauserie von zwölf XE-Craft, deren Einsatz in Fernost erfolgen sollte, folgte von 1943 bis 1945 mit »XE 1« bis »XE 12«, wobei »XE 10« nicht fertig gebaut wurde.

Über Wasser wurden die Einheiten beider Typen durch einen 42-PS starken Dieselmotor (DM) angetrieben. Unter Wasser sorgte eine Elektro-Fahrmotor von 30 PS für die Fortbewegung.

Die Klein-U-Boote hatten keine Torpedobewaffnung. An deren Stelle konnten sie jedoch auf jeder Seite eine der Bootsform halbschalenförmig angepasste abwerfbare Gefechtsladung von jeweils zwei Tonnen Sprengstoff mitführen. Desweiteren war es möglich Haftminen mitzuführen. Für deren Einsatz verließ ein Bestzungsmitglied über eine Schleuse das Boot, um die Sprengkörper an einem Zielobjekt, das die genannten Extremladungen nicht erforderlich machte, zu platzieren und kam anschließend auf dem gleichen Weg wieder zurück an Bord.

Die ersten Unternehmungen führten sechs X-Craft im September 1943 gegen das in Norwegen liegende deutsche Schlachtschiff »Tirpitz« durch. Bis in norwegische Gewässer wurden sie geschleppt, dann mussten sie eigenständig operieren. Zwei Booten gelang es durch ihre abgelegten Sprengladungen das Schlachtschiff schwer zu beschädigen. Allerdings gingen alle X-Craft bei dem Unternehmen verloren.

Ein weiterer Erfolg gelang zwei XE-Craft in Singapur. Im August 1945 führten »XE 1« und »XE 3« einen gemeinsamen Angriff auf im Hafen liegende japanische Kriegsschiffe durch. »XE 3« beschädigte dabei den schweren Kreuzer »Takao« schwer. »XE 1« gelang es jedoch nicht sein zugewiesenes Ziel, den Schweren Kreuzer »Myoko«, zu finden und legte daher seine Sprengladungen ebenfalls unter der »Takao« ab. Beide Klein-U-Boote kehrten von ihrem Einsatz zurück.

Ein X-Craft hatte bei Überwasserfahrt kaum noch einen Freibord. Foto: Bilbliothek für Zeitgeschichte

Das Klein-U-Boot »X 24« ist heute in einem Marinemuseum ausgestellt. Foto: Geni / CC-BY-SA 4.0

Viel Platz war an Bord der Klein-U-Boote vom Typ X-Craft nicht vorhanden. Foto: Royal Navy

Ein Ein-Mann-Torpedo »Neger« wird einsatzklar gemacht. Foto: Archiv Autor

»Neger«

Entwickelt wurde der Ein-Mann-Torpedo »Neger« im Jahre 1943. Sein Bau und seine Einsätze fanden 1944 statt. Über die Anzahl der gebauten Geräte liegen keine sicheren Erkenntnisse vor. Es wird davon ausgegangen, dass etwa um die 200 Geräte gebaut wurden.

Die Plexiglaskuppel wird unmittelbar vor dem Einsatz verschlossen. Danach ist der Fahrer sich allein überlassen und von der Außenwelt abgeschnitten. Ohne fremde Hilfe kommt er nicht mehr aus seinem Gerät heraus. Foto: Bibliothek für Zeitgeschichte

Der »Neger« war ein Doppeltorpedo. Der obere diente als Trägerfahrzeug, der untere als Waffe. Beim Trägertorpedo war der Sprengkopf entfernt und an Stelle dessen eine einfache Fahrerkabine mit den Steuerungs- und Bedienelementen eingebaut, die nach oben durch eine Plexiglashaube verschlossen werden konnte. Der Gefechtstorpedo hatte nur eine halbe Batterie und erreichte bei 20 Knoten eine Laufstrecke von 3000 Meter.

Das Waffensystem war außerordentlich primitiv und einfach aufgebaut. Für den Notfall waren keine Rettungsmittel vorhanden. Die Kuppel ließ sich von innen nicht öffnen. Der »Neger« war nicht tauchfähig, was eine ernste Bedrohung darstellte. Die geringe Geschwindigkeit von 3 bis 4 Knoten und das Fehlen eines Kompasses waren weitere Minuspunkte. Außerdem saß der Fahrer zwangsläufig sehr tief, hatte damit einen beschränkten Horizont und konnte somit schlecht ein Ziel auffassen und erkennen.

Als Hilfsmittel für den Waffeneinsatz standen dem Fahrer lediglich eine Gradskala auf der Plexiglaskuppel und an der Spitze des Trägertorpedos ein Zielstachel zu Verfügung.

Zum ersten Einsatz kamen die »Neger« im April 1944 vor den Landeköpfen im Raum Anzio, wo sie gegen alliierte Schiffe eingesetzt wurden. Die Operation war erfolglos. Außerdem geriet ein Exemplar in die Hände der Alliierten, die dadurch von der Existenz dieser Waffe erfuhren und gewarnt waren.

Im Juli und August des Jahres 1944 folgten Einsätze an der Normandieküste, um den Nachschubverkehr der Alliierten anzugreifen. Hier kam es zu ersten mäßigen Erfolgen. Der englische Leichte Kreuzer »Dragon«, der englische Zerstörer »Isis« sowie einige andere kleinere Kriegsschiffe wurden dabei schwer beschädigt oder versenkt.

Im Herbst 1944 wurden die »Neger« wegen der überaus hohen Verlustzahlen - etwa 140 Geräte gingen durch Feindeinwirkung oder Unfälle verloren - aus dem Fronteinsatz genommen. Sie blieben aber in einer Art von Bereitschaft, falls sich erneut eine Gelegenheit für ihren Einsatz ergeben sollte.

Ein Ein-Mann-Torpedo »Neger« wird zu Wasser gelassen. Foto: Bibliothek für Zeitgeschichte

»Marder«

Der Ein-Mann-Torpedo »Marder« war eine nahezu identische Folgeentwicklung zum »Neger«. Von diesem unterschied er sich durch den verlängerten Trägertorpedo, in dem vor dem Fahrersitz eine Tauchzelle vorhanden war. Damit konnte der »Marder« kurzfristig auf zehn Meter abtauchen. Bis zu einer Tiefe von 40 Meter war das Gerät druckfest. Zum Einsatz des Gefechtstorpedos musste er allerdings wieder auftauchen.

Von den etwa 300 gefertigten Geräten – nach anderer Quelle 250 – des »Marder« wurde die Hälfte in West- und Nordeuropa stationiert und die andere Hälfte in Norditalien. Wegen fehlender Ziel kam es aber kaum zu Einsätzen. Ein erfolgloser Einsatz fand im September 1944 vor St. Tropez statt.

Das Museumsexponat eines »Marder«. Man beachte die unterschiedliche Länge von Träger- und Einsatztorpedo. Foto: US Navy

Das U-Boot »U 977« erhielt noch im Januar 1945 auf jeder Seite zwei Halterungen zur Aufnahme von Ein-Mann-Torpdos »Marder«, um diese in ein Zielgebiet transportieren zu können. Durchgeführte Fahrversuche verliefen erfolgreich. Die Tauchtiefe des U-Bootes war aber im Hinblick auf die Druckfestigkeit seiner Außenlast auf 40 Meter beschränkt. Zu einem Einsatz ist es nicht mehr gekommen.

»Hecht« / Typ XXVII A

Die Klein-U-Boote »Hecht«, auch als Typ XXVII A bezeichnet, entstanden 1944. Sie waren die ersten Klein-U-Boote der Kriegsmarine. Der Angriff der englischen X-Craft auf das Schlachtschiff »Tirpitz« im September 1943 war der Auslöser für ihre Entwicklung.

Der Bau der Klein-U-Boote begann im März 1944 auf der Germaniawerft in Kiel. Insgesamt 53 Klein-U-Boote wurden gebaut und bis Ende August 1944 in Dienst gestellt. In anderen Quellen wird dies wieder bezweifelt und man spricht von nur wenigen fertiggestellten »Hechten«.

Da ein überwiegender Unterwassereinsatz vorgesehen war, hatte man auf Tauchzellen verzichtet. Die vorhandenen Regelzellen lieferten genügend Auftrieb, um den Einstieg über die Wasserlinie zu bringen. Beim Fluten derselben ging der geringe Restauftrieb verloren und das Boot konnte so abtauchen.

Der »Hecht« war das erste Klein-U-Boot der Kriegsmarine, konnte jedoch durch seine Konstruktion nicht überzeugen. Foto: Bibliothek für Zeitgeschichte

Ein im Bau befindliches Klein-U-Boot »Molch«. Im Hintergrund liegen zwei Druckkörper-Sektionen für den Bau von weiteren Klein-U-Booten. Foto: Bibliothek für Zeitgeschichte

Ein in einer Kaserne der Bundesmarine aufgestellter »Molch«. Foto: Hans Karr

Die Besatzung bestand aus zwei Mann. Dem Kommandanten, der für die Navigation und für den Einsatz des Torpedos verantwortlich war sowie dem Leitenden Ingenieur mit der Verantwortlichkeit für die Bootstechnik.

Der Antrieb des Klein-U-Bootes erfolgte über einen Torpedomotor (TM) von 12 PS Leistung, der von einer nur extern nachladbaren Batterie gespeist wurde. Die Einsatzreichweite lag bei 70 Seemeilen.

Als Bewaffnung war unter dem Bootskörper ein Torpedo angehängt, der von innen abgefeuert werden konnte.

Der Entwurf war jedoch nicht befriedigend. Zu einem Fronteinsatz ist es nicht gekommen. Die vorhandenen »Hechte« wurden als Schulboote für die nachfolgend gebauten Klein-U-Boote genutzt.

»Molch«

In den Jahren 1944 / 1945 entstanden auf der Deschimag Werft in Bremen 363 frontbereite Klein-U-Boote »Molch«. Nach anderen Quellen schwanken die Angaben zu den Bauzahlen zwischen 360 und 400 Stück.

Oberflächig betrachtet hatte der »Molch« ein ähnliches Aussehen wie der »Hecht«. Das Klein-U-Boot bestand ebenfalls aus einem zylindrischen Druckkörper mit der achtern gelegenen Steuerzentrale und einem kleinen Turm. Dieser hatte zwei Fenster und eine Plexiglaskuppel. Er war gerade mal so groß, dass der Fahrer seinen Kopf hineinstrecken konnte, um einen Rundblick nehmen zu können. Davor ragte das fest eingebaute Sehrohr aus dem Druckkörper.

»Die Ballastzellen stellten eine Kombination aus Tauch-, Regel- und Trimmzellen dar, die vor jeder genau eingeregelt werden mussten.« (zitiert nach: Eberhard Rössler, »Geschichte des deutschen Ubootbaus Band 2«, Seite 469).

Als Antrieb war ein Torpedomotor (TM) von 14 PS eingebaut. Die Batterie musste im Stützpunkt über externe Ladestationen geladen werden.

Die Bewaffnung bestand aus zwei am Druckkörper angehängter Torpedos, die Besatzung aus einem Mann.

Einsätze erfolgten im Herbst 1944 auf der Reede von Anzio-Nettuno und Anfang 1945 waren »Molche« erfolglos im Raum von Antwerpen im Einsatz. Die eigenen Verluste standen aber in keinem Verhältnis zu den geringen Erfolgen.

Wegen seiner schwierigen Trimmverhältnise war der »Molch« als Frontboot kein zufriedenstellendes Einsatzmittel. Das Klein-U-Boot »Molch« stellte allerdings ein brauchbares Ausbildungsboot dar.

»Biber«

Die Klein-U-Boote »Biber« wurden in den Lübecker Flenderwerken entwickelt und gebaut. Zusätzlich wurde die Ansaldo-Werft in Genua ebenfalls in die Produktion der »Biber« mit eingebunden. Die insgesamt 324 gefertigten Einheiten stellten 1944 / 1945 in Dienst.

Der »Biber« besaß keine Regel- und Trimmzellen, sondern lediglich Tauchzellen. Das Klein-U-Boot ließ sich bei Überwasserfahrt gut handhaben. Schlechter sah es aber für die Tauchfahrt aus, da jegliche Möglichkeit zum Eintrimmen des Bootes fehlte.

Der Antrieb erfolgte durch einen 32 PS starken Benzinmotor (BM). Nachteilig war, dass mit dessen Abgasen Kohlenmonoxyd in den Sitzraum des Fahrers eindringen konnte. Ein nicht ganz ungefährliche Angelegenheit, der vermutlich einige »Biber«-Fahrer zum Opfer gefallen sind. Für den Unterwasserbetrieb war ein Torpedomotor (TM) von 13 PS vorhanden.

Zwei Torpedos konnte der »Biber« mit sich führen. Sie waren in Aussparungen beidseitig am Rumpf angehängt.

Der »Biber« kam ab Ende August 1944 im Englischen Kanal, vor der niederländischen Küste und auf holländischen Binnengewässern zum Einsatz. Außerdem wurden »Biber«-Einheiten nach Dänemark und in das nördliche Norwegen verlegt. Im Januar sollten mit drei U-Booten Klein-U-Boote des Typs »Biber« im »Huckepack« in die Kola Bucht transportiert werden, von wo sie einen Angriff gegen sowjetische Einheiten durchführen sollten. Als der Verband sich schon jenseits des Nordkaps befand, musste aus technischen Gründen das Unternehmen wieder abgebrochen werden.

»Seehund« / Typ XXVII B

Während die bisher von den Kleinkampfverbänden der Kriegsmarine in Dienst genommenen Unterwasserfarzeuge »Neger«, »Marder«, »Hecht«, »Molch« und »Biber«

Ein Klein-U-Boot »Biber« ohne Torpedos auf einem Transportwagen. Foto: Bibliothek für Zeitgeschichte

Ein »Biber« als Museumsexponat. Foto: Hans Karr

alles schnell entwickelte und eilig gebaute Notlösungen waren, man könnte sie auch als »Waffen der Verzweifelung« bezeichnen, gelang mit dem Entwurf des Typs XXVII B, weitaus besser unter der Bezeichnung »Seehund« bekannt, endlich der Durchbruch zu einem richtigen Klein-U-Boot, das diese Klassifizierung auch wirklich verdient hatte.

Im Bauprogramm vom Juni 1944 waren 1000 »Seehunde« eingeplant. Die Bauaufträge gingen an verschiedene Werften. Bis Kriegsende kamen vermutlich jedoch nur 285 Stück zur tatsächlichen Ablieferung an das Kommando der Kleinkampfverbände. Wegen der Rohstoffverknappung, des Facharbeitermangels, den Transportpro-

Ein im Bau befindlicher »Seehund« am Kranhaken der Werft. Foto: Bibliothek für Zeitgeschichte

Auch bei Überwasserfahrt fuhr der »Seehund« größtenteils unter Wasser. Foto: Deutscher Marinebund

Britische Offiziere inspizieren im Mai 1945 einen auf einer Werft vorgefundenen »Seehund«. Foto: Bibliothek für Zeitgeschichte

blemen und dem absoluten Vorrang der Bauprogramme der U-Boottypen XXI und XXIII ließen die begrenzten Werftkapazitäten keine größere Stückzahl mehr zu.

Der »Seehund« besaß alle technischen Einrichtungen eines großen U-Bootes. Vorhanden waren Tauch-, Regel- und Trimmzellen. Ebenso war der »Seehund« ausgestattet mit einem Sehrohr, einem Schnorchel, einem Funk- und einem Horchgerät. Letzteres war wohl angesichts der Kriegslage nicht überall an Bord vorhanden. Die Tauchzeit betrug nur zwei bis vier Sekunden. Aufgrund der schmalen Silhouette und des leisen Elektromotors war ein »Seehund« mit den damaligen Ortungsgeräten nur schwer zu entdecken. Weltweit war der »Seehund« im Klein-U-Bootbau absolute Spitze.

Der Überwasserantrieb des »Seehundes« bestand aus einem Dieselmotor (DM) von 60 PS. Unter Wasser sorgte ein Elektro-Fahrmotor (EFM) mit 25 PS für den Vortrieb. Statt Einfachruder besaß der »Seehund« eine bewegliche Kortdüse.

Durch zusätzliche Außentanks wäre eine Fahrtstrecke von 500 Seemeilen möglich gewesen. Doch dies dürfte die physische wie auch psychische Leistungsfähigkeit der Zwei-Mann-Besatzung deutlich überfordert haben. Im Mittel konnten die »Seehunde« fünf Tage in See stehen. Elf Tage soll das Maximum eines Einsatzes gewesen sein. Um bei den mehrtägigen Fahrten durchhalten zu können, nahmen die Besatzungen Pervitin ein. Die Wirkung dieses Medikaments war, dass das Müdigkeits- und Hungergefühl unterdrückt wurde und dass man euphorisiert und optimistisch wurde.

»Die Ernährung aller Klein-U-Boot-Besatzungen vor und während des Einsatzes musste ausschließlich nach Gesichtspunkten der Schlackenfreiheit ausgewählt werden, da normale WC-Einrichtungen nicht vorhanden waren. Auf dem »Seehund« bestand die WC-Einrichtung aus einer flachen Dose mit verhältnismäßig großem Durchmesser, die unter dem hinteren Sitz verstaut war.«, schreibt Harald Fock in seinem Buch »Marinekleinkampfmittel - Bemannte Torpedos, Klein-U-Boote, Klein-Schnellboote, Sprengboote - Gestern - heute -morgen« auf der Seite 72.

Die Besatzung des Klein-U-Bootes bestand aus zwei Mann, dem Kommandanten und dem Leitenden Ingenieur.

Bewaffnet waren die »Seehunde« mit zwei Torpedos, die an beiden Seiten unter dem Boot angehängt waren.

Vom holländischen Ijmuiden aus erfolgten ab Januar 1945 die ersten Unternehmungen im Englischen Kanal, den niederländischen Küstengewässer und der südlichen Nordsee. Die Ergebnisse dieser insgesamt 142 Einsätze ist ein versenkter Schiffsraum von 93.000 BRT, nach einer andereren Quelle 120.000 BRT. Von den »Seehunden« gingen 35 Boote verloren.

Nach dem Krieg wurden viele der vorgefundenen »Seehunde« zerstört. Eine große Anzahl kam aber auch als Ausstellungsobjekte in Museen und blieben so der Nachwelt erhalten. Häufig wurden in der Vergangenheit bei

Wasserbauarbeiten auch gesunkene »Seehunde« wieder entdeckt, die in der Regel restauriert und ebenfalls in Museen zur Aufstellung kamen.

Weiterhin sei noch angemerkt, dass die französische Marine nach Kriegsende vier »Seehunde« übernahm, die bis Ende der 1950er Jahre im Dienst blieben. In »Weyers Flottentaschenbuch 1954/55« sind sie letztmalig zusammen aufgeführt. In der Ausgabe von 1959 ist letztmalig noch eines dieser vier Boote als im Bestand der französischen Marine befindlich erwähnt.

Tabelle Bootsdaten Klein-U-Boote, Deutschland

Name / Klasse	»Neger«	»Marder«	»Hecht«	»Molch«	»Biber«	»Seehund«
Baujahre	1944	1944	1944	1944-1945	1944-1945	1944-1945
Anzahl	200 (?)	300 (?)	53	363	324	285
Verdrängung (↑/↓) (t)	2,7	3,0	12,3	11,0	6,3	17,0
Länge (m)	7,65	8,30	10,50	10,78	9,04	11,90
Breite (m)	0,53	0,53	1,30	1,82	1,57	1,84
Tiefgang (m)	0,50	0,50	1,40	unbekannt	0,9	1,74
Tauchtiefe (m)	entfällt	10	50	30	20	30
Besatzungsstärke	1	1	2	1	1	2
Antriebsleistung DM (PS)	keine	keine	keine	keine	BM: 32	DM: 60
Antriebsleistung TM (PS)	12	12	12	14	13	25
Antriebswellen	1	1	1	1	1	1
Geschwindigkeit (↓) (kn)	3-4	4	6	5	6,5	↑/↓ 7,7 / 6,0
Fahrbereich (↑) (sm / kn)	entfällt	entfällt	entfällt	60 / 3	125 / 5	270 / 7
Fahrbereich (↓) (sm / kn)	30 / 3	30 / 3	70 / 4	40 / 5	8,5 / 5	63 / 3
Torpedoanzahl	1	1	1	2	2	2

Tabelle Bootsdaten U-Boote, Alliierte, Italien und Japan

Name / Klasse	Typ A	Typ C	Typ D	»Kairyu«-	»Kaiten«	Typ CB	X-Class (1)	X-Class (2)	XE-Craft
Land	Japan	Japan	Japan	Japan	Japan	Italien	Großbrit.	Großbrit.	Großbrit.
Baujahre	1938-1942	1943-1944	1944-1945	1945	1944-1945	1941-1943	1940-1943	1942-1943	1943-1945
Anzahl	58	15	115	244	100 +	12	2	12	11
Verdrängung (↑/↓) (t)	? / 46,0	? / 49,8	? / 59,6	? / 19,3	? / 8,3	36,0 / 45,0	22,0 / 24,0	27,0 / 29,5	30,2 / 33,5
Länge (m)	23,90	24,90	26,20	16,9	14,75	15,00	13,30	15,70	16,23
Breite (m)	1,80	1,80	2,90	1,37	1,00	3,00	2,40	1,80	1,75
Tiefgang (m)	1,80	1,80	2,80	1,37	1,00	2,10	2.30	2,30	1,60
Tauchtiefe (m)	30	30	100	100	4	55	60	95	90
Besatzungsstärke	2	2-3	5	2	1	4	3	3	4-5
Antriebsleistung DM (PS)	keine	40	150	85	siehe Text	90	42	42	42
Antriebsleistung EFM (PS)	600	600	500	80	siehe Text	100	30	30	30
Antriebswellen	1	1	1	1	1	1	1	1	1
Geschwindigkeit (↑/↓) (kn)	23,0 / 19,0	6,5 / 18,5	8,0 / 16,0	7,5 / 10,0	siehe Text	7,5 / 6,0	6,5 / 5,5	6,5 / 5,0	6,5 / 5,5
Fahrbereich (↑) (sm / kn)	80 / 6	300 / 6	1000 / 8	450 / 5	siehe Text	1400 / 5	1100 / 4,5	1320 / 4	500 / ?
Fahrbereich (↓) (sm / kn)	18 / 19	120 / 4	125 / 25	36 / 3	siehe Text	50 / 3	85 / 2	80 / 2	82 / 2
Torpedorohre	2 x 45,7 cm	2 x 45,7 cm	2 x 45,7 cm	2 x 45.7 cm	siehe Text	2 x 45,7 cm	keine	keine	keine
Torpedoanzahl	2	2	2	2	siehe Text	2	keine	keine	keine

Kapitel 3

FLUGZEUGTRÄGER UND TRÄGERFLUGZEUGE

3.1 - Deutschland

»Graf Zeppelin«, Flugzeugträger

Der Flugzeugträger »Graf Zeppelin« lief am 8. Dezember 1938 bei den Deutschen Werken in Kiel vom Stapel. Foto: Bundesarchiv / RM 25 Bild-27 / CC-BY-SA 3.0

Das Flugzeug ist als Seekriegsmittel bereits im Ersten Weltkrieg zum Einsatz gekommen. Die Flugzeuge operierten zunächst von Flugplätzen in Küstennähe an Land und waren in ihrem Einsatzradius über See noch sehr eingeschränkt. In nahezu allen bedeutenden Marinen fanden deshalb schon bald Versuche statt, auch Schiffe als Verbringungs- und Einsatzmittel fronttauglich zu bekommen.

Nach dem Krieg ging die Entwicklung zum Flugzeugträger in den großen Marinen rasant voran und es entstanden durchkonstruierte Einheiten. Erst Mitte der 1930er Jahre konnte sich auch die Reichsmarine respektive Kriegsmarine, die bislang unter den Zwängen des Versailler Vertrages in ihrer Schiffstypenwahl und -konstruktion eingeschränkt war, mit dem Bau dieser neuen Kriegsschiffe näher beschäftigen, was aber nicht heißt, dass man bislang untätig geblieben war.

Nachdem die Beschränkungen offiziell vom Tisch waren, ging es schnell. Bereits am 28. Dezember 1936 fand bei den Deutschen Werken in Kiel die Kiellegung des ersten deutschen Flugzeugträgers statt, der schon zwei Jahre später, am 8. Dezember 1938, vom Stapel lief und den Namen »Graf Zeppelin« erhielt.

Der Schiffskörper der »Graf Zeppelin« war ein Quer- und Längsspant-Bänder Stahlbau und in 19 wasserdichte Abteilungen unterteilt. Ein Bugwulst sollte den Reibungswiderstand herabsetzen. Das 240 Meter lange und 27 Meter breite Flugdeck war zugleich das oberste Verbandsdeck. Es war also in die Festigkeitsverbände des Schiffes mit einbezogen, befand sich in einer Höhe von etwa 23 Meter und war mit einer 20 bis 45 Millimeter starken Panzerung versehen. Ein gesondertes Panzerdeck von 40 bis 60 Millimeter und ein Gürtelpanzer von 80 bis 100 Millimeter waren zudem vorhanden.

Der Flugzeugträger war als Inseltyp konstruiert. Das heißt, alle Aufbauten waren zu einer Insel zusammengefasst, welche, wie es auf fast allen Flugzeugträgern bis heute üblich ist, an Steuerbord platziert war.

Vier Sätze leistungsstarker Getriebeturbinen mit zusammen 200.000 PS waren in vier Maschinenräumen aufgestellt und jeweils auf eine Welle geschaltet. Die Dampferzeugung sollte in 16 Kesseln erfolgen. Eine Neuheit in jener Zeit war der aus zwei Voith-Schneider Propeller bestehende Hilfsantrieb. In hintereinander liegenden wasserdichten Schächten waren diese 450 PS starken Antriebsanlagen ein- und ausfahrbar im Vorschiff installiert. Wegen der hohen Seitenhöhe und der dadurch resultierenden Windanfälligkeit war dies zum Manövrieren des Schiffes, insbesondere in engem Fahrwasser, eine durchaus sinnvolle und hilfreiche Einrichtung. Bleibt noch anzumerken, dass die »Graf Zeppelin« aber niemals mit eigener Kraft gefahren ist.

Als Artilleriebewaffnung waren zunächst acht und später 16 Geschütze im Kaliber von 15 Zentimeter vorgesehen. Zur Flugabwehr sollten insgesamt 62 Flak-Geschütze in den Kalibern 10,5, 3,7 und 2 Zentimeter eingerüstet werden. Jedoch wurde diese Planung mehrfach geändert. Die 15-cm-Geschütze wären vor und hinter dem Inselaufbau-

Der Flugzeugträger »Graf Zeppelin« wird nach dem erfolgten Stapellauf von Schleppern an seinen Liegeplatz gebracht. Foto: Deutscher Marinebund

ten sowie an beiden Seiten in Kasematten zur Aufstellung gekommen. Die Leichte Artillerie sollte über das Schiff verteilt werden und so einen Rundumschutz gegen anfliegende Flugzeuge gewährleisten. Bedingt durch die zunehmende Luftbedrohung während des Kriegs waren auf dem unfertigen Schiff zum Eigenschutz ab 1941 / 1942 einige 8,8-cm-Geschütze an Bord.

Die Hauptbewaffnung der »Graf Zeppelin« wären die Flugzeuge gewesen. Insgesamt 42 Maschinen – Jäger, Sturzkampfbomber und Mehrzweckflugzeuge im Mix – hätten an Bord in zwei Hallendecks untergebracht werden können. Das Starten der Flugzeuge sollte durch druckluftbetriebene Katapulte geschehen. Für die Landung waren auf dem Flugdeck vier quer verspannte Bremsseile vorgesehen.

Mit Kriegsausbruch war das Thema Flugzeugträger zunächst einmal beendet. Am 29. April 1940 wurde ein Baustopp für das mittlerweile zu 85 Prozent fertiggestellte Schiff verfügt. Im Juli verholte es im Schlepp nach Gotenhafen. Die Marine nutzte dort die großen Hallen als Lagerräume. Die »Graf Zeppelin« erhielt den Tarnnamen »Zugvogel«. Der Ende 1942 beschlossene Weiterbau und die hierzu schon durchgeführte Verlegung nach Kiel wurden schon im Januar 1943 wieder rückgängig gemacht. Das Schiff kam danach in das damals vor Luftangriffen noch relativ sichere Stettin. Dort wurde es bei der Annäherung der Roten Armee am 24. April 1945 auf flachem Wasser durch Öffnen der Seeventile und anschließender Sprengung selbst versenkt.

Im März 1947 haben die Sowjets das Wrack gehoben und schleppten es nach Swinemünde. Dort fand eine Auswertung der Schiffskonstruktion durch russische Marineexperten statt. Da das Schiff auf Grund der vorhandenen Beschädigungen nicht mehr weiter verwendbar war, wurde die Versenkung als Zielschiff beschlossen, die »Graf Zeppelin« nach Osten geschleppt und dann nordöstlich der Halbinsel Hela auf Hoher See verankert. Dort kam es im Rahmen einer Reihe von Waffenerprobungen am 18. Juni 1947 durch Artilleriebeschuss und durch Torpedos zur Versenkung des Flugzeugträgers.

Die Wiederentdeckung des in 80 Meter Tiefe liegenden Wracks erfolgte im Sommer 2006 mehr oder weniger durch Zufall bei Bohrarbeiten einer polnischen Ölgesellschaft. Unterwasseraufnahmen der polnischen Marine ergaben die eindeutige Identifizierung als »Graf Zeppelin«.

In der deutschen Nachkriegsliteratur wird immer wieder davon berichtet, dass die »Graf Zeppelin« mit Beutegut beladen aus Swinemünde weggeschleppt und dann in Leningrad abgewrackt worden sei. Wie der Wrackfund beweist, trifft dies nicht zu.

Ergänzend noch der Hinweis, dass 1938 als Schwesterschiff ein zweiter Flugzeugträger - der Flugzeugträger »B« - bei der Germaniawerft in Kiel begonnen wurde. Sein Rumpf konnte bis zum Panzerdeck fertiggestellt werden, bevor im September 1939 der Baustopp erfolgte. Ab Februar 1940 wurde das angefangene Schiff, dessen Stapellauf für Juli 1940 eingeplant war, abgewrackt.

Weiterhin gab es in der Kriegsmarine 1942 Pläne zum Bau von Hilfsflugzeugträgern. Vorgesehen war hier der noch unfertige Schwere Kreuzer »Seydlitz«. Ebenso der

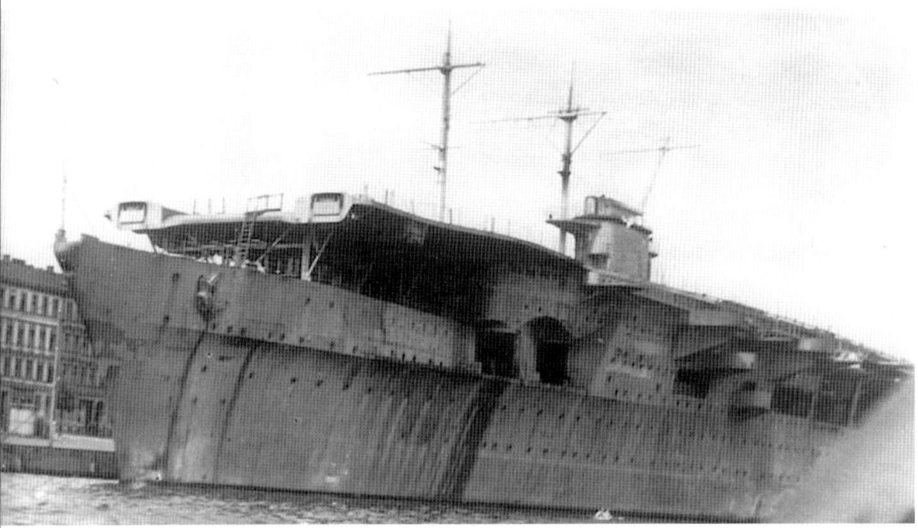

Der im Bau gestoppte Flugzeugträger »Graf Zeppelin« im Zustand vom Juni 1941 als aufgelegtes Schiff an der Pier. Foto: Bundesarchiv / Bild 134-B0676 / CC-BY-SA 3.0

Flugzeugträger	»Graf Zeppelin«
Einsatzverdrängung (t)	33.550
Länge (m)	262,50
Breite (m)	36,20
Tiefgang (m)	8,50
Flugdecklänge (m)	240,00
Besatzungsstärke	1760 + Flugpersonal
Antriebsleistung (PS)	200.000 + 900
Antriebswellen	4
Geschwindigkeit (kn)	34
Fahrbereich (sm / kn)	8000 / 19
Artilleriebewaffnung	siehe Text
Hallendecks / Aufzüge	2 / 3
Katapulte	2
Flugzeuge	42

französische Leichte Kreuzer »De Grasse«, dessen in Lorient im Bau befindlicher und noch nicht vom Stapel gelaufener Schiffsrumpf nach der Besetzung Frankreichs als deutsche Kriegsbeute beschlagnahmt wurde. Auch die deutschen Passagierschiffe »Europa«, »Potsdam« und »Gneisenau« sollten zu Hilfsflugzeugträgern umgebaut werden. Alle diese Pläne und Umbauvorhaben kamen über das Planungsstadium oder die ersten diesbezüglichen Baumaßnahmen nicht hinaus und wurden 1942 / 1943 wieder gänzlich aufgegeben.

Vorgesehene Trägerflugzeuge

Für die Flugzeugausstattung der »Graf Zeppelin« war die Luftwaffe zuständing. Besondere Muster von Trägerflugzeugen ließ man jedoch nicht entwickeln. Man begnügte sich damit, bereits in Serie vorhandene Flugzeuge für ihre Verwendung auf dem Flugzeugträger umzubauen. Das betraf im Wesentlichen Dinge wie beiklappbare Tragflächen, Fähigkeit zum Katapultstart, das Anbringen von Greifhaken für die Bremsseile sowie Verstärkungen am Fahrwerk und bei der Flugzeugzelle, um den bei der Landung auf einem Schiff zusätzlich auftretenden Kräften gewachsen zu sein.

Zunächst wurde als Jäger die Arado Ar 197 ins Auge gefasst. Der Doppeldecker absolvierte Erprobungen. Dabei stellte sich seine Unbrauchbarkeit als Trägerflugzeug heraus. Danach sollte das bewährte Jagdflugzeug Messerschmnitt Me 109E in das Trägerflugzeug Me 109T umgebaut werden und an Bord kommen. Als Sturzkampflugzeug sollte die für den Trägereinsatz umgestaltete Junkers Ju 87 verwendet werden. Hinsichtlich des Mehrzweckflugzeugs für die Aufklärungs- und für Torpedoeinsätze entstand zwischen den Firmen Fieseler und Arado ein Konkurrenzkampf mit den Flugzeugmustern Fi 167 und Ar 195, den die Fi 167 gewann, weil sie eine kürzere Landestrecke nachweisen konnte, was für den Einsatz auf einem Flugzeugträger nicht ohne Bedeutung war.

Da der Bau des Flugzeugträgers »Graf Zeppelin« bereits im April 1940 gestoppt und das Schiff nie fertig gebaut wurde, waren die zur Auswahl stehenden Flugzeugmuster zwar teilweise in der Erprobung, aber auch nie wirklich für eine Trägerverwendung freigegeben geworden und alle weiteren Entwicklungsarbeiten wurden wieder gestoppt.

Bordflugzeuge der Kriegsmarine

Nach dem Ersten Weltkrieg war Deutschland der Besitz von Flugzeugen untersagt. Ähnlich wie bei den U-Booten, wurde auch auf dem Flugzeugsektor getarnt und heimlich im Ausland weitergearbeit, um Fachkenntnisse und Fähigkeiten nicht zu verlieren. Ab 1926 wurden die Bestimmungen des Versailler Vertrages hinsichtlich der Luftfahrt gelockert. Ein beschränkter ziviler Flugzeugbau wurde möglich. In der Reichsmarine wurde weiterhin getarnt am Aufbau von Seeluftstreitkräften gearbeitet. Als 1935 die Wehrhoheit verkündet wurde, mussten die mittlerweile schon aufgestellten Seefliegerverbände an die Luftwaffe abgetreten werden. »Alles was fliegt gehört mir«, war der Machtanspruch des Oberbefehlshabers der Luftwaffe Hermann Göring. Das galt auch für die auf den schweren Einheiten der Kriegsmarine eingeschifften Flugzeuge inklusive des Flug- und Wartungspersonals. Zwei Flugzeugmuster, die Heinkel He 60 und die Arado Ar 196, kamen bei der Kriegsmarine als Bordflugzeuge in Verwendung.

Heinkel He 60

Die Heinkel He 60 war ein Doppeldeckerflugzeug, das bereits in der geheimen Wiederaufrüstung als katapultfähiges Aufklärungsflugzeug entwickelt wurde. Der Erstflug erfolgte 1931. Insgesamt wurden 361 Maschinen in verschiedenen Varianten bis 1938 gebaut. Die He 60 kam auf allen großen Einheiten der Reichsmarine bzw. der Kriegsmarine zur Einrüstung. Sie wurde als Aufklärungsflugzeug verwendet. Der Start der Maschinen geschah über ein Katapult. Das vom Einsatz zurückkommende Flugzeug musste in der Nähe des Schiffes wassern und wurde dann mit einem Kran wieder an Bord genommen. Bewaffnet war die He 60 mit zwei starren synchronisierten Maschinengewehren über dem Motor und einem beweglichen Maschinengewehr im Drehkranz zur Sicherung im Achterausbereich. Ab 1938 kam es zur Ablösung des Flugzeugmusters und zum Austausch mit der Arado Ar 196. Die Heinkel He 60 fand bis zu ihrer ab 1940 beginnenden Ausmusterung als Schulflugzeug weitere Verwendung.

Arado Ar 196

Die Arado Ar 196 war ein Schwimmer- und Mehrzweckflugzeug, das ab 1938 im Austausch mit der Heinkel He 60 an Bord der Großkampfschiffe eingerüstet wurde bzw. bei den Neubauten direkt als Erstmuster an Bord kam.

Eine Heinkel He 60 auf dem Katapultschlitten des Panzerschiffes »Admiral Scheer«. Foto: Archiv Autor

Eine Heinkel He 60 wird mit dem Kran an Bord des Leichten Kreuzers »Nürnberg« gehievt. Foto: Deutscher Marinebund

Eine Arado Ar 196 im Schwimmzustand auf dem Wasser. Foto: Archiv Autor

Name	Heinkel He 60	Arado Ar 196
Typ	Schwimmerflugzeug	Schwimmerflugzeug
Verwendung	Bordflugzeug, Aufklärungsflugzeug	Bordflugzeug, Aufklärungsflugzeug
Besatzung	2	2
Länge (m)	11,63	11,00
Spannweite (m)	13,50	12,40
Anzahl Triebwerke	1	1
Motorenleistung (PS)	660	960
Geschwindigkeit (km/h)	240	320
Reichweite (km)	945	1070
Dienstgipfelhöhe (m)	5000	7000
Leergewicht (t)	2,520	2,210
Abfluggewicht (t)	3,550	3,420
Bewaffnung	3 x MG	4 x MG, 2 x 50-kg-Bombe

Eine Arado Ar 196 beim Katapultstart. Foto: Archiv Autor

Die Entwicklung der Ar 196 begann nach einer zuvor erfolgten Ausschreibung im Frühjahr 1936. Der Erstflug fand schon im Juni 1937 statt. Bis 1944 wurden insgesamt 528 Maschinen der Arado Ar 196 in verschiedenen Varianten gebaut. In Verwendung kam das kleine wendige Flugzeug als Bordflugzeug, Seeaufklärer, Luftzielschlepper und U-Bootjäger. Bewaffnet war die Ar 196 mit zwei MGs in den Tragflächen und einem synchronisierten MG neben dem Motor sowie einem MG im hinteren Cockpit. Zwei 50-kg-Bomben konnte das Flugzeug mitnehmen.

Eine Arado Ar 196 auf dem Katapultschlitten einer größeren Marineeinheit. Foto: Bundesarchiv / Bild 101II-MW-1949-03 / CC-BY-SA 3.0

3.2 - Großbritannien

Bauprogramme Flugzeugträger

»Furious«

Die englische Royal Navy befasste sich schon vor dem Ersten Weltkrieg mit dem Einsatz von Wasserflugzeugen von Bord von Kriegsschiffen. Bei Erprobungen durchgeführte Starts verliefen zufriedenstellen, aber an ein Landen auf einem Schiff war noch nicht zu denken.

Mit der »Furious« gelang dann der Durchbruch. Sie war ein im Ersten Weltkrieg als Large Light Cruiser im Bau befindliches Kriegsschiff, das sich im Frühjahr 1917 in der Endausrüstung befand und dann zum Flugzeugträger umgebaut wurde. Im Sommer 1917 begannen schon die Start- und Landeerprobungen. Am 7. Juli 1918 führten Flugzeuge der »Furious« einen erfolgreichen Angriff auf den deutschen Marineluftschiff-Stützpunkt Tondern durch.

Es folgten mehrere Umbauten, um die dabei zwangsläufig aufgetretenen Probleme zu beseitigen. Ab Mitte der 1920er Jahre war die ursprüngliche Behelfslösung in einem richtigen Flugzeugträger umgewandelt, was nicht ausschloss, dass in den Folgejahren doch noch die eine oder andere schiffbauliche Verbesserung durchgeführt werden musste.

Der Flugzeugträger »Furious« wurde erst Ende 1944 aus Altersgründen aus dem aktiven Dienst genommen und dann 1948 zur Verschrottung verkauft.

Der erste englische Flugzeugträger »Furious« in seinem Aussehen von 1935. Foto: Archiv Autor

»Argus«

Der nächste gerade noch vor Kriegsende fertiggestellte Flugzeugträger war die »Argus«. Der unfertige Neubau eines Passagierschiffes wurde von der Royal Navy angekauft und als Flugzeugträger hergerichtet. Die »Argus« lief am 2. Dezember 1917 vom Stapel und stellte am 16. September 1918 in Dienst. Als einzigen Aufbau hatte der Flugzeugträger vorne auf dem Flugdeck einen versenkbaren Steuerstand, der bei Flugbetrieb eingezogen wurde und dann bündig mit dem Flugdeck abschloss. Wegen des schlechten Materialzustandes musste die »Argus« am 21. Oktober 1944 außer Dienst gestellt werden. Im Jahre 1947 wurde sie abgewrackt.

Der Flugzeugträger »Argus« im Aussehen Ende der 1920er Jahre. Foto: US Navy

Eine Aufnahme des Flugzeugträgers »Eagle« aus den 1930er Jahren. Foto: US Navy

»Eagle«

Vor dem Ersten Weltkrieg bestellte die chilenische Marine in England zwei Schlachtschiffe. Der Bauzustand der ersten Einheiten war bei Kriegsbeginn schon weit vorangekommen. Sie wurden von der Royal Navy zunächst beschlagnahmt und später von Chile gekauft. Ab März 1918 wurde einer der Torso zum Flugzeugträger »Eagle« fertiggebaut, was sich über fünf Jahre hinzog. Am 19. September 1923 stellte das Schiff in Dienst. Die »Eagle« wurde am 11. August 1942 im Mittelmeer südlich der Balearen von »U 73« versenkt.

»Hermes«

Die »Hermes« war weltweit das erste von Anfang an als Flugzeugträger konzipierte Kriegsschiff. Die Baupläne gehen bis in das Jahr 1916 zurück. Die Kiellegung erfolgte am 15. Januar 1917, der Stapellauf am 1. September 1919 und die Indienststellung fand am 18. Februar 1924 statt. Der Flugzeugträger war in der Zwischenkriegszeit wie auch im Krieg überwiegend in Fernost eingesetzt. Am 9. April 1942 wurde das Schiff vor Ceylon von japanischen Trägerflugzeugen durch Bombentreffer schwer beschädigt und versenkt.

Flugzeugträger »Hermes«. Foto: US Navy

»Courageous«-Klasse

Mit der »Courageous« und der »Glorios«, von der ursprünglichen Kreuzer-Planung her zwei Schwesterschiffe der »Furious«, wurden nochmals im Bau befindliche Kreuzer zu baugleichen Flugzeugträgern umgebaut. Die Umbauzeit erstreckte sich bei der »Courageous« von Juni 1924 bis Mai 1928 und bei der »Glorios« vom Februar 1924 bis März 1930. Nach Fertigstellung galten sie lange Zeit als die bestgelungenen und am besten ausgewogenen Flugzeugträger der damaligen Zeit. Die »Courageous« wurde schon am 17. September 1939 durch »U 29« versenkt. Die »Glorios« ging im Juni 1940 im Gefecht mit den Schlachtschiffen »Scharnhorst« und »Gneisenau« durch Artillerietreffer im Nordmeer verloren.

Flugzeugträger »Courageous«. Foto: Royal Navy

»Ark Royal«

Mitte 1935 begann die Royal Navy mit dem Bau des Flugzeugträgers »Ark Royal«. Der Schiffsentwurf basierte weitgehend auf der »Courageous»-Klasse. Das Schiff stellte am 16. November 1938 in Dienst. Markantes Kennzeichen der »Ark Royal« war das achtern überstehende Flugdeck. Ab Sommer 1940 operierte der Flugzeugträger überwiegend im Mittelmeer, kam aber auch im Atlantik zum Einsatz. An der Verfolgung des Schlachtschiffes »Bismarck« war er maßgeblich beteiligt. Dabei erzielte ein Torpedoflugzeug des Trägers vom Typ Swordfish den entscheidenden Torpedotreffer am Heck der »Bismarck«, der die Ruderanlage schwer beschädigte und blockierte. Das Schlachtschiff war manövrierunfähig. Die heraneilenden und an der Verfolgung beteiligten englischen Kriegsschiffe hatten nun leichtes Spiel mit der Versenkung des damals modernsten Schlachtschiffes. Die »Ark Royal« selbst wurde am 13. November 1941 östlich von Gibraltar von »U 81« torpediert und dabei so schwer beschädigt, dass sie am Folgetag sank.

Flugzeugträger »Ark Royal«. Foto: Royal Navy

»Illustrious«-Klasse

Die vier Einheiten der »Illustrious«-Klasse - »Illustrious«, »Victorious«, »Formidable« und »Indomitable« - wurden 1937 auf Kiel gelegt und stellten in den Jahren 1940 / 1941 in Dienst. Sie entsprachen weitgehend der »Ark Royal«, hatten aber einen besseren Schutz der flugtechnischen Einrichtungen gegen Luftangriffe. Alle vier Schiffe überlebten den Zweiten Weltkrieg, wo sie an allen Fronten zum Einsatz gekommen waren.

Flugzeugträger »Victorious« aus der »Illustrious«-Klasse. Foto: Royal Navy

»Unicorn«

Der Flugzeugräger »Unicorn« folgte als Einzelschiff der »Illustrious«-Klasse. Streng genommen war er kein richtiger Flugzeugträger, sondern eine schwimmende mobile Werkstattbasis, die abseits vom Kampfgeschehen Reparatur- und Wartungsarbeiten an Trägerflugzeugen durchführte, wozu sie zum Landen und Starten der Flugzeuge Flugzeugträger-Eigenschaften haben musste. Die »Unicorn« führte die Bezeichnung Aircraft Maintenance Ship und stieß im Frühjahr 1943 zur Flotte. Im Jahre 1959 wurde das Schiff, das eine Ausnahme im Bau von Flugzeugträgern bildete, außer Dienst gestellt.

Die »Unicorn« bildete eine Ausnahme im englischen Flugzeugträgerbau. Sie war als Aircraft Maintenance Ship klassifiziert. Foto: Royal Navy

Die »Implacable« war das Typschiff einer Bauserie von zwei Flugzeugträgern, die gegen Ende des Zweiten Weltkriegs in Dienst stellten. Foto: Royal Navy

Die »Venerable« war einer der zehn Flugzeugträger der »Colossus«-Klasse und wurde im April 1948 den Niederlanden überlassen. Foto: Nationaal Archief

Das ehemalige deutsche Kombischiff »Hannover« nach dem Umbau zu dem englischen Hilfs- und Geleitflugzeugträger »Audacity«. Foto: Bibliothek für Zeitgeschichte

»Implacable«-Klasse

Die »Implacable«-Klasse bestand aus den beiden Einheiten »Implacable« und »Indefatigable«, die im Jahr 1944 in Dienst gingen. Ihr Bau kann als Fortsetzung der »Illustrious«-Klasse angesehen werden. Sie waren aber etwas schneller als diese und konnten mehr Flugzeuge aufnehmen. Zunächst kamen sie bei der Home Fleet zum Einsatz und ab 1945 im Pazifik.

»Colossus«-Klasse

Die »Colossus«-Klasse bestand aus zehn Einheiten und war eine leicht und schnell zu bauende Klasse von Flugzeugträgern, die alle 1942 auf Kiel gelegt wurden und in den Jahren 1944 bis 1946 in Dienst stellten. Sie waren eine linear verkleinerte »Illustrious«-Klasse. Nur vier Schiffe dieses leichten Flottenträgers kamen noch an die Front. Nach dem Krieg wurden teilweise Einheiten an befreundete Nationen abgegeben.

»Audacity«

Neben den oben genannten Flotten-Flugzeugträgern stellte die Royal Navy noch zahlreiche Hilfs- und Geleitflugzeugträger der unterschiedlichsten Bauart in Dienst. Sie wurden dringend für den Schutz der Geleitzüge benötigt. Sie alle aufzuführen würde den vorhandenen Platz des Buches sprengen. Nur ein Beispiel sei mit dem Geleitflugzeugträger »Audacity« erwähnt.

Die »Audacity« war das ehemalige deutsche Fracht- und Kombischiff »Hannover« (5537 BRT) und war der erste Geleitflugzeugträger, der auf alliierter Seite während des Zweiten Weltkriegs zum Einsatz gelangte. Die »Hannover« wurde in der Karibik am 7. Marz 1940 durch englische Flotteneinheiten aufgebracht und anschließend unter dem Namen »Sinbad« als Frachter weiterverwendet. Mitte November 1940 bekam das Schiff den Namen »Empire Audacity« und unterstand jetzt der Royal Navy, die es in einen Geleitflugzeugträger mit einem hölzernen Flugdeck umbauen ließ und als solchen offiziell am 17. Juni 1941 in Dienst stellte. Insgesamt sechs Flugzeuge konnte das Schiff mitführen. Am 21. Dezember 1941 topedierte »U 751« den mittlerweile in »Audacity« umbenannten Geleitflugzeugträger, der daraufhin in Brand geriet, später kenterte und versank.

CAM und MAC

Die Abkürzungen CAM und MAC bedeuten Catapult Armed Merchantship und Merchantship Aircraft Carrier. CAM waren mit einem Katapult ausgerüstete Handelsschiffe, die im Konvoi mitfuhren und bei Bedarf ein Jagdflugzeug starten konnten. Die Anbordnahme des Flugzeugs war bei dessen Rückkehr nicht möglich. Der Pilot musste nach dem Einsatz zu einem Landstützpunkt abfliegen. War dies nicht möglich, so war er gezwungen mit dem Fallschirm abzuspringen oder zu notwassern und im Schlauchboot zu warten, bis er wieder aufgenommen werden konnte. Das Flugzeug ging in beiden Fällen verloren. Insbesondere die Bekämpfung der Fernbomber und Seefernaufklärer Focke-Wulf Fw 200 Condor war Ursache für dieses umständliche, zeitintensive und zum Teil auch materialverzehrende Verfahren. Das MAC wiederum war ein Lückenfüller bis zum Zulauf der eigentlichen Geleitflugzeugträger. Es waren Tanker und Frachter, die ein Flugdeck erhalten hatten und somit das Flugzeug nach dem Einsatz auch wieder aufnehmen konnten. Beide, CAM wie auch MAC, hatten als Handelsschiffe auch ihre normale Ladung an Bord und eine zivile Besatzung.

Eine Hawker Sea Hurricane steht startklar auf dem Katapult eines CAM (Catapult Armed Merchantship). Foto: Royal Navy

Trägerflugzeuge

Hawker Sea Hurricane

Die Entwicklung des Jagdflugzeugs Hawker Hurricane begann 1933 und die Auftragserteilung für den Prototyp erfolgte im Folgejahr. Bereits im November 1935 war der Erstflug. Von der Royal Air Force wurden im Juli 1936 600 Maschinen bestellt, die in den nächsten Jahren zuliefen. Bis Juli 1944 sollten dann 13.036 Hurricane-Flugzeuge gebaut werden. Von der Hurricane gab es zahlreiche Varianten wie zum Beipiel Tiefangriffsflugzeuge, Panzerjäger, Jagdbomber und Aufklärer. Außerdem die für den Flugzeugträgereinsatz modifizierte Hawker Sea Hurricane. Dieses Flugzeug war katapultfähig und hatte für die Landung Fanghaken. Es kam ab März 1941 auf den Flugzeugträgern in Verwendung. Des Weiteren wurde die Sea Hurricane auch auf den CAM-Schiffen eingesetzt. Die robuste und zuverlässige Hurricane kam auf allen Kriegsschauplätzen in Europa, Afrika und im Fernen Osten zum Einsatz.

Jagdflugzeuge vom Typ Hawker Sea Hurricane im Formationsflug. Foto: Royal Navy

Das trägergestützte Jagdflugzeug Fairey Firefly. Foto: Royal Navy

Eine Supermarine Seafire beim Start von Bord eines Flugzeugträgers. Foto: Royal Navy

Torpedobomber Fairey Swordfish. Foto: Royal Navy

Fairey Firefly

Die Fairey Firefly war ein trägergestütztes Jagdflugzeug, dessen Entwicklung und Bau zu Beginn des Zweiten Weltkriegs begann. Im Dezember 1941 war der Erstflug. Die ersten Serienmaschinen kamen im März 1943 in Zulauf. Es gab die Varianten Jäger und Aufklärer mit einer Anzahl von 459 bzw. 236 gebauten Maschinen des für Großbritannien wichtigsten trägergestützten Flugzeugs. Erste Einsätze erfolgten ab 1944. Jagdflugzeuge Fairey Firefly waren auch im Juli 1944 an den Angriffen gegen das Schlachtschiff »Tirpitz« beteiligt. Auf dem pazifischen Kriegsschauplatz kam die Firefly ebenfalls zum Einsatz. Die Fairey Firefly blieb bis in die 1950er Jahre im Dienst.

Supermarine Seafire

Die Supermarine Seafire war die Marineversion der Supermarine Spitfire. Letztere hatte ihren Erstflug im März 1936 und ab Mitte 1938 begannen die Auslieferungen aus der Serienproduktion. Bis Februar 1948 entstanden in verschiedenen Versionen 20.351 Flugzeuge der Spitfire. In dieser Zahl enthalten sind die 1932 Exemplare der Supermarine Seafire, die bis Kriegsende in Serienproduktion gebaut wurde. Diese Flugzeugvariante war speziell für Operationen auf Flugzeugträgern entworfen worden. Sie kam erstmals 1942 im Einsatz. Wesentliche Unterschiede zur Ausgangsversion Spitfire waren der Fanghaken und die Tauglichkeit für den Einsatz mit einem Katapult. Außerdem hatten die Flugzeuge klappbare Tragflächen, um beim Abstellen an Bord der Flugzeugträger weniger Platz zu benötigen. Die Supermarine Seafire kam auf allen Seekriegsschauplätzen zum Einsatz.

Fairey Swordfish

Der Torpedobomber Fairey Swordfish entstand Anfang der 1930er Jahre. Das Flugzeug war ein Doppeldecker und für den Einsatz auf Flugzeugträgern konzipiert. Der Erstflug erfolgte im April 1934. Von 1934 bis 1944 wurden 2396 Maschinen gebaut. Technisch gesehen war die Swordfish zu Kriegbeginn überholt. Wegen seiner Robustheit und Zuverlässigkeit sowie insbesondere wegen seiner Eignung als Träger- und Bordflugzeug blieb der Doppeldecker bis Kriegsende in Verwendung. Dieser Flugzeugtyp wurde unter anderem bekannt, weil er maßgeblich an der Versenkung von italienischen Marineeinheiten im Hafen von Tarent beteiligt war und auch bei der Versenkung des Schlachtschiffes »Bismarck« eine entscheidende Rolle spielte. Auch in der U-Bootabwehr kam die Swordfish erfolgreich zum Einsatz.

Torpedobomber des Typs Swordfish überfliegen den Flugzeugträger »Ark Royal«. Foto: Royal Navy

Eine Swordfish in der Variante als Schwimmerflugzeug am Kranhaken. Foto: Royal Navy

Fairey Albacore

Um die eigentlich veraltete Fairey Swordfish zu ersetzen, wurde die Fairey Albacore nach Vorgabe der Royal Navy als trägergestütztes Torpedo- und Aufklärungsflugzeug entworfen. Die ersten Prototypen des neuen Doppeldeckers flogen im Dezember 1938. Die Serienproduktion begann 1939. Insgesamt wurden ungefähr 800 Maschinen gebaut, die zunächst küstennah in der Nordsee, im Atlantik und im Mittelmeer verwendet wurden. Ab 1940 war die Albacore auch auf Flugzeugträgern im Einsatz. Doch schon 1942 begann man die Fairey Albacore nach und nach durch die Fairey Barracuda zu ersetzen.

Torpedobomber Fairey Albacore. Foto: Royal Navy

Fairey Barracuda

Der Torpedobomber Fairey Barracuda war ein trägerstützter ganz in Metallbauweise gebauter Schulterdecker, der auch als Sturzkampfflugzeug verwendet werden konnte. Der Erstflug des im Jahr 1937 beauftragten Prototyps fand im Dezember 1940 statt. Allerdings kamen erst im März 1942 die ersten Serienmaschinen zur Auslieferung, da andere Flugzeugtypen dringender benötigt wurden. Insgesamt sind während des Zweiten Weltkriegs 2452 Maschinen gebaut worden. Im praktischen Einsatz wurde die Barracuda weniger als Torpedobomber sondern mehr als Sturzkampfbomber eingesetzt. Maschinen der Flugzeugträger »Victorious« und »Furious« kamen in Europa im Juli 1944 bei Angriffen auf die in Norwegen liegende »Tirpitz« zum Einsatz. Im selben Jahr flogen auf dem in Fernost operierenden Flugzeugträger »Illustrious« abgestützte Barracudas ihre ersten Angriffe im Pazifik gegen die Japaner.

Torpedo- und Sturzkampfbomber Fairey Barracuda. Foto: Royal Navy

Tabelle Schiffsdaten Flugzeugträger, Großbritannien										
Name / Klasse	**»Furious«**	**»Argus«**	**»Eagle«**	**»Hermes«**	**»Courageous«**	**»Ark Royal«**	**»Illustrious«**	**»Unicorn«**	**»Implacable«**	**»Colossus«**
Schwesterschiffe	keine	keine	keine	keine	»Glorious«	keine	3	keine	»Indefatigable«	9
Einsatzverdrängung (t)	23.130	15.775	26.580	13.700	27.400	27.720	28.210	20.300	32.110	18.040
Länge (m)	239,80	172,30	203,48	182,90	239,65	243,84	229,51	196,90	233,57	211,22
Breite (m)	27,50	20,72	35,05	29,20	37,64	34,13	32,30	27,43	34,90	24,38
Tiefgang (m)	7,70	6,40	8,16	6,46	8,50	8,80	8,84	7,32	8,81	7,04
Flugdecklänge (m)	69,50	167,64	198,72	173,73	175,56	243,84	227,10	196,90	228,60	210,31
Besatzungsstärke	932	495	791	586	839	1781	1392	1200	1585	1076
Antriebsleistung (PS)	90.000	20.000	50.000	40.000	90.000	102.000	111.000	40.000	148.000	40.000
Antriebswellen	4	4	4	2	4	3	3	2	4	2
Geschwindigkeit (kn)	31,5	20,0	24,0	25,0	30,5	31,0	30,5	24,0	32,0	25,0
Fahrbereich (sm / kn)	4100 / 10	3600 / 10	6550 / 10	5600 / 10	6630 / 10	11.200 / 10	10.700 / 10	7000 / 13	unbekannt	12.000 / 14
Artilleriebewaffnung (cm)	10 x 14, 6 x 7,6	4 x 10,2	9 x 15,2, 5 x 10,2, 4 x 4	6 x 14, 3 x 10,2, 4 x 4,7	16 x 12, 4 x 4	16 x 11,4, 32 x 4	16 x 11,4, 48 x 4	8 x 10,2, 16 x 4	6 x 11,4, 48 x 4	24-32 x 4
Hallendecks / Aufzüge	1 / 1	1 / 2	1 / 2	1 / 2	2 / 2	2 / 3	1 / 2	2 / 2	2 / 2	1 / 2
Katapulte	keine	keine	keine	keine	2	2	1	1	1	1
Flugzeuge	16	21	21	20	48	72	36	35	60	37

Tabelle Flugzeugdaten Trägerflugzeuge, Großbritannien						
Name	**Hawker Sea Hurricane**	**Fairey Firefly**	**Supermarine Seafire**	**Fairey Swordfish**	**Fairey Albacore**	**Fairey Barracuda**
Typ	Radflugzeug	Radflugzeug	Radflugzeug	Radflugzeug, Schwimmerflugzeug	Radflugzeug	Radflugzeug
Verwendung	Jagdflugzeug	Jagdflugzeug, Aufklärer	Jagdflugzeug	Torpedobomber	Torpedobomber, Aufklärer	Torpedobomber, Sturzkampfbomber
Besatzung	1	2	1	2-3	2-3	3
Länge (m)	9,83	11,46	9,14	10,87	12,22	12,12
Spannweite (m)	12,19	13,57	11,23	13,87	15,24	14,99
Anzahl Triebwerke	1	1	1	1	1	1
Motorenleistung (PS)	1240	1730	1850	690	1130	1640
Geschwindigkeit (km/h)	550	509	616	230	259	386
Reichweite (km)	970	2090	813	840	1140	1100
Dienstgipfelhöhe (m)	11.000	8530	11.430	5000	5700	5080
Leergewicht (t)	2,606	4,432	2,812	1,903	3,289	4,250
Abfluggewicht (t)	3,479	6,373	3,629	3,438	5,820	6,409
Bewaffnung	4 x MG, Bomben	4 x MG, Bomben, Raketen	4 x 2 cm, 4 x MG, Bomben	2 x MG, 1 x Torpedo oder Bomben	2 x MG,1 x Torpedo oder Bomben	2 x MG, 1 x Torpedo oder Bomben oder Wasserbomben

3.3 - Vereinigte Staaten von Amerika

Bauprogramme Flugzeugträger

Kohlentransporter »Jupiter«. Foto: US Navy

»Langley«

Der Flugzeugträger »Langley« war der erste Flugzeugträger der amerikanischen Marine und ist ein Umbau des marineeigenen Kohlentransporters »Jupiter«. Nach der zweijährigen Umbauzeit stellte das nun in »Langley« umgetaufte Schiff am 20. März 1922 in Dienst. Im Oktober und November 1922 flogen von der »Langley« die ersten Flugzeuge.

In der Praxis erwies sich der Flugzeugträger als Erfolg. Alle für einen Flugzeugträger relevanten Dinge wurden zufriedenstellend gelöst. Man kann diesbezüglich davon ausgehen, dass die Amerikaner, die während des Kriegs eng mit den Engländern zusammengearbeitet hatten, hier so manchen »Befruchtungseffekt« aus den damaligen englischen Trägerbauprogrammen genutzt haben.

Das Schiff wurde der Pazifikflotte unterstellt. Auf ihm entwickelten die amerikanischen Marinepiloten Start- und Landetechniken sowie taktische Einsatzprofile. In 1936 / 1937 erfolgte ein weiterer Umbau zum Flugzeugtender, wobei die vordere Hälfte des Flugdecks entfernt wurde. Bei einem Flugzeugtransport ging die »Langley« im Februar 1942 in der Javasee nach Bombentreffer japanischer Flugzeuge verloren.

Flugzeugträger »Langley«. Foto: US Navy

»Lexington«-Klasse

Auf der Washingtoner Flottenkonferenz von 1922 wurde festgelegt, dass die USA sechs im Bau befindliche Schlachtkreuzer verschrotten mussten. Davon konnten jedoch zwei dadurch gerettet werden, dass man sie als Flugzeugträger weiterbauen durfte. Es handelte sich um die Einheiten »Lexington« und »Saratoga«. Sie stellten am 14. Dezember und am 16. November 1927 in Dienst und waren die ersten unbeschränkt einsatzfähigen Flottenträger der amerikanischen Marine sowie bis zur Indienststellung der »Midway« am 10. September 1945 auch die größten Flugzeugträger der US Navy.

Bemerkungswert ist ihre starke Artilleriebewaffnung von jeweils zwei 20,3-cm-Doppeltürmen vor und hinter den Inselaufbauten, die später durch Flak-Geschütze ausgetauscht wurden.

Flugzeugträger »Lexington«. Foto: US Navy

Der Flugzeugträger »Saratoga« im Tarnanstrich. Foto: US Navy

Flugzeugträger »Ranger«. Foto: US Navy

Der in der Schlacht von Midway am 4. Juni 1942 schwer beschädigte und brennende Flugzeugträger »Yorktown«. Foto: US Navy

Beide Flugzeugträger gehörten zur Pazifikflotte. Im Kampf gegen Japan führten sie eine wichtige Rolle. Die »Lexington« ging bei der Schlacht im Korallenmeer am 8. Mai 1942 nach Torpedo- und Bombentreffer verloren. Die »Saratoga« überlebte den Zweiten Weltkrieg, wurde aber bei Kämpfen mehrmals schwer beschädigt, unter anderem durch vier Kamikaze-Flugzeuge im Februar 1945. Danach kam sie nicht mehr zum Einsatz. Nach dem Krieg diente der Flugzeugträger als Versuchsobjekt bei den Atombombenversuchen im Bikini-Atoll, wo er am 25. Juli 1946 unterging.

»Ranger«

Die »Ranger« war der erste amerikanische Flugzeugträger, der als solcher von vorneherein geplant war. Infolge des Washingtoner Flottenabkommens von 1922 musste die Schiffsgröße einer neuen Klasse möglichst klein gehalten werden, da die USA mit der »Lexington«-Klasse die ihr zustehende Tonnage schon zur Hälfte verbraucht hatten. Mit kleineren Einheiten wollte man eine größere Anzahl bauen können. Allerdings blieb die »Ranger« dann ein Einzelschiff, das von 1931 bis 1934 gebaut wurde und am 4. Juli 1934 in Dienst stellte.

Wie bei der »Langley« war das Flugdeck auf Stützen aufgebaut. Bemerkenswert waren auch die sechs bei Flugbetrieb umlegbaren Schornsteine.

Die »Ranger« war zunächst in der Pazifikflotte eingesetzt und von 1939 bis 1944 der Atlantikflotte zugeteilt. Sie wechselte danach wieder in den Pazifik. Den Krieg hat der Flugzeugträger unbeschadet überstanden. Am 18. Oktober 1946 stellte die »Ranger« außer Dienst und wurde anschließend abgewrackt.

»Yorktown«-Klasse

Die »Yorktown« Klasse bestand aus den Flugzeugträgern »Yorktown«, »Enterprise« und »Hornet«, die in den Jahren 1934 bis 1941 gebaut wurden. In ihrer Schiffskonstruktion knüpfte die »Yorktown«-Klasse an die »Ranger« an. Im Allgemeinen gilt die »Yorktown«-Klasse als eine wohlgelungene Schiffsentwicklung. Die ihr nachfolgende und im Krieg gebaute »Essex«-Klasse konnte auf den drei Trägern der »Yorktown«-Klasse aufbauen.

Erstmals hatte man die Möglichkeit geschaffen, dass vom Einsatz zurückkommende Flugzeuge sowohl von vorne als auch von achtern auf dem Flugdeck landen konnten.

Vorne und achtern waren Bremsseile verlegt. Außerdem waren sie nach der »Langley« wieder die ersten Träger, die mit Startkatapulten für die Flugzeuge ausgerüstet wurden.

Nach ihrer Indienststellung fanden die drei Flugzeugträger in der Pazifikflotte Verwendung. Zusammen mit den beiden Schiffen der »Lexington«-Klasse bildeten sie bei Beginn des Pazifikkriegs das Rückgrat der amerikanischen Trägerflotte. Die drei Träger waren mehr oder weniger an allen großen Seeschlachten im Pazifik beteiligt. Dabei haben zwei die Kämpfe nicht überstanden.

Die »Yorktown« wurde am 4. Juni 1942 in der Schlacht bei Midway von japanischen Flugzeugen angegriffen und dabei schwer beschädigt. Zwei Tage später versenkte ein japanisches U-Boot den zwar noch schwimmenden aber nicht mehr einsatzfähigen Träger. Die »Hornet« wurde am 26. Oktober 1942 in einer Seeschlacht so schwer getroffen, dass man sie aufgeben musste.

Die »Enterprise« erlitt bei ihren Einsätzen immer wieder Kampfschäden durch Flugzeug- und Kamikaze-Angriffe, die sie jedoch alle mehr oder weniger schwer beschädigt überstanden hatte. Am 17. Februar 1946 stellte das Schiff außer Dienst, blieb in den nächsten Jahren in der Reserveflotte und wurde 1958 zum Verschrotten verkauft.

»Wasp«

Der Flugzeugträger »Wasp« war als Ersatz für die »Langley« gedacht. In seine Entwicklung und Bau flossen die bereits gemachten Erfahrungen mit der »Yorktown«-Klasse ein. Er ist als eine verkleinerte Version dieser Klasse anzusehen. Am 1. April 1936 auf Kiel gelegt lief das Schiff am 4. April 1939 vom Stapel und stellte am 25. April 1940 in Dienst. Der Träger wurde zunächst der Atlantikflotte zugeteilt und kam bis Mitte 1942 im europäischen Seekriegsgeschehen zur Unterstützung der englischen Royal Navy zum Einsatz. Nach seiner Verlegung in den Pazifik ist das Schiff am 15. September 1942 durch einen Torpedoangriff Opfer des japanischen U-Bootes »I 19« geworden. Das dabei ausbrechende Feuer konnte nicht unter Kontrolle gebracht werden und südlich von Guadalcanal ist die »Wasp« gesunken.

Flugzeugträger »Wasp«. Foto: US Navy

»Essex«-Klasse

Beginnend mit dem Haushaltsjahr 1940 wurden die finanziellen Mittel für den Bau von insgesamt 32 Schiffen der »Essex«-Klasse im Etatplan der amerikanischen Marine eingestellt. Mit dem Serienbau wurden fünf Werften beauftragt. Die Planungsarbeiten an der neuen Schiffsklasse gingen recht zügig voran. Schon am 28. April 1941 konnte das Typschiff »Essex« auf Kiel gelegt werden. Am 31. Dezember 1942 stellte es in Dienst. Bis Sommer 1945 folgten noch weitere 16 Einheiten und nach dem Krieg bis 1950 nochmals sieben. Zwei Flugzeugträger der Klasse wurden im Bau abgebrochen und die restlichen sechs aus der Planung wieder gestrichen.

In ihrer Konzeption schlossen die Neubauten an die »Yorktown«-Klasse an. In der Bauausführung gab es je-

Flugzeugträger »Essex«. Foto: US Navy

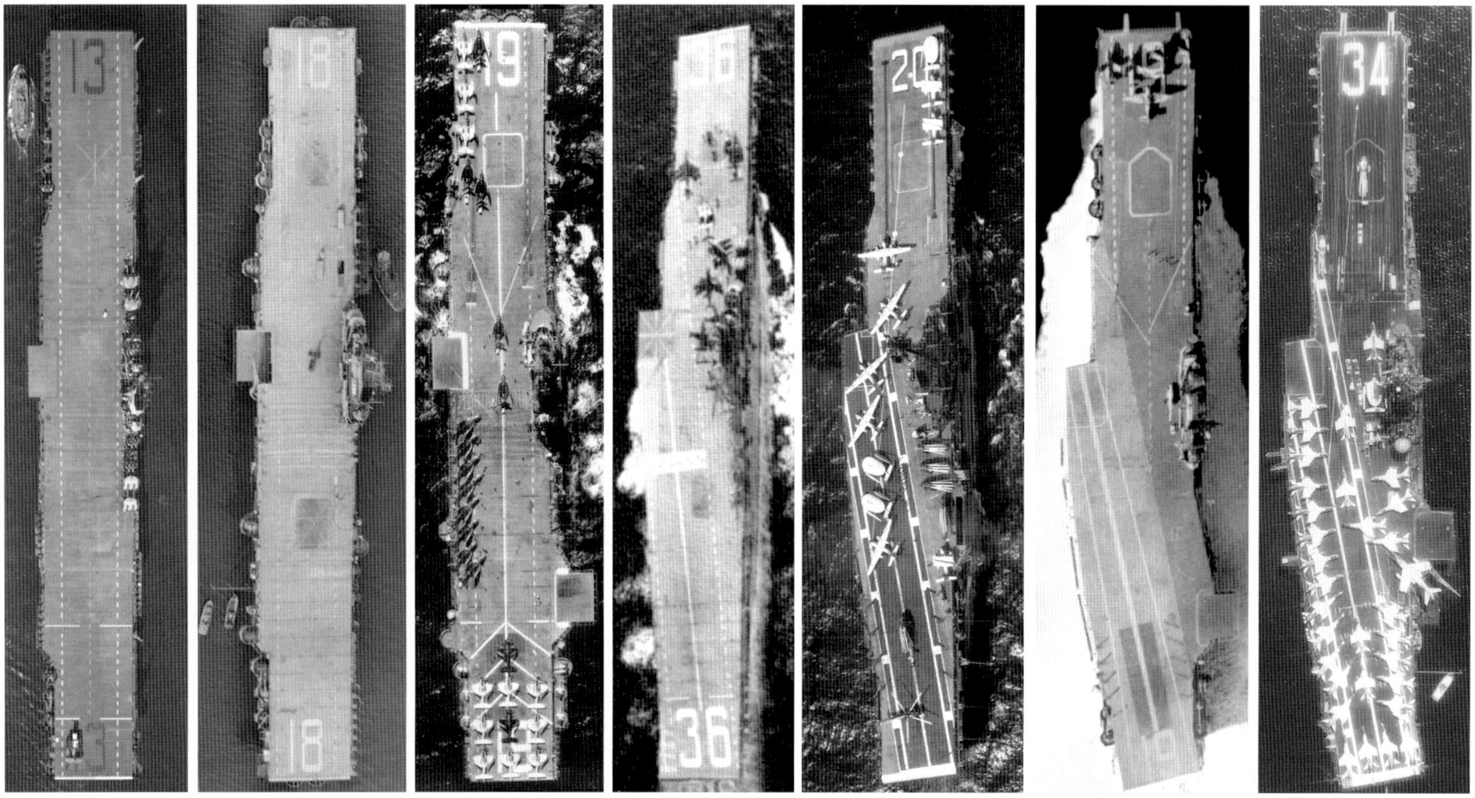

Die Flugzeugträger der »Essex«-Klasse im Wandel der Zeit von 1944 bis 1960. Foto: US Navy

Flugzeugträger »Ticonderoga«. Foto: US Navy

doch unter den Schiffen Unterschiede. Am auffallendsten war dies bei der Schiffslänge. Man unterschied eine »Short Hull«- und eine »Long Hull«-Variante, deren Schiffslängen um 4,88 Meter differenzierte. Die Artilleriebewaffnung der »Essex«-Klasse war ausschließlich auf die Flugabwehr ausgerichtet.

Die Flugzeugträger der »Essex«-Klasse spielten ab 1943 eine sehr wichtige Rolle auf dem pazifischen Kriegsschauplatz. Nach dem Krieg gingen die meisten Einheiten in den Reservestatus über. Angesichts der weltpolitischen Spannungen im Kalten Krieg wurden sie ab 1950 wieder reaktiviert und umfassend modernisiert sowie zum Teil auch umgebaut. Dabei erhielten die Einheiten ein Winkelflugdeck, mit dem die Starts und Landungen der Flugzeuge optimiert werden konnte und das in den Folgejahren zum Standard auf den amerikanischen Flugzeugträger wurde.

Schiffe der »Essex«-Klasse kamen im Korea- und Vietnamkrieg erneut zum Einsatz. Die meisten Einheiten blieben bis weit in die 1970er Jahre im aktiven Dienst. Am längsten der Flugzeugträger »Lexington (II)«, der bis März 1991 als Schul-Flugzeugträger Verwendung fand und als letztes Schiff der Klasse außer Dienst ging. Der Träger kam so auf eine Dienstzeit von 48 Jahren und liegt heute in Corpus Christi / Texas als Museumsschiff.

»Independence«-Klasse

Während des kritischen Kriegsjahres 1942 verlor die amerikanische Marine mit »Lexington«, »Yorktown«, »Hornet« und »Wasp« vier Flugzeugträger. Zeitweilig war nur ein Flugzeugträger verfügbar. Deshalb entschloss man sich, noch vorhandene und aufliegende Kreuzerrümpfe als Flugzeugträger weiterzubauen. Hierbei handelte es sich um die »Cleveland«-Klasse von der einmal 52 Schiffe geplant waren. So entstanden auf diese Art und Weise die acht Einheiten der »Independence«-Klasse, die alle schon im Jahr 1943 in Dienst stellten. Diese kurze Bauzeit war möglich geworden, weil man die Schiffe bewusst einfach konstruiert hatte.

Flugzeugträger »Independence«. Foto: US Navy

Nach ihrem Zulauf kamen die Einheiten der »Independence«-Klasse im pazifischen Raum zum Einsatz. Durch Kriegseinwirkung ging nur der Flugzeugträger »Princeton« vor den Philippinen im Oktober 1944 verloren.

Nach dem Krieg stellten die Träger bei der amerikanischen Marine recht zügig außer Dienst. In den 1950er Jahren hatten sie unterschiedliche Schicksale. Eine Einheit wurde als Zielschiff versenkt. Zeitweise hat man zwei an Frankreich und eine an Spanien abgetreten / ausgeliehen. Die anderen beiden wurden für die US Navy reaktiviert und nochmals als Schulträger und / oder Flugzeugtransportschiffe genutzt. Letztendlich waren aber ab den 1970er Jahre keine Flugzeugträger der »Independence«-Klasse mehr im Dienst.

Flugzeugträger »Bataan«. Foto: US Navy

Trägerflugzeuge

Die amerikanische Marine hatte während es Zweiten Weltkriegs über 110 träger- und landgestützte Flugzeugtypen der unterschiedlichsten Art und verschiedensten Verwendung in ihrem Bestand. Sie alle aufzuführen und vorzustellen würde den Umfang dieses Buches bei Weitem sprengen. Deshalb werden nachfolgend als typische Beispiele nur acht aktiv in das Geschehen auf dem pazifischen Kriegsschauplatz involtierte trägergestützte Jagdflugzeuge, Sturzkampfbomber und Torpedobomber kurz vorgestellt.

Grumman F4F Wildcat

Die Grumman F4F Wildcat war zu Beginn des Zweiten Weltkriegs das Standardjagdflugzeug auf den Flugzeug-

Jagdflugzeug Grumman F4F Wildcat Foto: US Navy

trägern der US Navy und trug bis in die erste Hälfte des Jahres 1943 die Hauptlast der Kämpfe auf dem pazifischen Schauplatz. Im Herbst 1935 begann die Entwicklung der Wildcat. Die Herstellung eines Prototyps dauerte bis zum August 1937, dessen Flüge aber nicht allzu erfolgreich verliefen. Der erfolgreiche Erstflug einer verbesserten Version fand dann am 12. Februar 1939 statt. Die Serienproduktion begann im Januar 1940. In den Jahren 1940 bis 1945 liefen insgesamt 7824 Maschinen dieses sehr handlichen Flugzeugs in verschiedenen Varianten und Ausführungen vom Band. Der ersten Luftsieg einer trägergestützten Wildcat erfolgte am 1. Februar 1942. Den letzten Luftsieg einer Wildcat erzielte ein Pilot am 5. August 1945.

Jagdflugzeug Brewster F2A Buffalo Foto. NASA

Jagdflugzeug Vought F4U Corsair. Man beachte die für das Flugzeug typischen Knickflügel, die dem Piloten beim Landen eine bessere Sicht erlaubten. Foto: US Navy

Eine Hellcat wird vom Hangarkatapult des Flugzeugträgers »Hornet« gestartet. Foto: US Navy

Brewster F2A Buffalo

Die Brewster F2A Buffalo war ein bei Kampfeinheiten der US Navy eingesetztes Flugzeugträger taugliches Jagdflugzeug, das nach einer Marine-Ausschreibung von 1936 entwickelt wurde. Der Erstflug der Buffalo erfolgte im Januar 1938. Insgesamt wurden 509 Maschinen in verschiedenen Varianten von 1938 bis 1942 produziert. Einige dieser Flugzeuge gingen auch an alliierte Partner. Bei der amerikanischen Marine stellten die ersten Maschinen im Juni 1939 in Dienst. Das Flugzeug war klein und untermotorisiert, zeigte aber in seinen Einsätzen hervorragende Leistungen.

Vought F4U Corsair

Das Jagdflugzeug Vought F4U Corsair war ein einmotoriger Tiefdecker mit den charakteristischen Knickflügeln. Es kam im Pazifikkrieg als Trägerflugzeug zum Einsatz. Der erste Prototyp der Corsair wurde im Juni 1938 bestellt. Der Erstflug fand am 29. Mai 1940 statt. Von 1940 bis 1953 wurden 12.581 Maschinen in verschiedenen Varianten gebaut. Allein im Pazifik konnten mit der Maschine in Luftkämpfen 2140 japanische Flugzeuge bei 189 eigenen Verlusten abgeschossen werden. Auch als Jagdbomber gegen Bodenziele wurde die Maschine sehr erfolgreich eingesetzt. Nach dem Zweiten Weltkrieg kam die Corsair nochmals im Koreakrieg zum Einsatz. Im Indochinakrieg setzte auch Frankreich dieses Flugzeugmuster ein.

Grumman F6F Hellcat

Das trägergestütztes Jagdflugzeug Grumman F6F Hellcat war das weiterentwickelte Nachfolgemodell der Grumman F4F Wildcat. Im Gegensatz zu dieser war die Hellcat als Tiefdecker ausgelegt. Der Erstflug war im Juni 1942. Infolge der schnell anlaufenden Serienproduktion konnten bereits im Oktober 1942 die ersten Maschinen ausgeliefert und die Einsatzverbänden ab Januar 1943 damit ausgerüstet werden. Von 1942 bis 1945 wurden insgesamt in verschiedenen Flugzeugmustern 12.274 Maschinen gefertigt. Die Hellcat kam im pazifischen Kriegsgeschehen zum Einsatz. Im Luftkampf war sie den japanischen

Jagdflugzeugen vom Typ Zero überlegen. Nach dem Zweiten Weltkrieg setzten französische Marineflieger das Jagdflugzeug im Indochinakrieg ein. Desweiteren wurde die Hellcat auch an südamerikanische Staaten geliefert. Dort blieb sie bis Anfang der 1960er Jahre im Dienst.

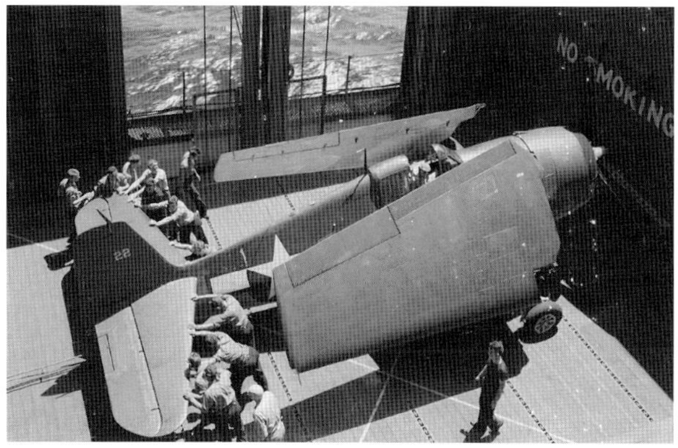

Eine Hellcat wird mit dem Aufzug auf das Flugdeck gebracht. Foto: US Navy

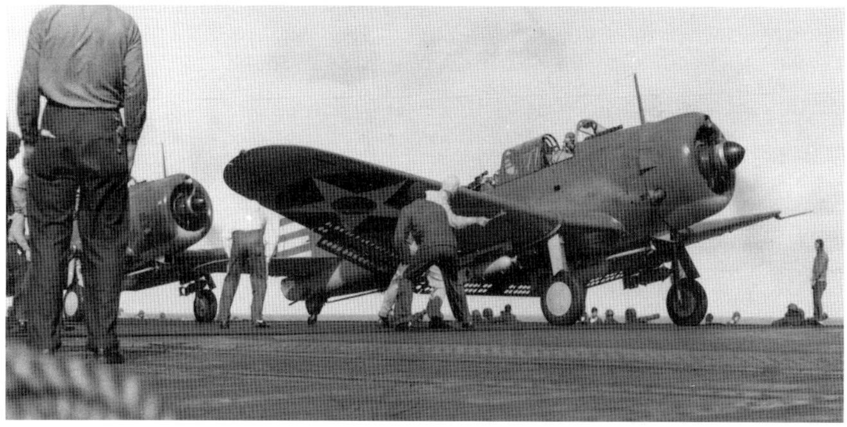

Eine Douglas SBD Dauntless wird startklar gemacht. Foto: US Navy

Zwei Sturzkampfbomber Curtiss SB2C Helldiver im Formationsflug. Foto: US Navy

Douglas SBD Dauntless

Die Douglas SBD Dauntless wurde als trägergestütztes Sturzkampfflugzeug, das bei der US Navy und dem US Marine Corps geflogen. Die Entwicklung geht auf eine 1934 getätigte Ausschreibung zurück. Ein Prototyp flog zum ersten Mal im April 1938, ein weiterer im Mai 1940. Die sich daran anschließende Fertigung umfasste von 1940 bis 1944 insgesamt 5937 Maschinen in verschiedenen Modellen. Die Dauntless zeichneten sich unter anderem bei der Schlacht im Korallenmeer aus, leitete mit der Versenkung von vier japanischen Flugzeugträgern bei der Schlacht um Midway die Wende im Pazifikkrieg ein und war an der Seeschlacht in der Philippinensee beteiligt. Der Sturzkampfbomber wurde zum Rückgrat der leichten Kampfflugzeuge auf den amerikanischen Flugzeugträgern. Das Flugzeug konnte enorm viel einstecken. Dank seiner Beschussfestigkeit hatte es die niedrigste Verlustquote aller amerikanischen Flugzeuge im Pazifik.

Curtiss SB2C Helldiver

Die Curtiss SB2C Helldiver waren einmotorige, zweisitzige und trägergestützte Sturzkampfflugzeuge der amerikanischen Marine. Sie waren als Nachfolgemodell für die Douglas SBD Dauntless vorgesehen. Die Curtiss SB2C Helldiver litt aber unter vielen Entwicklungsschwierigkeiten und konnte erst im November 1943 bei den Kampfverbänden eingesetzt werden, obwohl der Prototyp schon im November 1940 geflogen war. Insgesamt wurden im Zeitraum von 1942 bis 1945 beachtliche 7140 Flugzeuge in verschiedenen Ausführungen gebaut. Die Maschine litt ständig unter Stabilitätsproblemen, hatte aber dennoch große Erfolge im Einsatz. So zum Beispiel bei den Sturzbomberangriffen im Golf von Leyte und bei den Angriffen auf die japanischen Schlachtschiffgiganten »Yamato« und »Musashi«.

Douglas TBD Devastator

Der einmotorige trägergestützte Torpedobomber Douglas TBD Devastator war ein Tiefdecker und das erste Ganzmetallflugzeug mit hydraulisch hochklappbaren Flügeln. Der Erstflug fand im April 1935 statt. Im Juni 1937 begann die Auslieferung der ersten Maschinen an die amerikanische Marine. Insgesamt wurden 130 Maschinen gebaut und in Dienst gestellt. Bis Mitte 1942 war

Am frühen Morgen des 4. Juni 1942 werden auf dem Fluzeugträger »Enterprise« Torpedobomber Douglas TBD Devastator zum Start klargemacht. Die Maschinen gingen bei der Schlacht um Midway wenige Stunden später verloren. Foto: US Navy

Ein Devastator beim Torpedoabwurf. Foto: US Navy

die Devastator der Standard-Torpedobomber auf den amerikanischen Flugzeugträgern. Der Nachfolger – die Grumman TBF Avenger – war schon im Oktober 1940 geordert worden, jedoch begann der Zulauf erst im Mai 1942. So bildeten zu Anfang des pazifischen Seekriegs die Devastator das Hauptpotenzial an Torpedoflugzeugen auf den amerikanischen Flugzeugträgern. Mit seiner geringen Geschwindigkeit und der unzureichenden Abwehrbewaffnung, waren sie jedoch leichte Beute für die japanischen Jagdflugzeuge vom Typ Zero. Ohne Jagdschutz operierend kam das Ende der Devastator bei der Schlacht um Midway im Juni 1942. Insgesamt 27 Maschinen wurden Opfer der japanischen Zeros. Eine nach der anderen Maschine wurde abgeschossen. Im Jahr 1944 zählte die US Navy nur noch 21 Devastator in ihrem Bestand.

Grumman TBF Avenger

Die Grumman TBF Avenger war nach der Douglas TBD Devastator der neue Standard-Torpedobomber auf den amerikanischen Flugzeugträgern. Der Erstflug fand im August 1941 statt. Die Serienproduktion begann im Januar 1942. Die erste Flugzeuglieferung erreichte Pearl Harbor kurz vor der Schlacht um Midway im Juni 1942, für die Seeschlacht selbst aber zu spät. Von 1941 bis 1945 wurden insgesamt 9840 Maschinen gebaut. Ihr robuste Bauweise machte die Avenger weniger anfällig für die gegnerische Flugabwehr, als das bei dem Vorgängermodell Devastator der Fall war. Das Flugzeug konnte im Bombenschacht einen Torpedo von 907 Kilogramm an Gewicht mitnehmen. Alternativ waren Bomben oder Wasserbomben möglich. Gegen Ende des Kriegs war auch unter den Tragflächen die Beladung mit Raketen eine weitere Alternative bei der Bewaffnung. Im Bombenschacht konnte an Stelle der Waffenbeladung auch ein Zusatztank untergebracht werden. In welcher Ausstattung auch immer, die Grumman TBF Avenger hat sich immer bewährt. Sie besaß das Potenzial eines zweimotorigen Flugzeugs und hatte gute Eigenschaften für ihre Verwendung als Trägerflugzeug.

Eine Grumman TBF Avenger unmittelbar vor dem Start. Foto: US Navy

Tabelle Schiffsdaten Flugzeugträger, Vereinigte Staaten von Amerika							
Name / Klasse	**»Langley«**	**»Lexington«**	**»Ranger«**	**»Yorktown«**	**»Wasp«**	**»Essex«**	**»Independence«**
Schwesterschiffe	keine	»Saratoga«	keine	»Enterprise«, »Hornet«	keine	23	7
Einsatzverdrängung (t)	13.900	41.187	15.577	25.484	19.116	34.346	14.751
Länge (m)	165,26	270,66	234,40	246,73	219,45	265,78 / 270,66	189,59
Breite (m)	19,90	32.70	26,21	33,37	27,66	44,98	33,00
Tiefgang (m)	6,30	10,15	6,83	7,90	7,08	8,70	7,90
Flugdecklänge (m)	unbekannt	263,90	155,44	244,45	221,58	262,73	168,25
Besatzungsstärke	468	2327	1788	2175	2167	3448	1569
Antriebsleistung (PS)	6500	180.000	53.500	120.000	70.000	150.000	100.000
Antriebswellen	2	4	2	4	2	4	4
Geschwindigkeit (kn)	15,5	33,3	29,3	32,5	29,5	33,0	31,6
Fahrbereich (sm / kn)	12.260 / 10	10.000 / 10	10.000 / 15	12.000 / 15	12.500 / 15	16.900 / 15	13.000 / 15
Artilleriebewaffnung	4 x 12,7 cm	8 x 20,3 cm, 12 x 12,7 cm	8 x 12,7 cm	8 x 12,7 cm, 16 x 2,8 cm	8 x 12,7 cm, 16 x 2,8 cm	12 x 12,7 cm, 32 x 4 cm, 46 x 2 cm	24 x 4 cm, 22 x 2 cm
Hallendecks / Aufzüge	0 / 1	1 / 2	1 / 2	1 / 2	1 / 2	1 / 3	1 / 2
Katapulte	2	keine	keine	3	2	2	2
Flugzeuge	33	90	76	96	76	83	45

Tabelle Flugzeugdaten Trägerflugzeuge, Vereinigte Staaten von Amerika								
Name	**Grumman F4F Wildcat**	**Brewster F2A Buffalo**	**Vought F4U Corsair**	**Grumman F6F Hellcat**	**Douglas SBD Dauntless**	**Curtiss SB2C Helldiver**	**Douglas TBD Devas-tator**	**Grumman TBF Avenger**
Typ	Radflugzeug	Radflugzeug	Radflugzeug	Radflugzeug	Radflugzeug	Radflugzeug	Radflugzeug	Radflugzeug
Verwendung	Jagdflugzeug	Jagdflugzeug	Jagdflugzeug	Jagdflugzeug	Sturzkampf-bomber	Sturzkampf-bomber	Torpedobomber	Torpedobomber
Besatzung	1	1	1	1	2	2	3	3
Länge (m)	8,76	7,90	9,99	10,10	10,06	11,18	10,69	12,20
Spannweite (m)	11,58	10,70	12,49	13,05	12,65	15,18	15,24	16,51
Anzahl Triebwerke	1	1	1	1	1	1	1	1
Motorenleistung (PS)	1200	950	2000	2000	1350	1900	900	1700
Geschwindigkeit (km/h)	512	500	671	612	410	471	331	436
Reichweite (km)	1240	1600	1722	1745	1760	3080	700	1600
Dienstgipfelhöhe (m)	12.010	10.100	11.310	11.720	7680	8950	5945	6830
Leergewicht (t)	2,612	1,717	4,025	4,100	2,964	4,720	2,804	4,788
Abfluggewicht (t)	3,607	2,286	6,280	5,160	4,318	6,380	4,623	7,876
Bewaffnung	6 x MG, Bomben	2 x MG	6 x MG, Bomben	6 x MG	4 x MG, Bomben	1 x MG, 2 x 2 cm	2 x MG, 1 x Torpedo	3-4 x MG, 1 x Torpedo, oder 907 kg Bomben, und / oder Raketen

3.4 - Japan

Der Flugzeugträger »Hosho« in seinem ursprünglichen Aussehen mit kleinen Inselaufbauten an Steuerbord. Foto: Archiv Autor

Die »Hosho« in ihrem Aussehen nach Entfernung der Inselaufbauten. Die Abgaswolke kommt aus den drei nach Steuerbord ausgerichteten Schornsteinen. Foto: Archiv Autor

Der Flugzeugträger »Akagi« in seinem Aussehen nach dem Umbau. Foto: US Navy

Bauprogramme Flugzeugträger

»Hosho«

Die »Hosho« war der erste für Japan gebaute Flugzeugträger. Genau wie seinerzeit in Großbritannien und den USA entstand auch dieser Träger aus dem Umbau bzw. Fertigbau einer für andere Zwecke geplanten und im Bau begonnenen Einheit. Bei der »Hosho« war dies der am 16. Dezember 1919 auf Kiel gelegte Marinetanker »Hiryu«. Von britischer Seite erhielt Japan Hilfe bei den Umbauplanungen und so ist es nicht verwunderlich, dass der erste japanische Flugzeugträger eine schon recht ausgereifte Konstruktion darstellte. Das Schiff stellte am 16. Dezember 1922 in Dienst.

Von der Ursprungskonzeption her war die »Hosho« ein Inseltyp mit kleinen an der Steuerbordseite vorhandenen Aufbauten. Diese stellten sich jedoch nicht als optimale Lösung heraus. Scheinbar verursachten sie zu viele Turbolenzen und wurden schon recht bald wieder entfernt.

Während des Pazifikkriegs wurde die nicht mehr auf dem neuesten Stand der Entwicklung stehende »Hosho« in kleineren Operationen und zu sekundären Aufgaben eingesetzt. An der Schlacht um Midway nahm sie noch teil, jedoch nicht im direkten Kampfgeschehen, sondern als abgesetzte Sicherungseinheit. Desweiteren kam die »Hosho« als Schulungsträger in Verwendung.

Der Flugzeugträger »Hosho« überlebte den Zweiten Weltkrieg. Nach Kriegsende nutzte man das Schiff noch einmal zur Rückführung von Soldaten und ab April 1947 erfolgte der Abbruch.

»Akagi«

Noch während der Erprobungen der »Hosho« entstanden die Umbaupläne für die als Schlachtkreuzer am 6. Dezember 1920 auf Kiel gelegte »Akagi«. Sie war eines der wenigen japanischen Großkampfschiffe, die gemäß des Washingtoner Flottenabkommens von 1922 als Flugzeugträger weitergebaut werden durften. Die Indienststellung erfolgte am 25. März 1927.

Die »Akagi« war ursprünglich ein Glattdecktyp. In den Jahren 1935 bis 1938 wurde das Schiff umfangreich umgebaut und modernisiert und dabei mit einem Inselaufbau an Steuerbord versehen.

Der Flugzeugträger »Akagi« gehörte zu den Angriffsträgern auf Pearl Harbor, kam in den Folgemonaten in den südostasiatischen Seegebieten zum Einsatz und nahm an der Schlacht um Midway teil. Hier wurde sie durch amerikanische Trägerflugzeuge schwer beschädigt und musste von eigenen Zerstörern mit Torpedos versenkt werden.

Flugzeugträger »Kaga« in seinem ursprünglichen Aussehen. Foto: Shizuo Fukui

»Kaga«

Der Flugzeugträger »Kaga« war als Schlachtschiff auf Kiel gelegt und lief als solches am 19. November 1921 vom Stapel. Dann folgte ein Baustopp. Der Abbruch war wegen des Washingtoner Flottenabkommens vorgesehen. Die »Kaga« trat jedoch an die Stelle des wegen eines Erdbenschadens für den Umbau ausgefallenen Schlachtkreuzers »Amagi«. Die Indienststellung als Flugzeugträger erfolgte erst 31. Mai 1928.

Schon zu Beginn der 1930er Jahre wurde ein Umbau und die Modernisierung des Flugzeugträgers beschlossen und 1934 / 1935 durchgeführt. Dabei erhielt die »Kaga« auch einen kleinen Inselaufbau und das Flugdeck wurde verlängert.

Der Einsatz im Zweiten Weltkrieg entsprach dem der »Akagi«. Pearl Harbor, Südostasien und Midway waren die Einsatzschwerpunkte. Auch die »Kaga« ging bei der Seeluftschlacht um Midway verloren.

»Ryujo«

Der Flugzeugträger «Ryujo« hatte bei der Fertigstellung nur eine Standardverdrängung von rund 8000 Tonnen. Mit den drei bisher in der Kaiserlich Japanischen Marine in Dienst stehenden Flugzeugträgern war die nach dem Washingtoner Flottenabkommen Japan zustehende Gesamttonnage von 81.000 Standardtonnen fast erschöpft. Scheinbar wollte man auch ausprobieren, wie weit man im Flugzeugträgerbau in der Tonnage nach unten gehen konnte, um diese Resttonage auf mehrere kleine Träger verteilen zu können.

Die »Ryujo« stellte am 9. Mai 1933 in Dienst. In der Praxis zeigten sich jedoch Stabilitätsmängel und Topplastigkeit wegen der allzu leichten Bauweise. Umbaumaßnahmen wurden umgehend erforderlich. Dabei erhöhte sich die Standardverdrängung auf 10.600 Tonnen.

Im Pazifikkrieg kam die »Ryujo« in Südostasien, im Indischen Ozean und bei den Midway-Inseln zum Einsatz. Im August 1942 wurde der Träger bei den Salomonen durch amerikanische Trägerflugzeuge mit Bomben und Torpedos versenkt.

Eine japanischen Postkarte mit den Abbildungen der Flugzeugträger »Ryujo« (oben) und »Hosho« (unten). Forto: Archiv Autor

Flugzeugträger »Ryujo«. Man beachte die seitliche Neigung der Schornsteine. Ein auf den japanischen Glattdeck-Flugzeugträgern gängiges Konstruktionsmerkmal. Foto: Archiv Autor

Flugzeugträger »Soryu«. Foto: Archiv Autor

Flugzeugträger »Hiryu«. Foto: Archiv Autor

Luftaufnahme des Flugzeugträgers »Zuiho«. Gut zu erkennen ist das Anfang 1944 beim Umbau verlängerte Flugdeck. Foto: US Navy

»Soryu« und »Hiryu«

Die beiden Flugzeugträger »Soryu« und »Hiryu« waren die ersten japanischen Flotten-Flugzeugträger, die von vorneherein als solche geplant und ab 1934 gebaut wurden. Sie werden in der Literatur oft als eine gemeinsame Klasse zusammengefasst, was aber trotz vieler Gemeinsamkeiten nicht wirklich der Fall ist.

Auf Tonnagebegrenzungen brauchte man bei »Soryu« und »Hiryu« nicht mehr zu achten, da das Washingtoner Flottenabkommen am 31. Dezember 1931 abgelaufen war. Die Indienststellungen der beiden nicht ganz baugleichen Schiffe fanden am 29. Dezember 1937 und 5. Juli 1939 statt.

Die Flugzeugträger waren als Inseltyp gebaut. Die »Soryu« hatte ihre Insel an Steuerbord, auf der »Hiryu« war sie an Backbord vorhanden.

Beide Schiffe operierten nach Kriegsbeginn gemeinsam. Sie kamen zum Einsatz bei Pearl Harbor, in Südostasien und bei Midway, wo sie in der Seeluftschlacht von amerikanischen Flugzeugen versenkt wurden.

»Shoho«-Klasse

Die »Shoho«-Klasse bestand aus den beiden Flugzeugträgern »Shoho« und »Zuiho«, die in der Zeit von 1935 bis 1940 gebaut wurden. Die Schiffe waren ursprünglich als Marinetanker auf Kiel gelegt worden. »Shoho« wurde jedoch umgeplant und als U-Boottender fertiggestellt und als solcher eingesetzt. In 1941 erfolgte dann der Umbau und die Indienststellung als Flugzeugträger. Das Schwesterschiff »Zuiho« machte diesen Umweg nicht und stellte im Dezember 1940 gleich als Flugzeugträger in Dienst.

Als Flugzeugträger hatte die »Shoho« nur ein kurzes Schiffsleben. Sie wurde bereits am 7. Mai 1942 in der Seeschlacht im Korallenmeer versenkt. Sie war der erste japanische Flugzeugträger, der während des Pazifikkriegs verloren gegangen ist.

Die »Zuiho« war bis Mitte 1943 in das pazifische Seekriegsgeschehen eingebunden und nahm an diversen Operationen teil, die sie recht gut überstanden hatte. Dann folgte bis zum Frühjahr 1944 ein Umbau. Dabei wurde das Flugdeck verlängert, ein Radar installiert und die Flugabwehrbewaffnung erweitert. In der Seeluftschlacht im Golf von Leyte ging der Flugzeugträger im Oktober 1944 verloren.

»Shokaku«-Klasse

Die beiden Flugzeugträger »Shokaku« und »Zuikaku« waren zwei große Einheiten, die Japan Ende der 1930er Jahre angesichts seiner zunehmenden internationalen Isolation und den Spannungen mit den USA entwickelte und baute. Die Schiffe wurden 12. Dezember 1937 und am 25. Mai 1938 auf Kiel gelegt und stellten am 8. August 1941 und 25. September 1941 in Dienst. Damit standen sie beim Kriegsbeginn mit den USA der japanischen Marine zur Verfügung.

Flugzeugträger »Shokaku«. Foto: Archiv Autor

Die beiden Flugzeugträger basierten auf dem Schiffsentwurf der »Hiryu«, waren aber wesentlich größer und standfester. Innovativ war der ausgeprägte Bugwulst, der den Widerstandswert des Rumpfes während der Fahrt deutlich reduzierte.

Flugzeugträger »Zuikaku«. Foto: Archiv Autor

»Shokaku« und »Zuikaku« nahmen gemeinsam oder einzeln an einer Vielzahl von Operationen der japanischen Marine teil. So zum Beispiel am Angriff auf Pearl Harbor, in Südostasien, im Indischen Ozean, in den Seeschlachten im Korallenmeer und bei Guadalcal sowie in der Philippinensee.

Nach der Niederlage von Midway war die »Shokaku« in den Jahren 1943 / 1944 einer der wenigen der japanischen Flotte noch verbliebenen Flugzeugträger. Während der Seeschlacht in der Philippinensee wurde sie am 19. Juni 1944 vom amerikanischen U-Boot »Cavalla« versenkt.

Der Flugzeugträger »Junyo« als Auflieger im Herbst 1945. Foto: US Navy

Im Mai 1942 schalteten die Kampfflugzeuge der »Zuikaku« die amerikanische »Lexington« aus und beschädigte die »Yorktown«. In der Seeluftschlacht im Golf von Leyte im Oktober 1944 wurde die »Zuikaku« von rund 80 amerikanischen Flugzeugen in mehreren Wellen angegriffen. Nach zahlreichen Bomben- und Torpedotreffern wurde das Schiff schwer beschädigt und kenterte.

»Hiyo«-Klasse

Die beiden Flugzeugträger der »Hiyo«-Klasse wurden ursprünglich als schnelle Passagierschiffe in Auftrag gegeben und waren so konzipiert, dass sie relativ schnell zu Flugzeugträgern umgebaut werden konnten. Als Passagierschiffe erfolgten die Kiellegungen für »Hiyu« am 30. November 1939 und für »Junyo« am 20. März 1939. Im Februar 1941 wurden die noch unfertigen Schiffe von der japanischen Marine angekauft, als Flugzeugträger weitergebaut und am 31. Juli 1942 sowie am 3. Mai 1942 in Dienst gestellt. Sie waren die größten Handelsschiffsumbauten, die als Flugzeugträger Verwendung fanden.

Am 10. Juni 1943 wurde die »Hiyo« von zwei Torpedos des amerikanischen U-Bootes »Trigger« getroffen und musste zurück nach Japan, um dort repariert zu werden. Im Juni 1944 nahm sie an der Seeschlacht in der Philippinensee teil. Nach Bombentreffern brachen mehrere Feuer aus. Als Flugbenzindämpfe im Schiff explodierten, war sein Schicksal besiegelt. Am 20. Juni 1944 ist die »Hiyo« gesunken.

Die »Junyo« gehörte zur Ablenkungsgruppe, die zu Beginn der Schlacht um Midway einen Vorstoß gegen die Aleuten unternahm. Danach kam sie in südostasiatischen Gewässern zum Einsatz und wurde mehrmals in Gefechten beschädigt. Nach den Reparaturen erhielt die »Junyo« Transportaufgaben zugewiesen. Während eines solchen Einsatzes setzten die Torpedotreffer eines U-Bootes die »Junyo« außer Gefecht. Nach Japan zurückbeordert, wurde sie jedoch nicht mehr repariert. Das Schiff wurde 1947 abgewrackt.

Flugzeugträger »Katsuragi«. Foto: Archiv Autor

Flugzeugträger, die nicht mehr zum Einsatz kamen

- Die »Shinano« (70.755 t, 266,10 m, 27 kn, 42 Flugzeuge) war ursprünglich als Schlachtschiff der »Yamato«-Klasse im Bau begonnen und dann als Flugzeugträger fertiggebaut worden. Mit Abstand war sie der größte im Zweiten Weltkrieg fertiggebaute Flugzeugträger. Im November 1944 wurde das Schiff auf einer Überführungsfahrt vor der japanischen Küste von einem amerikanischen U-Boot versenkt.
- Die »Taiho« (37.270 t, 260,60 m, 33 kn, 75 Flugzeuge) war ein Einzelschiff, das am 7. März 1944 in Dienst stellte. Schon bei ihrem ersten Einsatz im Juni 1944 wurde sie durch den Torpedotreffer eines U-Bootes versenkt.
- Die »Unryu«-Klasse (21.779 t, 227,35 m, 34 kn, 48 Flugzeuge) sollte aus 16 Einheiten bestehen. Davon wurden jedoch nur drei - »Unryu«, »Amagi« und »Katsuragi« - im zweiten Halbjahr 1944 fertiggestellt. »Unryu« wurde im Dezember 1944 torpediert und ist gesunken. Die »Amagi« kenterte am Juli 1945 in Kure nach einem Luftangriff. Die »Katsuragi« überlebte den Krieg und wurde 1946 / 1947 abgebrochen.

Trägerflugzeuge

Das trägergestützte Jagdflugzeug Mitsubishi A5M Typ 96. Foto: Japanische Marine

Mitsubishi A5M Typ 96

Die Mitsubishi A5M Typ 96 war ein trägergestütztes Jagdflugzeug, das von den USA die Bezeichnung »Claude« erhielt. Die Entwicklung geht zurück bis in den Anfang der 1930er Jahre. Der Erstflug fand am 4. Februar 1934 statt. In mehreren verschiedenen Varianten wurden insgesamt 1355 Maschinen produziert. Die erste Verwendung des Flugzeugs erfolgte im Japanisch-Chinesischen Krieg ab September 1937. Danach kam es beim Angriff auf Pearl Harbor am 7. Dezember 1941 und in dem sich anschließenden Pazifikkrieg zum Einsatz.

Mitsubishi A6M Zero

Das trägergestützte Jagdflugzeug Mitsubishi A6M Zero wurde Ende der 1930er Jahre entwickelt. Der Erstflug fand am 1. April 1939 statt. Während des Kriegs wurden rund 11.000 Maschinen in unterschiedlicher Ausführung produziert. Damit ist die Mitsubishi A6M Zero das meist gebaute und wohl auch meist bekannte japanische Marineflugzeug. Zum ersten Einsatz kam die Maschine im September 1940 im Luftraum von China. Beim Angriff auf Pearl Harbor am 7. Dezember 1941 war die Zero ebenfalls beteiligt. Bis zu diesem Zeitpunkt hatten die Amerikaner nichts von der Existenz des Jagdflugzeugs gewusst. Während des Höhepunktes der japanischen Siege in Südostasien bewährte sich die Mitsubishi A6M Zero hervorragend. In den Luftkämpfen des Pazifikkriegs waren die amerikanischen Piloten von der Leistungsfähigkeit des Flugzeuges überrascht und mussten schwere Verluste hinnehmen. Die amerikanischen Flugzeuge waren der »Zeke«, so die Code-Bezeichnung des Typs, deutlich unterlegen. Nach dem Verlust ihrer meisten Flugzeugträger, setzten die Japaner das Jagdflugzeug von Land aus ein. Erst 1943 gelang es den USA mit der Grumman F6F Hellcat ein der Zero überlegenes trägergestütztes Jagdflugzeug entgegenzusetzen.

Jagdflugzeuge des Typs Mitsubishi A6M Zero. Foto: Umeyou / CC-BY-SA 3.0

Aichi D3A Typ 99

Die Aichi D3A Typ 99 war ein robuster trägergestützter Sturzkampfbomber, der den alliierten Code-Namen »Val« hatte. Die Entwicklung der Aichi D3A Typ 99 begann Anfang 1936 und schon im August des gleichen Jahres fand der Erstflug statt. Bis zum Jahr 1944 sollten insgesamt in verschiedenen Mustern 1486 - nach anderer Quelle nur 1294 - Maschinen gebaut werden. Die Aichi D3A Typ 99 war maßgeblich an den Angriffen auf Pearl Harbor am 7. Dezember 1941 beteiligt, hatte ihre Feuertaufe jedoch schon zuvor in China. Das Flugzeug wurde den gesamten Pazifikkrieg hindurch eingesetzt. Es versenkte mehr alliierte Kriegsschiffe als jedes andere Flugzeugmuster der Achsenmächte. In der Endphase des Kriegs kam die Maschine auch als Kamikaze-Flugzeug in Verwendung.

Jagdflugzeuge des Typs Mitsubishi A6M Zero kurz vor dem Start an Bord eines Flugzeugträgers. Foto: US Navy

Yokosuka D4Y Suisei

Als modernerer Nachfolger der Aichi D3A Typ 99 wurde der Sturzkampfbomber Yokosuka D4Y Suisei entwickelt. Das Flugzeug hatte im Dezember 1940 seinen Erstflug. Bald zeigten sich Schwächen im Aufbau der Tragflächen, die beim Sturzflug zu flattern begannen. Für einen Sturzkampfbomber ein nicht hinnehmbares Einsatzrisiko. Daher wurden die ersten gebauten Flugzeuge ab 1942 nur als bewaffnete Aufklärer eingesetzt. Die strukturellen Probleme waren erst im März 1943 behoben und die Serienproduktion konnte anlaufen. Bis 1945 entstanden von dem schnellsten trägergestützten Sturzkampfbomber des Zweiten Weltkriegs insgesamt 2038 Exemplare in verschiedenen Varianten. Bis Kriegsende kam die »Judy«, so der alliierte Code-Name der Yokosuka D4Y Suisei, zum Einsatz. Ab dem Jahr 1945 fand das Flugzeugmuster auch als Kamikaze-Flugzeug Verwendung.

Sturzkampfbomber Aichi D3A Typ 99 Foto: US Navy

Sturzkampfbomber Yokosuka D4Y Suisei. Foto: Archiv Autor

Torpedobomber Nakajima B5N. Foto: US navy

Torpedobomber Nakajima B6N Tenzan. Foto: Archiv Autor

Der neueste und letzte japanische trägergestützte Torpedobomber Aichi B7A Ryusei. Foto: US Navy

Nakajima B5N

Der trägergestütze Torpedobomber Nakajima B5N wurde ab Mitte der 1930er Jahre entwickelt. Der erste Prototyp flog im Januar 1937. Die Serienproduktion begann im November 1937. Insgesamt wurden in allen Varianten 1149 Maschinen des Typs Nakajima B5N, die den Code-Namen »Kate« erhielt, gefertigt. Im Gegensatz zu den veralteten alliierten Flugzeugmuster Douglas TBD Devastator und Fairey Swordfish war die Nakajima B5N seinerzeit weltweit der modernste und leistungsstärkste trägergestützte Torpedobomber. Sie war Japans wichtigstes Torpedoflugzeug, das auch als Horizontalbomber eingesetzt werden konnte. In Pearl Harbor und danach im Pazifikkrieg hatten die Flugzeuge großen Anteil an den Erfolgen der japanischen Seeluftstreitkräfte. Auf den großen Flugzeugträgern blieb der Torpedobomber bis zum Frühjahr 1944 an Bord. Auf den kleineren Trägern und von Landstützpunkten aus war er bis Kriegsende im Fronteinsatz. Zum Kriegsende fand die Nakajima B5N auch bei Kamikaze-Einsätzen Verwendung.

Nakajima B6N Tenzan

Die Nakajima B6N Tenzan war der Nachfolgetyp des Torpedobombers Nakajima B5N. Von alliierter Seite erhielt die Tenzan die Bezeichnung »Jill«. Der erste Prototyp flog Anfang 1941. Insgesamt wurden während des Kriegs 1268 Flugzeuge gebaut. Wegen ihrer hohen Landegeschwindigkeit konnte die Nakajima B6N Tenzan nur auf den großen japanischen Flugzeugträgern verwendet werden. Ansonsten war der Torpedobomber ein sehr leistungsfähiges Flugzeug, erwies sich aber auch andererseits als leichtes Ziel für die amerikanischen Grumman F6F Hellcat. Den ersten Einsatz hatte der Flugzeugtyp im Juni 1944 in der Seeschlacht in der Philippinensee und nahmen dann an allen anschließenden pazifischen Seeluftschlachten teil. Gegen Kriegsende kamen auch Kamikaze-Einsätze zum Tragen. Die Nakajima B6N Tenzan war der letzte japanische Torpedobomber, der noch in Produktion ging und im Krieg zum Einsatz kam.

Aichi B7A Ryusei

Der trägerstützte Horizontal-, Sturz- und Torpedobomber Aichi B7A Ryusei war das letzte und leistungsstärkste japanische Flugzeug seiner Art und hatte die alliierte Code-Bezeichnung »Grace«. Der erste Prototyp flog im Mai 1942. Bauverzögerungen durch Bombenangriffe und ein Erdbeben an der Produktionsstätte bedingten eine Verzögerung der Serienfertigung bis in den Mai 1944. Die eigentliche Frontreife war erst 1945 vorhanden. Allerdings wurden nur noch rund 100 Flugzeuge fertiggestellt. Die wenigen mangels an Flugzeugträgern von Land aus eingesetzten Maschinen konnten naturgemäß keinen wesentlichen Beitrag mehr zum Kriegsverlauf leisten. Die sehr leistungsstarke, für eine Trägerverwendung allerdings sehr große Aichi B7A Ryusei war eigentlich für eine sehr frühzeitige Ablösung der Nakajima B6N Tenzan vorgesehen. Sie solllte auf den neuen im Bau befindlichen großen japanischen Flugzeugträgern an Bord kommen.

Tabelle Schiffsdaten Flugzeugträger, Japan

Name / Klasse	»Hosho«	»Akagi«	»Kaga«	»Ryujo«	»Soryu«	»Hiryu«	»Shoho«	»Shokaku«	»Hiyo«
Schwesterschiffe	keine	keine	keine	keine	(»Hiryu«)	(»Soryu«)	»Zuiho«	»Zuikaku«	»Junyo«
Einsatzverdrängung (t)	9630	41.300	42.541	13.650	19.800	21.900	11.443	32.105	24.140
Länge (m)	168,40	260,37	247,65	176,62	227,50	227,40	205,94	257,50	219,32
Breite (m)	18,00	31,32	32,50	20,78	21,30	22,32	18,19	26,00	26,70
Tiefgang (m)	6,17	8,71	9,48	7,08	7,62	7,84	6,58	8,87	8,15
Flugdecklänge (m)	158,20	249,17	248,58	156,50	216,71	216,71	180,00	240,00	210,30
Besatzungsstärke	550	2000	2016	924	1100	1100	785	1600	1187
Antriebsleistung (PS)	30.000	133.000	125.000	65.000	152.000	152.000	52.000	160.000	112.500
Antriebswellen	2	4	4	2	4	4	2	4	2
Geschwindigkeit (kn)	25,0	31,5	28,5	29,0	34,5	34,5	28,0	34,7	25,7
Fahrbereich (sm / kn)	8680 / 12	8200 / 16	10.000 / 15	10.000 / 14	7750 / 18	10.330 / 18	9200 / ?	9700 / 18	10.000 / ?
Artilleriebewaffnung	4 x 14 cm, 2 x 7,6 cm	6 x 20,3 cm, 12 x 12 cm, 28 x 2,5 cm	10 x 20,3 cm, 16 x 12,7 cm, 22 x 2,5 cm	8 x 12,7 cm, 4 x 2,5 cm	12 x 12,7 cm, 28 x 2,5 cm	12 x 12,7 cm, 28 x 2,5 cm	8 x 12,7 cm, 8 x 2,5 cm	16 x 12,7 cm, 42 x 2,5 cm	12 x 12,7 cm, 60 x 2,5 cm
Hallendecks / Aufzüge	1 / 2	3 / 3	3 / 3	2 / 2	2 / 3	2 / 3	unbekannt	2 / 3	unbekannt
Katapulte	keine	keine	2	keine	keine	keine	unbekannt	2	unbekannt
Flugzeuge	26	69	70	48	71	73	30	84	53

Tabelle Flugzeugdaten Trägerflugzeuge, Japan

Name	Misubishi A5M Typ 96	Mitsubishi A6M Zero	Aichi D3A Typ 99	Yokosuka D4Y Suisei	Nakajima B5N	Nakajima B6N Tenzan	Aichi B7A Ryusei
Typ	Radflugzeug	Radflugzeug	Radflugzeug	Radflugzeug	Radflugzeug	Radflugzeug	Radflugzeug
Verwendung	Jagdflugzeug	Jagdflugzeug	Sturzkampfbomber	Sturzkampfbomber	Torpedobomber	Torpedobomber	Torpedobomber
Besatzung	1	1	2	2	3	3	2
Länge (m)	7,57	9,07	10,25	10,22	10,30	10,87	11,50
Spannweite (m)	11,00	12,00	14,37	11,50	15,52	14,90	14,40
Anzahl Triebwerke	1	1	1	1	1	1	1
Motorenleistung (PS)	710	1130	1300	1420	1000	1850	1800
Geschwindigkeit (km/h)	440	561	426	550	378	480	566
Reichweite (km)	1200	1560	1550	1465	1991	3050	1850
Dienstgipfelhöhe (m)	9800	10.700	10.900	10.700	8260	9040	11.250
Leergewicht (t)	unbekannt	unbekannt	2,620	2,440	2,279	3.010	3,810
Abfluggewicht (t)	1,705	2,940	3,800	4,250	3,800	5,650	6,500
Bewaffnung	2 x MG, Bomben	2 x 2-cm-Geschütz, 2 x MG, Bomben	3 x MG, Bomben	3 x MG, Bomben	1 x MG, 1 x Torpedo oder Bomben	2 x MG, 1 x Torpedo oder Bomben	2 x 2-cm-Geschütz, 1 x MG, 1-2 x Torpedo oder Bomben

Kapitel 4

ÜBERWASSERWAFFEN

4.1 - Leichte Artillerie

2-cm-Flak-Geschütze

Die 2-cm-Flak-Geschütze waren während des Zweiten Weltkriegs zur Luftverteidigung in der gesamten Wehrmacht eingeführt. Ihre Entwicklung geht bis in den Anfang der 1930er Jahre zurück.

Die Waffe gab es in den Ausführungen als Einzel-, Doppel- und Vierlingslafette. Anfangs hatte sie keine Schutzschilde. Diese wurden erst später während des Kriegs angebaut. Auf den U-Booten des Typs XXI kam sie auch als Doppellafette in einer turmartigen Ausführung zur Einrüstung. Die Geschütze waren vorne und achtern auf dem U-Bootturm platziert.

In der Kriegsmarine kam das vollautomatische Geschütz mit Rückstoßlader unter der Bezeichnung 2 cm Flak L/65 auf nahezu allen Booten und Schiffen – vom Vorpostenboot angefangen bis hin zu den Schlachtschiffen – in unterschiedlichen Modellen und in unterschiedlicher Anzahl als Hauptwaffe der leichten Flak zum Einbau. Im Verlauf des Kriegs wurde aufgrund der immer stärker werdenden Luftbedrohung eine vermehrte Einrüstung auf den Einheiten vorgenommen. So hatte zum Beispiel das Schlachtschiff »Tirpitz« bei der Indienststellung 16 2-cm-Geschütze an Bord, deren Anzahl im Laufe des Kriegs auf 58 Rohre angewachsen ist.

Die Vierlingsversion des 2-cm-Flak-Geschützes wird allgemein als eine der effektivsten und besten Flugabwehrwaffen des Zweiten Weltkriegs angesehen. Immerhin brachte die Waffe mit ihren vier Rohren 1120 Schuss pro Minute in die Luft.

Ein 2-cm-U-Bootgeschütz als Museumsexponat. Foto: Hans Karr

Die Abbildung zeigt zwei 2-cm-Zwillingsgeschütze auf dem Turm des Museums-U-Bootes »U 995« in Laboe. Foto: Hans Karr

Die turmartige Ausführung des 2-cm-Zwillingsgeschützes auf den U-Booten des Typs XXI. Foto: Archiv Autor

Modellaufnahme eines 2-cm-Flak-Vierlingsgeschützes. Foto: Hans Karr

Im Hintergrund ist rechts oben ein 2-cm-Flak-Geschütz in Vierlingsausführung zu erkennen. Vorne in der Mitte ist ein 10,5-cm-Geschütz zu sehen. Foto: Archiv Autor

3,7-cm-Flak-Geschütze

Wie die 2-cm-Flak-Geschütze waren auch die 3,7-cm-Flak-Geschütze eine in der gesamten Wehrmacht eingeführte Flugabwehrwaffe. Bei der Kriegsmarine waren die Geschütze auf nahezu allen kleineren und größeren Einheiten in unterschiedlicher Anzahl eingerüstet. Das Geschütz gab es in verschiedenen Modellen als Einzel- und Doppellafette.

Das Geschütz 3,7 cm Flak L/83 C30 »... schoss Dank seiner langen Rohre sehr genau. Mit ihm war erstmals die Mündungsgeschwindigkeit (V_0) auf 1000 Meter pro Sekunde gebracht worden; unzureichend war jedoch die Kadenz. Es handelte sich um eine halbautomatisch arbeitende Waffe. (...) Laden und Richten war nur manuell möglich. (...) Feuchtigkeit und Kälte bewirkten als Folge der ungeschützten Bauweise oftmals Schwierigkeiten, weil sie zu Kurzschlüssen und anderen Störungen in der Elektrik führten. (...) Weitere Nachteile waren der fehlende Schutz für das Bediensungspersonal sowie die Art der Munitionsversorgung.« (zitiert nach: Breyer / Koop, »Schlachtschiff BISMARCK«, Seite 45 / 46).

Das 3,7-cm-Geschütz in Einzellafette auf dem Museums-U-Boot »U 995« in Laboe. Foto: Hans Karr

Zwei Soldaten bei vermutlich Wartungsarbeiten an einem 3,7-cm-Geschütz in Einzellafette. Foto: Bundesarchiv / Bild 101I-202-1624-27 / CC-BY-SA 3.0

8,8-cm-Geschütze

Ein Geschütz 8,8 cm SK L45 C35 einer ehemaligen Küstenbatterie in Norwegen als Museumsexponat. Foto: Ritterbach / CC-BY-SA 2.0

Als Leichte Artillerie waren 8,8-cm-Geschütze auf allen Großkampfschiffen der Kaiserlichen Marine zum Zwecke der Torpedobootsabwehr und später auch zur Flugabwehr eingerüstet. Auf kleineren Einheiten bildete das Geschützmodell die Hauptbewaffnung. Als Flugabwehrgeschütz auf den großen und wiederum als Hauptbewaffnung auf vielen kleinen Einheiten wurde die Acht-Acht auch in der Reichsmarine und später in der Kriegsmarine wieder genutzt. Es entstanden im Laufe der Zeit viele Weiterentwicklungen und Modifikationen. Sie alle aufzuführen würde den Rahmen des Buches sprengen.

Der erste Nachkriegsneubau eines größeren Marineschiffes war der 1925 in Dienst gestellte Leichte Kreuzer »Emden«, der als Leichte Artillerie zur Flugabwehr zwei Geschütze 8,8 cm SK L/45 mit Schutzschild eingerüstet erhielt. Sie wurden auch als schwere Flak bezeichnet, konnten aber auch gegen Seeziele verwendet werden.

Im Sommer 1935 kam noch ein drittes Geschütz hinzu. Diese Geschütze waren noch technischer Stand aus der Kaiserlichen Marine und stammten auch noch aus dieser Zeit. Probeweise erhielt der 1930 in Dienst gestellte Leichte Kreuzer »Köln« neu entwickelte 8,8-cm-Geschütze eingebaut, die aber wegen schlechter Resultate wieder gegen 8,8 cm SK L/45 ausgetauscht wurden. Letztere waren auch auf den zuvor in Dienst gestellten Schwesterschiffen »Königsberg« und »Karlsruhe« vorhanden. Später wurden auf den drei sogenannten K-Kreuzern die 8,8 cm SK L/45 durch 8,8 cm SK L/76 C32 in Doppellafette ersetzt. Die Anzahl der Geschütze war auf den einzelnen Kreuzern unterschiedlich und betrug drei oder vier Doppellafetten.

Auf dem 1933 in Dienst gestellten Panzerschiff »Deutschland« kamen ebenfalls in Ermangelung neuerer Geschütze zunächst drei, noch aus den Beständen der Kaiserlichen Marine stammende Geschütze 8,8 cm SK L/45 mit Schutzschild an Bord. Schon 1935 sind sie gegen drei 8,8 cm SK L/75 C32 in Doppellafette ausgetauscht worden. Die Schwesterschiffe »Admiral Scheer« und »Admiral Graf Spee« hatten von Anfang an die leicht veränderte Doppellafette 8,8 cm SK L/76 C32 eingerüstet. Auch der Leichte Kreuzer »Leipzig« erhielt die vorhandene Interimsbewaffnung von Geschützen 8,8 cm SK L/45 im Februar 1936 durch drei neuere Geschütze ausgetauscht. Das Schwesterschiff »Nürnberg« war seit der Indienststellung mit vier Waffen 8,8 cm SK L/76 C32 ausgerüstet worden. Das Gesamtgewicht einer Doppellafette 8,8 cm SK L/76 C32 belief sich mit allem Zubehör auf 27 Tonnen. Die Waffe hatte einen leichten Panzerschutz und war nicht nur gegen Luftziele, sondern auch gegen Seeziele einsetzbar.

Die Geschützvariante 8,8 cm SK L/45 C35 aus der 8,8-cm-Geschützfamilie kam als Standardeinrüstung auf den U-Booten des Typs VII C zum Einbau und war entsprechend angepasst. Es war eine recht einfache, auf die besonderen Erfordernisse von U-Booten abgestimmte Konstruktion und nur im reinen Handbetrieb zu bedienen. Aufgrund der allgemeinen Lageentwicklung im U-Bootkrieg und der zunehmenden Luftbedrohung wurde das Geschütz etwa ab 1943 wieder von Bord genommen bzw. auf Neubauten nicht mehr eingebaut. Vereinzelt waren diese Geschütze auch an Bord von Minensuchbooten Typ M 40 eingerüstet.

Blick auf das Deck des Leichten Kreuzers »Königsberg« mit den Geschützen 8,8 cm SK L/45. Die Bedienungsmannschaft trägt Gasmasken. Im Hintergrund sind die Rückseiten der nach der Seite versetzten 15-cm-Türme zu erkennen. Foto: Bundesarchiv / Bild 102-13388 / CC-BY-SA 3.0

Auch auf kleineren Einheiten und auf zu Hilfskriegsschiffen umgerüsteten zivilen Fahrzeugen kam das Geschütz 8,8 cm SK L/45 zum Einsatz. Foto: Mendel / Bundesarchiv / Bild 101II-MN-1564-23 / CC-BY-SA 3.0

Tabelle Technische Daten Leichte Artillerie					
Bezeichnung	**2 cm Flak L/65 C 30**	**3,7 cm Flak L/83 C 30**	**8,8 cm SK L/45**	**8,8 cm SK L/76 C32**	**8,8 cm SK L/45 C35**
Kaliber (mm)	20	37	88	88	88
Rohrlänge (m)	L/65 / 1,300	L/83 / 3,071	L/45 / 3,960	L/76 / 6,688	L/45 / 3,960
Rohrgewicht (t)	0,064	0,243	2,50	3,64	unbekannt
Geschossgewicht (kg)	0,134	0,742	9,5	9	9
v_0 (m/sec)	835	1000	890	950	700
Schussweite (km)	4,9	8,5	10,2	17,2	12,0
Kadenz (Sch/min)	280	160	10	15 bis 20	15
Höhenrichtbereich (°)	-11 bis +85	-10 bis +85	-10 bis +70	-10 bis +80	-10 bis +30

4.2 - Mittlere Artillerie

10,5-cm-Geschütze

Auf einem Hilfskriegsschiff eingerüstetes Geschütz 10,5 cm SK L/45 C32. Foto: Deutscher Marinebund

Mit eine der ersten deutschen Nachkriegsentwicklungen bei den Marinegeschützen war das Geschütz 10,5 cm SK L/45 C28. Es war auf den Torpedobooten der »Raubvogel«- und »Raubtier«-Klasse eingerüstet; jeweils eines auf der Back und zwei auf dem Achterschiff. Diese auch als Torpedoboot 1923 und Torpedoboot 1924 bezeichneten Einheiten stellten ab der zweiten Hälfte der 1920er Jahre in Dienst. Es ist jedoch anzumerken, dass die ersten der zulaufenden Boote zunächst noch das aus der Kaiserlichen Marine stammende Geschütz 10,5 cm SK L/45 eingerüstet hatten und dann gegen Ende der 1920er Jahre umgerüstet wurden. Das Geschütz 10,5 cm SK L/45 C28 hatte für die Bedienungsmannschaft einen Schutzschild, war aber noch vollkommen handbetrieben.

Einige der Torpedoboote wurden später auf das Geschütz 10,5 cm SK L/45 C32 umgerüstet. Dies kam auch auf den Folgebooten, den Torpedobooten 1935 und Torpedobooten 1937 sowie den Flotten-Torpedobooten, generell zur Einrüstung. Auch die Minensuchboote M 35, M 40 und M 43 erhielten dieses Geschütz, ebenso wie die großen U-Boote der Typen I, IX und X. Auf dem Leichten Kreuzer »Emden« soll es ebenfalls gegen Ende des Kriegs noch an Bord gekommen sein. Als einziger Zerstörer bekam Z 31 ein Geschütz 10,5 cm SK L/45 C32 eingebaut. Es war der Ersatz für ein im Gefecht beschädigtes 12,7-cm-Geschütz. In Norwegen angelegte Küstenbatterien erhielten ebenfalls diese Waffe. Dort soll sie vereinzelt noch bis 2002 im Einsatz gewesen sein.

Das Geschütz 10,5 cm SK L/65 C33 war wieder eine Doppellafette und kam daher nur für die großen Einheiten in Frage. Die auch als schwere Flak bezeichnete Waffe konnten sowohl gegen Luftziele wie auch gegen Seeziele eingesetzt werden. Auf den drei Panzerschiffen »Deutschland«, »Admiral Scheer« und »Admiral Graf Spee« erfolgte ein Austausch 1:1 mit den vorhandenen Geschützen 8,8 cm SK L/76 C32. Auf den Schlachtschiffen »Scharnhorst« und »Gneisenau« war von vorneherein der Einbau mit je sieben Doppellafetten gegeben. Die neuen Schlachtschif-

Eine Doppellafette 10,5 cm SK L/65 C33 auf dem Schweren Kreuzer »Prinz Eugen«. Der Kreuzer wurde nach dem Krieg amerikanische Kriegsbeute und ist nach Atombenversuchen im Bikini-Atoll gesunken. Foto: US Navy

fe »Bismarck« und »Tirpitz« waren mit acht Geschützen 10,5 cm SK L/65 C33 ausgestattet. Auf den ebenfalls neuen Schweren Kreuzern »Admiral Hipper«, »Blücher« und »Prinz Eugen« erfolgte die Einrüstung mit jeweils sechs Doppellafetten. Bei den 1938 / 1939 durchgeführten Umbauarbeiten bekam die »Karlsruhe« als einziger der Leichten Kreuzer im Austausch mit den vorhandenen 8,8-cm-Geschützen drei Doppellafetten 10,5 cm SK L/65 C33 eingerüstet. Entsprechend umkonstruiert fand das Geschütz als 10,5 cm FlaK 38 in Einzellafette auch bei der Luftwaffe und in Küstenbatterien eine weitere Verwendung.

In Doppellafette auf einem Schlachtschiff eingerüstete Geschütze 10,5 cm SK L/65 C33. Foto: Deutscher Marinebund

12,7-cm-Geschütz

Im Oktober 1934 begann mit der Kiellegung des Zerstörers »Z 1 Leberecht Maass« der deutsche Zerstörerbau. Die Hauptbewaffnung des Zerstörers und auch die der Folgebauserien Zerstörer 1934, Zerstörer 1934A und Zerstörer 1936 sowie Zerstörer 1936B bestand aus fünf Geschützen 12,7 cm SK L/45 C34. Die Waffe basierte auf einer bereits aus den 1920er Jahren stammenden Entwicklung, deren damalige Einführung am Veto der Siegermächte gescheitert war.

Das Geschütz 12,7 cm SK L/45 C34 war leistungsfähig, musste allerdings noch manuell bedient werden. Es war noch nicht als Turm ausgelegt. Lediglich ein acht Millimeter starker Schutzschild bot der zehnköpfigen Bedienungsmannschaft Splitterschutz. Das Gesamtgewicht eines Geschützes mit Schutzschild betrug 10 Tonnen. Vor dem Einbau auf den Zerstörern war es bereits auf den Torpedobooten »Leopard« und »Luchs« eingehend erprobt worden. Die erwarteten ballistischen Leistungen und die Wirkung am Ziel wurden dabei erfüllt, sodass die Zerstörer von Anfang an eine ausgereifte Waffe erhielten.

Auf den Zerstörerneubauten der Baureihe Zerstörer 1936A kamen dann 15-cm-Geschütze zur Einrüstung. Auf der letzten im Krieg gebauten Serie, den Zerstörern 1936B, ging man jedoch wieder auf das alte und bewährte 12,7-cm-Kaliber zurück.

Die beiden vorderen Geschütze 12,7 cm SK L/45 C34 auf einem Zerstörer. Foto: Deutscher Marinebund

Weitere Einrüstungen des Geschützes 12,7 cm SK L/45 C34 erfolgten auf dem Aviso »Grille« und auf dem Artillerieschulschiff »Bremse«.

Für die geplanten und auch 1939 beauftragten aber dann nicht mehr realisierten U-Boote Typ XI (U-Kreuzer) war ebenfalls eine Einrüstung von 12,7-cm-Geschützen vorgesehen.

15-cm-Geschütze

Risszeichnung eines 15-cm-Drillingsturms. Foto: Klawuttke

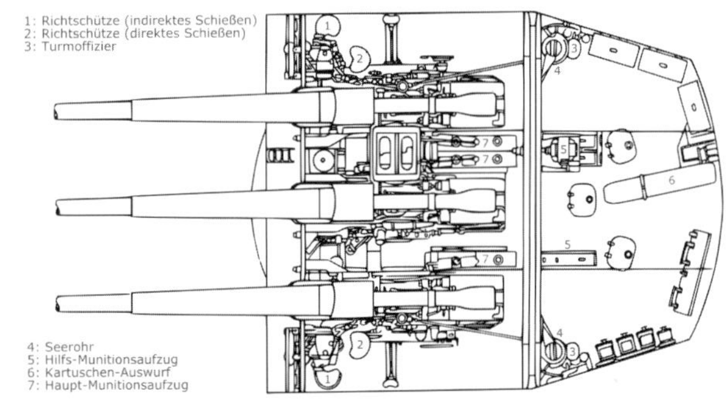

Der vordere 15-cm-Drillingsturm mit den Geschützen 15 cm SK L/60 C25 auf dem Leichten Kreuzer »Nürnberg«. Foto: Augst / Bundesarchiv / Bild 101II-MN-1405-07 / CC-BY-SA 3.0

Nach der ursprünglichen Planung war für den Leichten Kreuzer »Emden« eine Bewaffnung von acht 12-cm-Geschützen in vier Doppellafetten vorgesehen. Diese Waffe war zwar schon durchkonstruiert, es kam aber aus politischen Gründen nicht zur Fertigung. Einsprüche der Siegermächte und die Besetzung des Rheinlandes verhinderten den Bau des Geschützes und man musste als Notlösung auf alte Geschütze 15 cm SK L/45 aus Reservebeständen der Kaiserlichen Marine zurückgreifen. Diese kamen dann als acht Einzellafetten an Bord. Je zwei Geschütze vor der Brücke und auf dem Achterschiff, davon jeweils eine Waffe überhöht angeordnet, sowie an den beiden Seiten jeweils vorne und mittschiffs ein Geschütz. Damit standen für eine Breitseite sechs Rohre zur Verfügung. Die Geschütze waren noch nicht in Turmausführung, sondern führten lediglich Schutzschilde. Im Jahre 1942 wurden diese durch das mittlerweile auf Zerstörern 1936A eingeführte Modell 15 cm TK L/48 C36 ersetzt.

Die nächsten auf den Kleinen Kreuzer »Emden« folgenden Kreuzerneubauten der Reichsmarine waren die drei K-Kreuzer »Königsberg«, »Karlsruhe« und »Köln«, die mit neun neu entwickelten Geschützen 15 cm SK L/60 C25 in Drillingstürmen ausgerüstet wurden. Sie waren etwas ungewöhnlich platziert: Vorne ein Turm und achtern, jeweils nach den Seiten um zwei Meter aus der Mittschiffslinie versetzt, zwei Türme. Die Türme waren an der Front (30 Millimeter), den Seiten (20 Millimeter) und an der Decke (20 Millimeter) gepanzert. Alle Rohre konnten in der Höhe einzeln oder im Verbund hydraulisch gerichtet werden. Das Schwenken erfolgte elektrisch. Bei den nachfolgend gebauten Leichten Kreuzern »Leipzig« und »Nürnberg« kehrte man wieder zur üblichen Turmaufstellung in der Schiffssymmetrieachse zurück. Anzumerken ist noch die Tatsache, dass hier erstmals Drillingstürme in der deutschen Marine verwendet wurden.

Auf den drei Panzerschiffen »Deutschland«, »Admiral Scheer« und »Admiral Graf Spee« standen als Mittlere Artillerie auf jeder Schiffsseite vier Geschütze 15 cm SK L/55

C28 in Einzellafette zur Verfügung. Sie waren eine Weiterentwicklung und modernere Konstruktion als ihre Vorgänger in der Kaiserlichen Marine. Die Waffe hatte einen offenen, leicht gepanzerten Schutzschild. Die Munition musste per Hand aus den Munitionsförderanlagen herbeigeschafft werden. Die Geschütze besaßen lediglich Seezielfähigkeit.

Auch die Schlachtschiffe »Scharnhorst« und »Gneisenau« hatten vier Geschütze 15 cm SK L/55 C28 in Einzellafetten mit Schutzschild eingerüstet. Zusätzlich waren hier noch vier Zwillingstürme vorhanden. Diese Zwillingstürme befanden sich auch auf den Schlachtschiffen »Bismarck« und »Tirpitz«. Je drei standen auf beiden Seiten im mittleren Schiffsbereich. Die 15-cm-Zwillingstürme verfügten über Munitionsaufzüge. Das Laden selbst erfolgte jedoch manuell. Bei einem Geschossgewicht von 45 Kilogramm für das Bedienungspersonal eine schwere und körperlich anstrengende Arbeit. Während das Heben und Senken der Rohre eine Hydraulikanlagen besorgte, erfolgte das Schwenken des Turms elektrisch.

Hinsichtlich der Hauptartillerie verfügten die Zerstörer Z 23 bis Z 30 der Bauserie Zerstörer 1936A mit Indienststellung über vier Geschütze 15 cm TK L/48 C36 in Einzellafetten, wobei die Abkürzung TK für Torpedobootkanone steht. Auf Z 23, Z 24, Z 25 und Z 29 kam 1942 / 1943 auf der Back ein 15-cm-Zwillingsturm zum Einbau. Damit erhöhte sich die Anzahl der Rohre auf fünf. Ab Z 31 bis Z 34 und Z 37 bis Z 42 der Bauserie Zerstörer 1936Amob, die jedoch kriegsbedingt nicht mehr vollständig gebaut wurde, bestand die Hauptartillerie ebenfalls aus einen Zwillingsturm und drei Einzeltürmen von 15-cm-Geschützen. Die Türme waren leicht an der

Der 15-cm-Zwillingsturm mit den Geschützen 15 cm TK L/48 C36 auf dem Zerstörer »Z 39«. Foto: Deutscher Marinebund

Front (zehn Millimeter) und der Decke (sechs Millimeter) gepanzert. Abweichend vom Einzelturm hatte der Zwillingsturm eine Rohrerhöhung von -10° bis +65° und eine stärkere Panzerung mit 30 Millimeter vorne, 20 Millimeter an den Seiten und der Decke sowie 15 Millimeter an der Rückseite. Bleibt noch anzumerken, dass die deutschen Zerstörer weltweit die einzigen Zerstörer mit einem solch großem Kaliber waren.

Tabelle Technische Daten Mittlere Artillerie

Bezeichnung	10,5 cm SK L/45 C28	10,5 cm SK L/45 C32	10,5 cm SK L/65 C33	12,7 cm SK L/45 C34	15 cm SK L/45	15 cm SK L/60 C25	15 cm SK L/55 C28	15 cm TK L/48 C36
Kaliber (mm)	105	105	105	127	150	150	150	150
Rohrlänge (m)	L/45 / 4,725	L/45 / 4,725	L/65 / 6,825	L/45 / 5,715	L/45 / 6,75	L/60 / 9,00	L/55 / 8,25	L/48 / 7,20
Rohrgewicht (t)	3,660	1,585 (?)	4,560	3,645	5,020	11,970	9,026	8,564
Geschossgewicht (kg)	15	15	15	28	46	45	45	45
v_0 (m/sec)	925	780	900	830	898	960	875	835
Schussweite (km)	17,3	15,2	17,7	17,4	19,6	25,7	25,7	23,5
Kadenz (Sch/min)	15	15 bis 18	15 bis 18	18 bis 20	7	7	6 bis 8	6 bis 8
Höhenrichtbereich (°)	unbekannt	unbekannt	-8 bis +80	-10 bis +30	-10 bis +27	-10 bis +40	-10 bis +35	-10 bis +30

4.3 - Schwere Artillerie

20,3-cm-Geschütz

Die beiden achteren Zwillingstürme 20,3 cm SK L/60 C34 sind auf dem Schweren Kreuzer »Prinz Eugen« nach Backbord ausgerichtet. Foto: Bibliothek für Zeitgeschichte

Auf den Schweren Kreuzern »Admiral Hipper«, »Blücher« und »Prinz Eugen«, die in den Jahren 1939 / 1940 in Dienst stellten, waren als Hauptbewaffnung vier Zwillingstürme 20,3 cm SK L/60 C34 eingerüstet. Mit 36 Kilometer hatten die vollkommen neu konstruierten Geschütze, deren Kalibergröße erstmals in Deutschland entwickelt und bei der Marine eingeführt wurde, eine sehr große Schussweite und zugleich eine sehr effektive Wirkung am Ziel. Diesbezüglich sei nur auf die guten Schießergebnisse des Schweren Kreuzers »Prinz Eugen« im Seegefecht mit dem britischen Schlachtkreuzer »Hood« und dem Schlachtschiff »Prince of Wales« während der Unternehmung Rheinübung hingewiesen.

Die Zwillingstürme 20,3 cm SK L/60 C34 wurden elektrisch geschwenkt und die einzeln hantierbaren Rohre elektro-hydraulisch bewegt. Als Bedienungspersonal waren 72 Mann notwendig. Der Ladevorgang ging folgendermaßen vor sich: »Auf den Schweren Kreuzern lagen die Granatkammern unter den Pulverkammern, die sich wiederum direkt unter dem Panzerdeck befanden. Die Kartuschen wurden von Hand in den Beladeraum gebracht und dann in den Kartuschfahrstuhl eingegeben, wobei die Vorkartusche in die obere Mulde und die Hauptkartusche in die untere Mulde kamen. Unten in den Granatkammern hoben elektrische Hub- und Fahrwinden die Geschosse vom Stapel und setzten sie zum Transport in den Beladeraum auf Rollenbahnen ab. Im Beladeraum lenkten Gleitbahnen die Granaten in zwei Mulden, die sie wiederum in den Ringwagen kippten, und von da aus rollten sie in den Geschossstuhl im schwenkbaren Aufbau. Unterwegs nahm dann der Geschossstuhl den Kartuschfahrstuhl zur Geschützplattform mit. Dort rollten Kartuschen und Granate nacheinander in eine Schwingmulde, um in das Ladeloch geschoben zu werden. Neben dem Hauptaufzug waren auch Notmunitionsaufzüge vorhanden.« (zitiert nach: Whitley, »Deutsche Kreuzer im Zweiten Weltkrieg«, Seite 68).

Die Türme hatten eine Panzerung an der Front (160 Millimeter), der Decke (70 Millimeter) und an den Seiten

Der als Kriegsbeute unter amerikanischer Flagge fahrende Schwere Kreuzer »Prinz Eugen« feuert im Februar 1946 aus seinen beiden vorderen 20,3-cm-Türmen. Foto: US Navy

(70 Millimeter). Das Gewicht der Endtürme A und D betrug jeweils 249 Tonnen. Die überhöht angeordneten Türme B und C hatten ein Gewicht von jeweils 262 Tonnen.

Neben den genannten Einheiten, sollten noch zwei weitere Schiffe, die Großen Kreuzer »Lützow« und »Seydlitz«, gebaut und mit diesen Geschützen eingerüstet werden. Die »Lützow« lief zwar noch vom Stapel, wurde aber im Februar 1940 im unfertigen Zustand an die Sowjetunion verkauft, die damit auch die beiden schon eingebauten Geschütztürme erhielt. Das Schiff, nun mit dem Namen »Petropavlovsk«, wurde zwar zunächst mit deutscher Unterstützung weitergebaut, jedoch nicht fertiggestellt. Als stationäre Batterie kam es mit seinen beiden Geschützen bei der Verteidigung von Leningrad gegen die deutschen Truppen zum Einsatz. Der Bau der »Seydlitz« wurde zunächst kriegsbedingt eingestellt, obwohl das Schiff im Mai 1942 schon zu 90 Prtozent fertig war. Dann gab es Pläne zum Umbau in einen Flugzeugträger, was dann aber auch nicht umgesetzt wurde. Ihre schon vorhandenen vier Zwillingstürme kamen als Küstenartillerie an die Kanalküste nach Frankreich.

Weitere noch bei der Marine vorhandene 20,3-cm-Geschütze kamen nach Übergabe an das Heer als Eisenbahngeschütze zum Einsatz. Sie waren leicht modifiziert und führten die Bezeichnung 20,3 cm SK L/60 C34 (E). Wegen Problemen bei der Versorgung mit Munition wurden sie zentriert hinter dem Atlantikwall zur Küstenverteidigung bei Brest und Cherbourg eingesetzt.

28-cm-Geschütze

In unterschiedlichen Planungsstudien zum Bau der Panzerschiffe der »Deutschland«-Klasse war die Einrüstung von 38 cm-, 30,5 cm-, 28 cm- und 21-cm-Geschützen untersucht worden, wobei dann das Geschütz 28 cm SK L/52 C28 ausgewählt wurde. Geschütze des Kalibers 28 cm waren schon in der Kaiserlichen Marine eine Standardwaffe und gehörten als Schwere Artillerie zur Bewaffnung einiger Linienschiffs-Klassen und der Schlachtkreuzer. Die kontinuierlich weiterentwickelte Waffe sollte als Drillingsturm eingebaut werden. Dies war in der deutschen Marine für die Schwere Artillerie genauso ein Novum, wie bei den 15-cm-Geschützen der Leichten Kreuzer.

»Die Entwicklung blieb bis 1945 eines der bestgehüteten Geheimnisse überhaupt. Normalerweise gelten und galten Drillingstürme stets als wenig sinnvoll, denn das mittlere Rohr konnte in geschwenkter Turmstellung nicht nachgeladen werden. Alle Marinen mussten ihre schweren Drillingstürme nach dem Schießen zum Laden in ihre Nullstellung zurückfahren, zum Teil noch bis 1945, hier war das nicht mehr notwendig.« (zitiert nach: Koop / Schmolke, »Die Panzerschiffe der DEUTSCHLAND-Klasse«, Seite 18). Die Rohre hatten keine gemeinsame Kupplung und konnten so im Höhenrichten einzeln bewegt werden.

Die beiden an Bord eingerüsteten Türme hatten eine Gewicht von jeweils 600 Tonnen. Sie waren an der Front

Der vordere Drillingsturm des Panzerschiffes »Deutschland«. Foto: Deutscher Marinebund

(140 Millimeter), der Decke (50 bis 105 Millimeter), den Seiten (75 bis 80 Millimeter) und dem Rücken (170 Millimeter) gepanzert. Pro Turm wurde eine Bedienungsmannschaft von 50 Mann benötigt.

Die drei auf den beiden Schlachtschiffen »Scharnhorst« und »Gneisenau« eingerüsteten Geschütze 28 cm SK L/54,5 C34 in Drillingstürmen waren als Weiterentwicklungen der Geschütze der »Deutschland«-Klasse eine neue, leistungsgesteigerte Konstruktion. »Die Granaten enthielten weniger Sprengstoff und waren länger. (...) Die

Die beiden vorderen Drillingstürme des Schlachtschiffes »Gneisenau«. Im Hintergrund ist das Schwesterschiff »Scharnhorst« zu sehen. Foto: Deutscher Marinebund

28-cm-Geschützrohre der Türme konnten einzeln oder gekoppelt in der Höhe gerichtet werden. Sie konnten einzeln, gekoppelt oder alle drei gemeinsam schießen. Bei der Vollsalve verzögerte der Abschuss des mittleren Rohres jedoch um den Bruchteil von Sekunden, um jegliche Abweichung durch den Druck der austretenden Geschosse zu verhindern.« (zitiert nach: Koop / Schmolke, »Die Schlachtschiffe der SCHARNHORST-Klasse«, Seite 15).

Auf den Schlachtschiffen hatten die Türme ein Gewicht von 750 Tonnen und waren stärker gepanzert. Die Panzerung betrug an der Front 360 Millimeter, an der Decke und den Seiten jeweils 180 Millimeter sowie am Rücken 350 Millimeter. Pro Turm wurde eine Turmbesatzung von 75 Mann benötigt.

Das Schlachtschiff »Scharnhorst« ging im Dezember 1943 im Gefecht mit britischen Seestreitkräften im Nordmeer verloren. Für die »Gneisenau« war, nach schweren Beschädigungen durch Minen und Bombentreffer, ab Mitte 1942 eine Umbau- und Umrüstungsmaßnahme vorgesehen, die zwar begonnen, aber dann wieder eingestellt wurden. Unter anderem sollte das Schiff drei 38-cm-Doppeltürme erhalten. Die ausgebauten 28-cm-Geschütze kamen in Norwegen in Küstenbatterien zu einer neuen Aufstellung und Verwendung.

Ein Kuriosum am Rande: Planungen im Jahre 1942 sahen unter der Projektbezeichnung »P-1000 Ratte« ein überschweres Panzerfahrzeug vor, das bei 39 Meter Länge und 14 Meter Breite ein Gewicht von 650 Tonnen haben sollte. Zwei Schiffsdieselmotoren waren als Antrieb für dieses Kettenmonstrum vorgesehen. Als Bewaffnung sollten zwei Geschütze 28 cm SK L/54,5 C34 eingebaut werden. Das hätte sogar den projektierten und mit zwei Prototypen auch tatsächlich gebauten Riesenpanzer »Maus«, der »nur« 190 Tonnen wog, noch bei weitem übertroffen. Anfang 1943 wurde das Projekt wieder eingestellt, da dann doch keine Verwendung für ein solches Kampffahrzeug zu sehen war.

38-cm-Geschütz

Die Schlachtschiffe »Bismarck« und »Tirpitz« stellen zweifellos den Höhenpunkt aber gleichzeitig auch das Ende des deutschen Schlachtschiffbaus sowie der deutschen Artillerieentwicklung dar. Die beiden 50.000-t-Giganten entstanden bei der Hamburger Werft Blohm+Voss und auf der Kriegsmarinewerft in Wilhelmshaven. Sie setzten am 24. August 1940 und am 25. Februar 1941 Flagge und Wimpel. Acht Geschütze 38 cm SK L/47 C34 in Zwillingstürmen waren auf ihnen eingerüstet. Damit war man, von der Kalibergröße her betrachtet, wieder bei den letzten Linienschiffen der Kaiserlichen Marine, der »Bayern«-Klasse, angekommen, allerdings auf einem technisch wesentlich besserem Stand.

Turm Anton, der vorderste Turm der Schweren Artillerie, auf dem Schlachtschiff »Bismarck«. Foto: Bundesarchiv / Bild 193-05-2-07A / CC-BY-SA 3.0

»Die Türme waren stark gepanzert und hatten tief in das Innenschiff ragende Unterbauten. Unter ihnen - in die Zitadelle einbezogen - befanden sich die Munitionskammern und Pulvermagazine; diese waren aus Sicherheitsgründen räumlich voneinander getrennt. Über Umladekammern gelangten die Geschosse und die Kartuschen mit mechanischen Aufzügen in den Turm vor die Rohre. Die Transportwege waren so ausgelegt und gesichert, dass ein durch einen Treffer oder Unglücksfall ausgelöster Brand nicht stichflammartig nach unten durchschlagen konnte. Das Einführen der in Metallhülsen befindlichen, im Durchmesser 420 Millimeter messenden Vor- und Hauptkartuschen erfolgte ebenso wie bei Geschossen durch einen hydraulisch arbeitenden Ansetzer. Jeder Turm – mit Ausnahme des vorderen – verfügte über ein eigenes 10,5-m-Langbasis-Entfernungsmeßgerät als Ausfallreserve. Das Schwenken erfolgte elektrisch, während die Rohre hydraulisch gehoben und gesenkt wurden.« (zitiert nach: Breyer, »Die Schlachtschiffe der BISMARCK-Klasse«, Seite 24).

Das Gewicht eines Turms belief sich auf 1064 Tonnen. Die starke Panzerung der Türme war je nach Lage am Turm unterschiedlich ausgelegt und betrug an der Front 360 Millimeter, der Decke 130 bis 180 Millimeter, den Seiten 220 Millimeter und dem Rücken 320 Millimeter.

Während des Kriegs begann man noch mit der Umrüstung des Schlachtschiffes »Gneisenau« auf eine 38-cm-Bewaffnung, die dann aber abgebrochen wurde. Bereits gefertigte 38-cm-Geschütze fanden im Atlantikwall als Küstenbatterien weitere Verwendung.

Der achtere 38-cm-Turm des Schlachtschiffes »Tirpitz« in Aktion. Foto: Bibliothek für Zeitgeschichte

40,6-cm-Geschütz

Ein 40,6-cm-Geschütz der Batterie Lindemann mit angetretener Mannschaft. Foto: Kuhn / Bundesarchiv / Bild 101I-364-2314-16A / CC-BY-SA 3.0

Als Nachfolger der »Bismarck«-Klasse wurden am 15. Juli 1939 und am 15. August 1939 zwei neue 62.000-t-Schlachtschiffe, die Schlachtschiffe »H« und »J«, auf Kiel gelegt. Die Bauzeit währte jedoch nicht lange. Bereits am 30. September 1939 erging der Baustopp, da abzusehen war, dass die beiden Schlachtschiffe im Krieg nicht mehr zum Einsatz kommen konnten. Ab November 1941 erfolgte auf den Helgen der Abbruch, denn das Material wurde kriegsbedingt für andere Zwecke dringend benötigt.

Als Hauptbewaffnung waren auf den Schiffen acht Geschütze 40,6 cm SK L/47 C34 in vier Zwillingstürmen vorgesehen. Ein solcher Turm hätte 1452 Tonnen gewogen und wäre mit einer Panzerung an der Front (385 Millimeter), der Decke (130 Millimeter) und den Seiten (240 Millimeter) versehen worden. Durch den frühen Baustopp bedingt, sind jedoch nur wenige Geschütze noch fertiggestellt worden, aber keine Türme. Die genaue Anzahl der hergestellten Geschütze lässt sich nicht mehr mit Sicherheit feststellen. Definitiv wurden jedoch zehn Geschütze in Küstenbatterien im Atlantikwall in Frankreich und Norwegen eingesetzt.

Auf der Halbinsel Hela waren 1940 die ersten drei Geschütze in einer Küstenbatterie einsatzbereit. Sie wurden jedoch hier wieder abgebaut, dann nach Frankreich an die Kanalküste verlegt und bildeten dort in der Nähe von Calais die Batterie Lindemann. Ebenso kamen in Nordnorwegen auf der Insel Engelöya am Ausgang des Westfjord drei Geschütze als Batterie Dietl zur Aufstellung. Die restlichen vier fanden etwas weiter nördlich als Küstenbatterie auf der Insel Hinnöya ihre weitere Verwendung. Die Stellung lag im Norden der Insel auf der dortigen Halbinsel Trondenes in der Nähe von Harstad. Die Batterie Trondenes wird auch als Batterie Theo bezeichnet.

Die Geschütze der Batterie Lindemann wurden ab Herbst 1941 zunächst nur in offenen Betonbettungen aufgebaut und waren in Panzerdrehtürmen installiert. Zweck der Batterie war die Störung des britischen Schiffsverkehrs im Englischen Kanal. Umgekehrt war sie für den Schutz des deutschen Geleitverkehrs in diesem Seegebiet ebenfalls von großer Bedeutung.

Die Bedrohung aus der Luft erwies sich im Laufe der Zeit als ein immer größer werdendes Problem. Um dieser zunehmenden Gefährdung zu begegnen, wurden die Geschützstellungen verbunkert. Die Geschütze kamen in dreistöckigen Schartenbunkern zu stehen. Damit verbunden waren auch umfangreiche Absicherungs- und Schutzmaßnahmen zur Landseite. So konnten kanadische Truppen im September 1944 nur nach schweren Gefechten die Batterie Lindemann von der Landseite her erobern. Nach dem Krieg wurden die Geschütze verschrottet und die Bunkeranlagen gesprengt. Beim Bau des Eurotunnels (1987-1994) von Frankreich nach Großbritannien verschwanden auch die letzten noch vorhandenen Reste der Betonbauwerke.

In Norwegen deckten die beiden Küstenbatterien Dietl und Trondenes respektive Theo mit ihren weitreichenden 40,6-cm-Geschützen die Zufahrt zum kriegswichtigen Erzhafen Narvik ab. Genau wie anfangs die Batterie Lindemann in Frankreich wurden sie in Panzerdrehtürmen montiert und erhielten keine Verbunkerung. Wie bei allen großen Batterien üblich, auch hier eine Vielzahl von zusätzlichen Verbunkerungen, Versorgungseinrichtungen, Sicherungseinrichtungen, Feuerleit- und Funkmessgeräten sowie Geschütze der unterschiedlichsten Art mit

Ein erhalten gebliebenes 40,6-cm-Geschütz der Batterie Theo in Trondenes, Norwegen. Foto: Calvin / CC-BY-SA 3.0

kleineren Kalibern. Beide Batterien waren im August 1943 betriebs- und einsatzbereit. Sie kamen während des Kriegs jedoch zu keinem Gefechtseinsatz. Weltweit waren sie die größten Küstenbatterien ihrer Art.

Im norwegischen Volksmund wurden die 40,6-cm-Geschütze in Trondenes als Adolfkanonen (norw.: Adolfkanon) bezeichnet. Ein Begriff, der auch heute noch in Gebrauch ist und auch in der Fachliteratur genutzt wird. Die offizielle deutsche Bezeichnung war hingegen 40,6 cm SK L/47 C34.

Nach Kriegsende übernahm die norwegische Armee die Batterie Trondenes. Sie war bis 1961 aktiv. Dann erfolgte die Demobilisierung der vier Geschütze. Diese wurden allerdings Ende der 1970er Jahren restauriert und sind so in dem weiter noch als Militärgelände genutzten Areal erhalten geblieben. Eines davon, der in den Originalzustand zurückversetzte Turm Barbara, kann heute in geführten Gruppen zusammen mit den Bunkeranlagen besichtigt werden. Die Batterie Dietl wurde hingegen vom norwegischen Militär nicht übernommen. Die Stahlteile und Geschütze gingen in die Verwertung als Schrott. Lediglich ein erhalten gebliebener Geschützbunker ist heute als kleines Museum eingerichtet.

Die Schussweite des 40,6-cm-Geschützes wird in der Literatur unterschiedlich angegeben. Als geplantes Schiffsgeschütz wird weitestgehend übereinstimmend ein Wert von 36,8 Kilometer bei 30 Grad Rohrerhöhung genannt. Für die Landaufstellung hingegen ist überwiegend eine Entfernung von 42,8 Kilometer die Standardangabe. In einigen Quellen wird diese Information mit dem ergänzenden Zusatz von 52 Grad Rohrerhöhung versehen, was dann wieder den Unterschied zur schiffsbezogenen kleineren Reichweite erklärt. Weiterhin ist auch der Wert von 56 Kilometer für die Küstenbatterien zu finden, wobei diese Quellen in der Regel dann auch den Hinweis geben, dass hierfür Spezial-Leicht-Geschosse von »nur« 610 Kilogramm genutzt wurden.

Tabelle Technische Daten Schwere Artillerie

Bezeichnung	20,3 cm SK L/60 C34	28 cm SK L/52 C 28	28 cm SK L/54,5 C34	38 cm SK L/47 C34	40,6 cm SK L/47 C34
Kaliber (mm)	203	283	283	380	406
Rohrlänge (m)	L/60 / 12,18	L/52 / 14,72	L/54,5 / 15,42	L/47 / 17,86	L/47 / 19,08
Rohrgewicht (t)	20,7	48,2	53,5	111	159,9
Geschossgewicht (kg)	122	300	315	800	1030 / 610
v_0 (m/sec)	925	910	890	820	810
Schussweite (km)	36	42,6	42,6	36,2	36,8 / 42,8 / 56,0
Kadenz (Sch/min)	4	2	3	2	2
Höhenrichtbereich (°)	-10 bis +37	-8 bis +40	-8 bis +40	-8 bis +35	-6,5 bis +30 (Bord) bis +52 (Land)

Kapitel 5

UNTERWASSERWAFFEN

5.1 - Torpedos und Torpedoabwehr

Torpedo G 7a und G 7e

Torpedo G 7a/e. Foto: Archiv Autor

Torpedowerkstatt. Foto: Sanden / Bundesarchiv / Bild 183-J18094 / CC-BY-SA 3.0

Typ	G 7a	G 7e
Länge (m)	7,19	7,19
Kaliber (cm)	53,3	53,3
Gewicht (kg)	1528	1603
Gefechtsladung (kg)	300	300
Laufstrecke (m / kn)	6000 / 44, 8000 / 40, 14.000 / 30	5000 / 30

Die Standardtorpedos der deutschen Kriegsmarine waren der G 7a und der G 7e. Sie waren Weiterentwicklungen der 50-cm-Drucklufttorpedos der Kaiserlichen Marine. In der Typbezeichnung steht das »G« für das Kaliber von 53,3 Zentimeter und die »7« bezieht sich auf die Länge von rund sieben Meter. Mit »a« und »e« werden die Antriebsvarianten bezeichnet. Die Version »a« wurde von einer Dampf-Gas-Antriebsmaschine angetrieben und die Variante »e« hatte einen Elektromotor als Antriebssystem. Letztere hatte den Vorteil, dass der Torpedo keine verräterische Blasenspur nach sich zog. Er hatte andererseits aber wieder den Nachteil, dass er einer ständigen Wartung bedurfte. Der Torpedo musste alle drei oder vier Tage teilweise aus dem Rohr gezogen werden, um die Batterie neu aufzuladen. Außerdem hatte er eine geringere Geschwindigkeit und eine kürzere Laufstrecke. In ihrem inneren Aufbau waren die beiden Torpedotypen nahezu identisch.

Nach Verlassen des Rohres ging der Torpedo auf den berechneten und vor dem Abschuss eingestellten Torpedokurs. Als Geradeausläufer lief er auf diesem Kurs bis zum Auftreffen am Ziel. Bei einem Fehlschuss, das heißt der eingestellte Torpedokurs war nicht identisch mit dem notwendigen Kollisionskurs, versank er nach Ablauf der Höchstreichweite.

Die Dampf-Gas-Antriebsmaschine des G 7a nutzte als Energieträger den Brennstoff Decalin und als Sauerstoffträger Pressluft. Der Elektromotor des G 7e wurde über eine Batterie mit Energie versorgt. Diese musste extern auf ca. 30 Grad vorgeheizt werden, um ihren maximalen Leistungswert zu erreichen.

Beide Antriebssysteme wirkten auf eine Schraubenwelle, die über ein Getriebe zwei gegenläufige Propeller antrieb. Dies war notwendig, um einen Dralleffekt beim Torpedolauf zu vermeiden.

Die Torpedos waren mit einem kombinierten Aufschlag- und Magnetzünder ausgestattet. Am Kopf besaß der Torpedo einen sich im Fahrtstrom drehenden Propeller, der

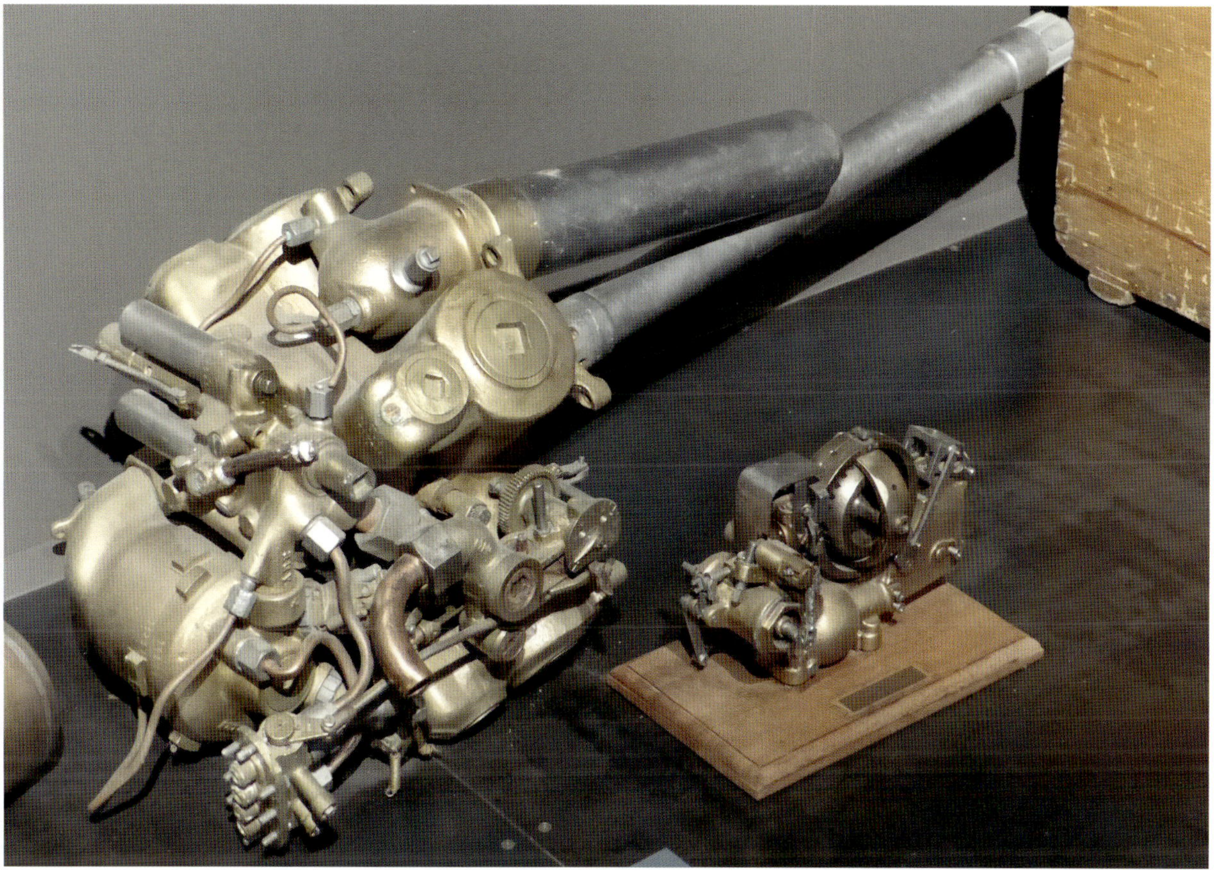

Die Dampf-Gas-Antriebsmaschine eines Torpedo G 7a verfügte über eine Leistung von 320 PS. Rechts unten ist der Geradlaufapparat des Torpedo G 7a abgebildet. Foto: Hans Karr

Der Geradlaufapparat des G 7a nutzte den Kreiseleffekt zur Kurssteuerung des Torpedos. Foto: Hans Karr

Aufschlagzünder mit Propeller für die Scharfstellverzögerung und die Initial-Sprengbüchse des Torpedos G 7a. Foto: Hans Karr

nach 250 Meter Laufstrecke den Zünder scharf stellte. Die Zündung erfolgte entweder durch Aufschlag am Ziel über einen direkt auf den Detonator wirkenden Schlagbolzen oder bei Durchlaufen vom Magnetfeld des Schiffes durch Induzierung einer elektrischen Spannung, die wiederum den Detonator zur Explosion brachte.

Eine sehr wichtige Funktion beim Torpedolauf war die Tiefensteuerung. War die Aufschlagzündung aktiviert, so musste der Torpedo flach laufen, durfte aber auch nicht die Wasseroberfläche durchbrechen. War die Magnetzündung in Kraft, so musste eine größere Lauftiefe gewählt werden, damit die Explosion unter dem Zielschiff stattfinden konnte, weil dadurch die größte Wirkung zu erzielen war. Durch die Explosionsblase wurde dem Zielschiff regelrecht der Kiel gebrochen. Die eingestellte Lauftiefe wurde im Torpedo während des Laufs mit Druckmessgeräten überwacht, die anhand der Differenz zwischen dem Innendruck des Torpedos und dem umgebenden Wasserdruck die Tiefe regulierten.

Die Fertigungszahlen der Torpedos lagen im Jahr 1941 bei ca. 1000 Torpedos pro Monat. Zwei Jahre später waren es schon 1700 Stück. Danach fiel die Produktion auf 1400 Torpedos pro Monat zurück. Insgesamt wird davon ausgegangen, dass 70.000 Torpedos G 7a/e produziert wurden. Restbestände von den G 7a/e Torpedos wurden nach dem Krieg noch bis in die 1970er Jahre bei der Bundesmarine verwendet.

Der Elektromotor eines Torpedos G 7e. Foto: Hans Karr

Selbststeuernde Torpedos FAT, LUT und Zaunkönig

FAT

Das Kürzel FAT steht für »Federapparat-Torpedo« wird aber auch mit »Flächen-Absuch-Torpedo« erklärt. Hierbei handelt es sich um eine mechanische Vorrichtung, mit der das Steuersystem des Torpedos eingestellt werden konnte. Die Entwicklung war Ende 1942 abgeschlossen und ab Anfang 1943 kamen die FAT-Modifikationen des G 7a in die Verwendung.

Die Einstellung des FAT wurde so gewählt, dass der Torpedo nach dem Ausstoßen eine bestimmte Strecke und Entfernung gemäß der Feuerleitberechnung ablief. Erzielte er keinen Treffer, wechselte er in ein schleifenförmiges Suchmuster um entweder innerhalb des Konvois zu bleiben oder mit der Hoffnung in dem Geleitzug doch noch ein Schiff zu treffen. Deshalb sollte der FAT auch idealer Weise vor einem Geleitzug geschossen werden. Das System erwies sich als erfolgreich. Es fand in dem LUT eine verbesserte Weiterentwicklung.

Steuereinheit eines FAT-Torpedos. Foto: Soccus / CC-BY-SA 3.0

LUT

Der »Lageunabhängige Torpedo« (LUT) kam Ende 1944 zur Front und ist eine verbesserte Weiterentwicklung des FAT. Nach Ablauf der Geradauslaufstrecke konnte ein zusätzlicher Kurswechsel eingestellt werden. Es war dadurch möglich, die Vormarschbewegung des Torpedos auf den Geleitzugkurs abzustimmen und damit länger im potenziellen Zielbereich zu bleiben. Außerdem waren mehr Auswahlmöglichkeiten für die Einstellungen der Suchschleifen vorhanden. Ebenso war ein Wechsel der Torpedogeschwindigkeit möglich.

Zaunkönig

Die immer mehr wirksam werdende alliierte U-Bootabwehr zwangen die U-Boot ihre Torpedos schon auf große Entfernungen zu schießen. Um eine Verteidigungswaffe gegen schnell anlaufende Kriegsschiffe zu haben, wurde der Torpedo G 7es – besser unter dem Tarnnamen »Zaunkönig« bekannt – entwickelt. Der im September 1943 zur Front gekommene Torpedo hatte an seinem Kopf zwei Schallaufnehmer, sodass er in Eigenlenkung Propellergeräusche akustisch ansteuern konnte. Die lauten Schallemissionen von Zerstörern und Korvetten waren die idealen Zielquellen für den Torpedo. Beim Zaunkönig bestand allerdings die Gefahr, dass er nach dem Ausstoß sein eigenes Boot erfasste und angriff. Daher musste das schießende U-Boot direkt nach der Schussabgabe auf Tiefe gehen. Eine Kontrolle über den Erfolg des Zaunkönig-Einsatzes war deshalb nicht mehr gegeben.

Torpedo vom Typ Zaunkönig. Foto:Reptun1x / CC-BY-SA 2.0

Torpedoabwehr

Ausbringen eines Foxer. Foto: Royal Navy

Die Engländer waren dem Funktionsprinzip des Zaunkönigs sehr schnell auf die Spur gekommen. Zur Abwehr des akustischen Torpedos konstruierten sie ein einfaches, aber geniales Mittel, den Foxer (engl.: outfox, austricksen).

Der Foxer bestand aus einer Anordnungen von hohlen Metallrohren mit Löchern. Diese wurden im Abstand von rund 200 Meter hinter dem Schiff im Wasser nachgeschleppt.

Das durch die Löcher strömende Wasser und das durch den Fahrtstrom bedingte Zusammenschlagen der Rohre erzeugten einen hohen Lärmpegel, der die vom Schiff kommendem Schallemissionen wie Maschinen-, Propeller- und Kavitationsgeräusche an Stärke überlagerte. Man spricht von einem 10 bis 100 fach höheren Wert. Bei den deutschen U-Boot-Besatzungen wurde dieser Foxer auch als »Kreissäge« oder »Rattelboje« bezeichnet.

Die akustischen Sensoren des Zaunkönig-Torpedos wurden durch den Foxer getäuscht und steuerten den Torpedo in der Regel auf dieses laute Scheinziel. Nach einer englischen Quelle sind im Laufe des Kriegs etwa 700 Zaunkönige eingesetzt worden. Davon haben nur 77 ihr richtiges Ziel getroffen, die anderen wurden durch den Foxer abgelenkt.

Der Foxer hatte aber auch entscheidende Nachteile für das ihn einsetzende Schiff. Einerseits beeinträchtigte das erzeugte Gräusch die eigene Unterwasserschallortung. Die Schiffe wurden teilweise akustisch blind. Andererseits war der erzeugte Lärm unter Wasser weit zu hören und machte daher U-Boote auf das Vorhandensein eines Konvois aufmerksam, obwohl sie ihn mit ihren eigenen zur Verfügung stehenden Mitteln noch nicht erfasst hatten. Außerdem war die Geschwindigkeit wegen des zu schleppenden Gerätes auf etwa 14 Knoten eingeschränkt. Zudem war ein schnelles Aus- oder Einbringen des Foxers seemännisch nicht so einfach, insbesondere bei schwerem Wetter.

5.2 - Wasserbomben

U-Bootbekämpfung mit Wasserbomben

Die ersten brauchbaren Wasserbomben wurden im Ersten Weltkrieg von der englischen Royal Navy entwickelt, um deutsche U-Boote zu bekämpfen. Bei dieser Waffe handelte es sich um einen fassförmigen Sprengkörper. Die Wasserbombe wurde von Überwasserschiffen oder Flugzeugen auf eine vermutete oder auch genau lokalisierte U-Bootposition geworfen. Die Explosion konnte sowohl nach einer vor dem Wurf eingestellten Wassertiefe über einen Druckzünder als auch durch einen Aufschlagzünder erfolgen.

Allgemein kann gelten, dass eine Sprengladung von 100 kg TNT (Trinitrotoluol) innerhalb eines Radius von acht Meter ein U-Boot vernichtet. Bis zu 20 Meter Explosionsentfernung werden dem U-Boot noch schwere Schäden zugefügt. Durch das gleichzeitige Werfen von mehreren, über die Fläche gestreuten und mit verschiedenen Tiefeneinstellungen versehenen Wasserbomben, dem sogenannten Wasserbombenteppich, erhöhen sich naturgemäß die Erfolgsaussichten. Die bei den Detonationen entstehende Wasserverwirbelungen beeinträchtigen für einige Zeit die Unterwasserschallortung.

Der Einsatz der Wasserbomben erfolgt durch das Abrollen von Ablaufbühnen am Heck. Um nicht das Risiko einzugehen, von den eigenen Wasserbomben beschädigt zu werden, musste die werfende Einheit möglichst schnell ablaufen und Abstand zur Wurfpostion finden, bevor die ersten Wasserbomben detonierten. Eine weitere Möglichkeit zum Wasserbombenwurf war der Einsatz von seitlich an Oberdeck angebrachter Schleudereinrichtungen, mit denen die Wasserbomben einzeln geworfen werden konnten. Die Wurfweite betrug über 30 Meter.

Wasserbomben Mark VII und Mark VII Heavy

Die im Zweiten Weltkrieg wohl am häufigsten von alliierter Seite eingesetzte Wasserbombe war die britische Mark VII. Der tonnenförmige Körper hatte eine Länge von 0,76 Meter und einen Durchmesser von 0,47 Meter. Sein Gesamtgewicht betrug 191 Kilogramm, davon waren 132 Kilogramm Sprengstoffanteil. Als Sprengstoff wurde Amatol - eine kriegsbedingte Streckung des sehr teuren TNTs mit dem preiswerteren Ammoniumnitrat - verwendet. Die Sinkgeschwindigkleit betrug 2,1 Meter pro Sekunde.

Ab Ende 1940 kam die Version Mark VII Heavy in Verwendung. Diese Wasserbombe blieb bis Ende des Kriegs der Standardtyp bei der Royal Navy. Sie hatte eine höhere Sinkgeschwindigkeit von 5,1 Meter pro Sekunde, was dadurch erreicht wurde, dass ein 68 Kilogramm schweres Eisengewicht in der Wasserbombe eingebaut war. Die 132 Kilogramm Amatol-Sprengladung konnte bis zu einer Entfernung von 6,1 Metern (20 ft) einen 22 Millimeter starken U-Bootdruckkörper aufbrechen. In der doppelten Entfernung wurde das U-Boot noch so schwer beschädigt, dass es zum Auftauchen gezwungen war. Ab Ende 1942 wurde der Sprengstoff Minol - ebenfalls eine kriegsbedingte Streckung von TNT - eingeführt und damit die Sprengkraft der Wasserbombe verstärkt. Der Zerstörungsradius erhöhte sich auf 7,9 Meter (26 ft) und bei einem Detonationsabstand von bis zu 15,8 Meter (52 ft) war das U-Boot in Folge seiner Beschädigungen zum Auftauchen gezwungen.

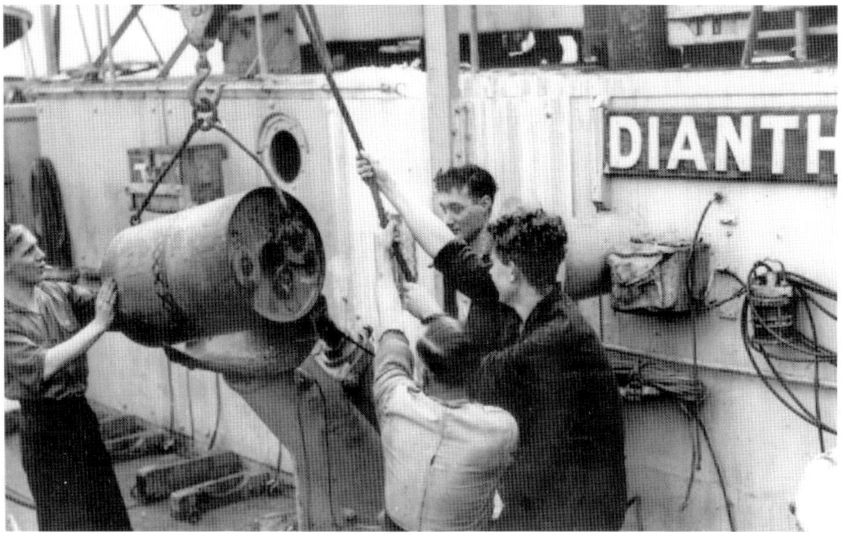

Eine Wasserbombe Mark VII wird auf einen seitlich auf dem Oberdeck montierten Wasserbombenwerfer gehievt. Foto: Royal Navy

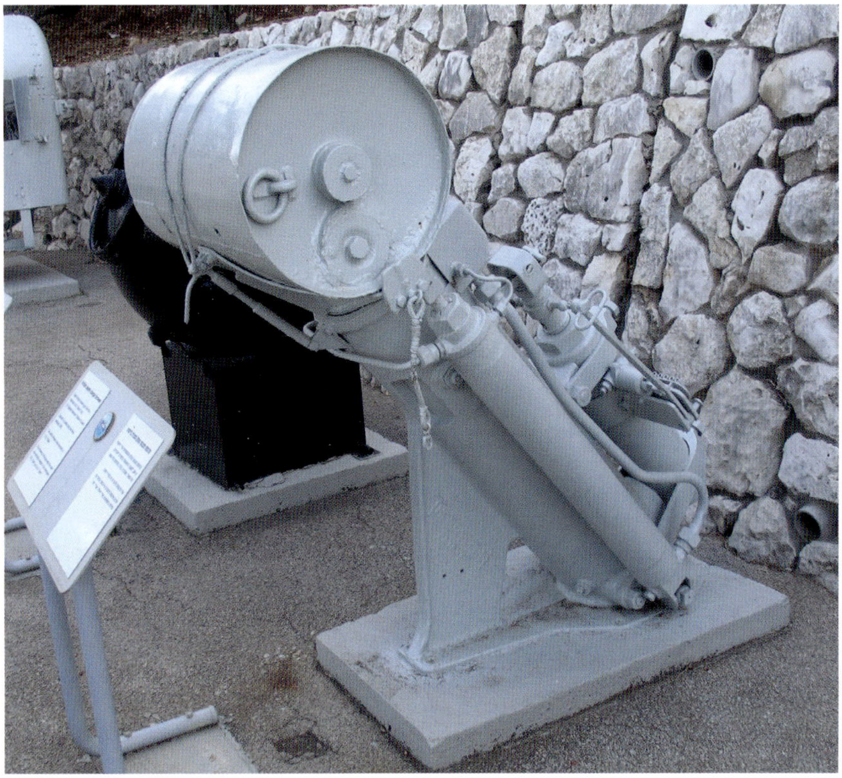

Ein Wasserbombenwerfer, wie er üblicherweise auf den Seitendecks der Eskortfahrzeuge zu finden war. Foto: Bukvoed / CC-BY-SA 3.0

Wasserbombenexplosion im Kielwasser einer Eskorteinheit. Foto: Royal Navy

Das Bedienpersonal beobachtet die Explosion ihres Wasserbombenwurfs. Links im Bild ist eine volle und rechts im Bild eine leere Wasserbombenablaufbühne zu sehen. Im Hintergrund sind die Schiffe eines Konvois abgebildet. Foto: US Navy

Hedgehog

Eine ab 1941 neu eingeführte U-Bootbekämpfungswaffe war der Hedgehog. Hierbei handelte es sich um einen Salvenwerfer, der gleichzeitig 24 Projektile elektrisch abfeuern und bis zu 183 Meter (200 ft) weit schleudern konnte. Dabei verteilten sich die Geschosse über einen Radius von 37 Meter (40 ft). Die Wurfrichtung war nach vorne. Jede der Wurfgranaten hatte ein Gewicht von 29,5 Kilogramm, worin eine Sprengladung von 15,9 Kilogramm enthalten war. Die Sinkgeschwindigkeit betrug 6,7 bis 7,2 Meter pro Sekunde.

Ein beladener Hedgehog-Werfer. Foto: Royal Navy

Die Hedgehog-Wurfgeschosse hatten nur einen Aufschlagzünder, mussten also das U-Boot direkt treffen. Durch die Menge der Geschosse und durch ihre breite Streuung war aber schon ein gewisser Erfolg in Aussicht gestellt. Gegen tiefe Ziele war der Hedgehog allerdings nicht sehr effektiv. Die Einsatzgrenze lag bei etwa 122 Meter (400 ft) Wassertiefe. Dennoch wurde das System von der Royal Navy als insgesamt wirkungsvoll beurteilt.

Für den Hedgehog von Vorteil war auch die Tatsache, dass die ASDIC-Ortung während des Einsatzes bestehen blieb und nicht wie bei den achteraus geworfenen bzw. abgerollten Wasserbomben unterbrochen wurde, da bei letzteren das Ziel vor dem Wurf erst mal überlaufen werden mussste.

Technische Daten deutscher Wasserbomben				
Typ	**WBD**	**WBF**	**WBG**	**WBH**
Gewicht (kg)	180	139	180	240
Sprengladung (kg)	125	60	60	60
Maximale Tiefe (m)	120	75	120	150
Sinkgeschw. (m/sec)	3,5	2,2	3,5	4,4

5.3 - Seeminen

Nahezu alle Einheiten der Kriegsmarine konnten Minen verlegen. Auf der Abbildung ist das Torpedoboote »T 17« mit einer Ladung von Ankertauminen zu sehen. Foto: Deutscher Marinebund

Der Amerikaner David Bushnell fand 1776 im amerikanischen Freiheitskrieg (1775-1783) als erster die Möglichkeit Pulver im Wasser zu zünden. Durch Bojen schwimmfähig gehalten, trieben im Januar 1778 mit Pulver gefüllte Bierfässer den Delaware River abwärts. Federgespannte Gewehrschlösser sollten als Aufschlagzünder dienen. Bei Philadelphia stifteten sie bei der dort liegenden englischen Flotte große Verwirrung. Der Schaden hielt sich jedoch in Grenzen. Ein paar Neugierige, die die Fässer zu bergen versuchten, waren die einzigen Leidtragenden. Der erste Schritt in Richtung Seemine war damit getan.

Von nun an kamen sie in fast jeder militärischen Auseinandersetzung auf See auf irgendeine Art und Weise zum Einsatz. Wirklich brauchbare Konstruktionen gab es aber erst um 1870. Doch dann hielten sie schnell Einzug in die Arsenale der Seemächte. Von findigen Konstrukteuren und Ingenieuren immer mehr vervollkommnet und zu technischen Wunderwerken weiterentwickelt, bildeten sie schon wenige Jahrzehnte später eine doch wirkungsvolle und gefährliche Waffe.

Ihr erster großer Einsatz als modernes Seekriegsmittel erfolgte im Russisch-Japanischen Krieg (1904-1905). Japan verlor durch den Einsatz von Seeminen zwölf Kriegsschiffe, darunter zwei Linienschiffe. Russland hatte durch Minen acht Verluste zu beklagen. In den beiden Weltkriegen wurden dann große Mengen von Minen, sowohl als Offensiv- wie auch als Defensivwaffen, eingesetzt. Diese Minenoperationen hatten einen erheblichen Einfluss auf die Bewegungen der Seestreitkräfte und banden starke Kräfte.

Den Mineneinsatz kann man in die vier folgenden Kategorien einteilen:

- Protektive Minenfelder liegen innerhalb der eigenen Hoheitsgewässer und können deshalb auch schon in Friedens- oder Spannungszeiten gelegt werden. Sie sollen zum Beispiel Küstenabschnitte sichern, die sich besonders für Landungsunternehmen eignen.

- Defensive Minenfelder liegen außerhalb der eigenen Hoheitsgewässer im eigenen Küstenvorfeld oder in Seegebieten, die der eigenen Seeherrschaft unterliegen.

Mit Ankertauminen beladenes Schnellboot im Bunker. Foto: Berndt / Bundesarchiv / Bild 101II-MW-6307-32 / CC-BY-SA 3.0

Sie dienen dem unmittelbaren Schutz und sollen dem Gegner die freie Durchfahrt verwehren.

- Offensive Minenfelder liegen ebenfalls außerhalb der eigenen Hoheitsgewässer in Seegebieten gegnerischer Seeherrschaft oder Hoheitsgewässer. Sie sollen den Gegner an der Entfaltung seiner Seestreitkräfte hindern.

- Taktische Minenfelder sind nicht an bestimmte Seegebiete gebunden. Sie unterstützen vielmehr lageabhängig eigene Seeoperationen durch die Verunsicherung des Gegners, durch Kräftebindung und durch die Veränderung der Geografie.

Die Seemine ist eine Waffe, die auch bei kurzer Vorwarnzeit schnell und kostengünstig eingesetzt werden kann. Sie tritt in zwei Grundformen auf.

- Die Ankertaumine besteht aus einem mit Sprengstoff gefüllten und mit Zündeinrichtung versehenen Körper, welcher durch seinen Restauftrieb unterhalb der Wasseroberfläche schwebt und durch eine Ankerkette mit dem sogenannten Ankerstuhl auf seiner Position festgehalten wird.

- Die Grundmine besteht aus einem langestreckten zylindrischen Körper, der ohne besondere Verankerung auf dem Meeresgrund liegt. Sie ist eine reine Fernzündungsmine und reagiert auf Veränderungen des akustischen und magnetischen Umfelds.

Die Standardtypen der Kriegsmarine waren die Minen EMA und EMB - Einheitsmine Typ A und B - des Ersten Weltkriegs. Sie wurden zu den Typen EMC und EMD weiterentwickelt. Für die Verwendung auf U-Booten wurden die als Torpedominen bezeichneten Typen TMA und TMB entwickelt. Daneben gab es in der Kriegsmarine noch die RMA und RMB, wobei diese Abkürzung für Reguläre Mine Typ A und B steht. Für das Verbringen von Minen durch Flugzeuge wurden die Luftminen LMA und LMB entwickelt.

Eine Ankertaumine geht über Bord. Foto: Mendel / Bundesarchiv / Bild 101IIMN-1559-33 / CC-BY-SA

Ankertaumine EMA. Foto: Hans Karr

Bezeichnung	EMA	EMB	EMC	EMD	TMA
Minentyp	Ankertaumine	Ankertaumine	Ankertaumine	Ankertaumine	Ankertaumine
Zündung	Bleikappen	Bleikappen	Bleikappen	Bleikappen	magnetisch
Abmessungen (m)	1,60 x 0,80	1,60 x 0,90	ø 1,12	ø 1,00	2,70 x 0,533
Sprengstoff (kg)	150	220	300	150	230
Wassertiefe (m)	100 bis 150	100 bis 150	100 bis 500	100 bis 200	150 bis 270

Bezeichnung	RMA	RMB	TMB	LMA	LMB
Minentyp	Grundmine	Grundmine	Grundmine	Grundmine	Grundmine
Zündung	magnetisch.	magnetisch	magnetisch	magnetisch, akustisch	magnetisch, akustisch
Abmessungen (m)	unbekannt	unbekannt	2,30 x 0,533	unbekannt	unbekannt
Sprengstoff (kg)	800	460	560	300	705
Wassertiefe (m)	unbekannt	unbekannt	22-27	unbekannt	unbekannt

Grundmine LMA. Foto: Hans Karr

Grundmine LMB. Foto: Hans Karr

Kapitel 6

ELEKTRONISCHE ANLAGEN

6.1 - Unterwasserschallortung

ASDIC / Sonar

Der Beobachtungsbildschirm eines ASDIC-Gerätes. Foto: unbekannt / CC-BY-SA 3.0

ASDIC ist die Kurzbezeichnung für Allied Submarine Detection Investigation Committee, das bereits 1918 eingesetzt wurde, um die Probleme im Zusammenhang mit der Ortung von U-Booten zu lösen. Der Name der englisch-amerikanischen Arbeitsgruppe ging dann als Gerätebezeichnung über auf das bei ihrer Arbeit entwickelte Ortungsgerät zum Aufspüren getauchter U-Boote.

ASDIC arbeitete mit ausgesandten Schallwellen, die von getauchten U-Booten reflektiert wurden. Zur Erfassunge dienten Kohlemikrophone, die am Bug der U-Jagdeinheit beidseitig angebracht waren. Anhand der Laufzeit und der Richtung ließ sich die ungefähre Lage und Tauchtiefe des georteten U-Bootes bestimmen. Bis zum Kriegsende kam dieses elektrische Gerät allerdings nicht mehr zum Einsatz. Ende 1918 wurde das Committee aufgelöst.

In der Zwischenkriegszeit ging aber die Arbeit an der Entwicklung von Geräten zur Unterwasserschallortung sowohl in Großbritannien wie auch in den Vereinigten Staaten von Amerika weiter. In den USA wurden sie mit Sonar bezeichnet. Die Abkürzung steht für »sound navigation and ranging«. Dieser Begriff hat sich dann auch international für die Unterwasserschallortung durchgesetzt und ist heute noch weltweit in Verwendung.

Das Funktionsweise von ASDIC / Sonar bestand – einfach ausgedrückt – darin, dass ein unter dem Kiel angebrachter Schallsender einen kurzen hochfrequenten Impuls in Form eines Kegels in das Wasser abgibt. Mit zunehmender Entfernung wurde dieser Suchstrahl immer breiter und die Wahrscheinlichkeit, dass er ein U-Boot erfasst immer höher. Traf der ausgesandte Ton auf eine reflektierende Oberfläche., also ein U-Boot, konnte man über einen mit dem Sender verbundenen Empfänger ein Echo auf der U-Jagdeinheit hören. Die größte Ortungsreichweite lag bei idealen Bedingungen bei 1000 bis 1200 Meter.

Die Quelle dieser Reflektion herauszufinden erforderte nicht nur ein zuverlässig arbeitendes elektronisches Gerät, sondern auch ein hohes Maß an Erfahrung und Fingerspitzengefühl beim Bediener der Anlage. Die Peilung war über die eingestellte Richtung des Senders ablesbar und messbar. Die Entfernung ergab sich aus der Laufzeit von Sende- und Reflektionssignal. Die Schallgeschwindigkeit liegt im Wasser bei etwa 1500 Meter pro Sekunde. Durch Temperatur und Salzgehalt ergeben sich allerdings Änderungen, die bei der Messung berücksichtigt werden müssen.

Im praktischen Einsatz nach Kriegsbeginn zeigten sich aber auch die Schwächen des ASDIC. Es konnte nur getauchte U-Boote orten. Das aufgefangene Echosignal konnte auch von einem Wrack, einem Unterwasserfelsen oder einem Fischschwarm stammen. Außerdem beeinflussten die durch Temperaturunterschiede und Salzgehaltänderungen gebildeten Wasserschichten den Schallstrahlverlauf bis hin zur Reflektion und Ablenkung. Weiterhin war im Gegensatz zu Peilung und Abstand die Tiefe des gemessenen Objektes nicht messbar sondern allerhöchsten durch die Erfahrung des Bedieners schätzbar. Erst 1944 war die technische Entwicklung soweit fortgeschritten, dass auch die Tiefe des Zieles berechnet werden konnte und somit ein entscheidender Hinweis auf die Tiefeneinstellung der Wasserbomben möglich wurde.

Deutsche Gegenmaßnahmen

Wenn der Schallimpuls des ASDIC-Gerätes auf die Metallhülle eines U-Bootes traf, gab es einen deutlich hörbaren Ping. Mit den eigenen Erfassungsgeräten war die Richtung zu der U-Jagdeinheit dann einpeilbar. Über die Lautstärke und Häufigkeit konnten Rückschlüsse über eine möglicherweise stattgefundene Erfassung gezogen werden. Durch taktisches Verhalten über Kurswahl und über Geschwindigkeitsänderungen war unter Umständen ein Entkommen möglich, aber nicht allzu wahrscheinlich.

Mit dem Bold kam 1941 ein Gerät an Bord der U-Boote, das die gegnerische ASDIC-Ortung täuschen sollte. Ein Bold bestand aus einem zylindrischen Drahtkäfig von etwa zehn Zentimeter Durchmesser, der mit einer Mischung aus grobkörnig gemahlenem Calciumhydrid gefüllt war. Über eine spezielle Schleuse ausgestoßen, erzeugte das Granulat eine Gasblase, die sich eine längere Zeit im Wasser hielt und die ausgestrahlten Schallwellen wie ein U-Boot refelektierte. Damit bewirkte sie eine Ablenkung vom tatsächlichen Zielobjekt, dem U-Boot, das sich hinter diesem Scheinziel verstecken oder entkommen konnte. Allerdings: Ein geübter ASDIC-Bediener war in Lage, Täuschecho und tatsächliches Zielecho zu unterscheiden, da ersteres als unbewegliches Objekt keinen Dopplereffekt erzeugte. Dennoch: Der Bold hat sich bewährt und wurde bis Ende des Krieges genutzt.

Die Reflektion ausgesandeter Schallimpulse sollte eine »Alberich« genannte gummiartige Tarnbeschichtung auf der Außenhaut der U-Booten verhindern. Diese Be-

Die Bold-Ausstoßvorrichtung auf dem Museums-U-Boot »Wilhelm Bauer«. Foto: Hans Karr

Die aus gummiartigem Material bestehende Alberich-Beschichtung. Foto: Jan Wellen / CC-BY-SA 3.0

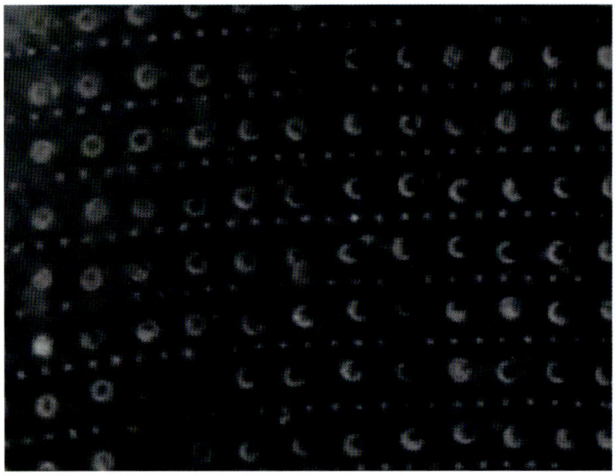

schichtung bestand aus schwarzen Gummiplatten mit der Abmessung von 2 x 1 Meter. Die Dicke betrug zwei Millimeter. Die Platten wurden in Doppellage verklebt und hatten in verschiedenen Größen und unterschiedlichen Abständen Löcher. Akustische Impulse im Frequenzbereich zwischen 9 und 17 Kilohertz sollten dadurch unter Wasser möglichst gut absorbiert werden. Ein zusätzlicher Vorteil der Alberich-Beschichtung war, dass auch Geräusche aus dem Inneren des Boots gedämpft wurden. Das erste mit Alberich beklebte U-Boot war »U 480«, ein U-Boot des Typs VII C. In der Praxis ergaben sich jedoch Schwierigkeiten, die Beschichtung wirklich dauerhaft zu befestigen. Die Gummiplatten lösten sich bei Überwasserfahrt im Seegang. Bei Unterwasserfahrt führten dann die frei gewordenen Flächen zu Verwirbelungen. Letztendlich wurden nur weinge U-Boote mit Alberich beschichtet.

Gruppenhorchgerät

Ab dem Jahr 1935 wurde das Gruppenhorchgerät (GHG) auf allen U-Booten eingerüstet. Links und rechts waren am Bug jeweils elf, später zur Erhöhung der Genauigkeit 24, Hydrophone eingebaut, die als Sensoren dem GHG die notwendigen Erfassungsdaten lieferten. Im Horchraum konnte der Bediener über eine Leistungsmessung der einzelnen Hydrophone die Richtung, aus der die Geräusche kamen, bestimmen. Wenn das Ziel seitlich oder achterlich stand, nahm die Genauigkeit der Messergebnisse der am Bug angebrachten Hydrophonen allerdings ab. Der Messbereich lag bei +/- 140 Grad. Die Reichweite war von den Wasserverhältnissen abhängig. Generall kann aber von einer Entfernung von 20 Kilometer für ein Einzelschiff und von 100 Kilometer für einen Geleitzug ausgegangen werden.

Mit dem Balkongerät wurde erstmal 1943 eine verbesserte Version des GHG eingeführt. Es bestand aus 48 Hydrophonen, die in einer zylindrischen Kuppel am Bug untergebracht waren. Durch seine tiefe Anbringung im unteren Teil der Bugspitze konnte das Balkongerät auch im aufgetauchten Zustand benutzt werden. Der Messbereich erhöhte sich gegenüber dem GHG und lag jetzt bei +/- 170 Grad. Die Messgenauigkeit betrug +/-2 Grad. Die Reichweite lag je nach Umweltverhältnissen und Art des Zieles zwischen 4000 und 10.000 Meter. Das Balkongerät wurde zur Standardausrüstung des Typs XXI. Einige wenige U-Boote des Typs VII C haben es ebenfalls ab 1944 / 1945 erhalten.

Das Balkon-Gerät war eine Weiterentwicklung der Gruppenhorchanlage. Foto: NZSnowman / CC-BY-SA 3.0

Die Aufnahme vom 28. April 1945 zeigt unfertige U-Boote des Typs XXI. Gut zu erkennen die Kuppel zur Aufnahme der Balkon-Hydrophone. Foto: Royal Navy

Sondergerät für aktive Schallortung

Das auf U-Booten vorhandene Sondergerät für aktive Schallortung (S-Gerät) war, wie der Name schon sagt, ein aktives Ortungssystem, das Schallimpulse austrahlte und deren Reflexionen nutzte, um feindliche U-Boote zu lokalisieren. Die Entwicklungsarbeiten an dem S-Gerät gehen zurück bis in das Jahr 1935.

Die in einer Frequenz von 15 Kilohertz und mit einer Leistung von fünf Kilowatt ausgesandten Impulse hatten eine Länge von 20 Millisekunden. Ein Bereich von +/- 120 Grad wurde durch das S-Gerät mit einer Genauigkeit von +/- 2 Grad abgedeckt. Bei guten Umweltbedingungen war eine Reichweite von 4000 Meter möglich. Der Nachteil des S-Gerätes war, dass der Gegner den Betrieb leicht orten konnte. Darum wurde es selten benutzt.

6.2 - Radar

Radarentwicklung

Das Seetakt-Radar der »Admiral Graf Spee«, ganz oben im Turmmast am optischen Entfernungsmessgerät zu erkennen, konnte Schiffsziele auf 25 Kilometer Entfernung orten. Foto: US Navy

Radar ist die Abkürzung für radio detection and ranging oder auch radio direction and ranging. Ein Radargerät sendet ein sogenanntes Primärsignal als gebündelte elektromagnetische Welle aus und empfängt die von Objekten reflektierten Echos als Sekundärsignal, aus denen folgende Informationen gewonnen werden können:

- Peilung und die Entfernung zu dem Objekt
- Relativbewegung zwischen Sender und Objekt
- Kurs und Fahrt des Objekts

Da die Wellenlänge des Radars je nach Anwendung und Stand der Technik im Bereich der Funkwellen im Kurz- bis Mikrowellenbereich liegt, wurde in Deutschland die Bezeichnung Funkmeßtechnik oder kurz Funkmeß verwendet.

Die Ursprünge des Radars gehen auf die Mitte der 1880er Jahre zurück, als Heinrich Hertz beim experimentellen Nachweis elektromagnetischer Wellen feststellte, dass diese an metallischen Gegenständen reflektiert werden.

Die ersten Versuche zur Ortung mit Hilfe von Radiowellen führte der deutsche Hochfrequenztechniker Christian Hülsmeyer im Jahr 1904 durch. Er fand heraus, dass von Metallflächen zurückgeworfene elektrische Wellen verwendet werden können, um entfernte metallische Objekte, wie zum Beispiel Schiffe, zu detektieren.

Der Durchbruch der Radartechnik folgte kurz vor und während des Zweiten Weltkriegs. Im Zuge der militärischen Aufrüstung in dieser Zeit wurden ab Mitte der 1930er Jahre in mehreren Ländern unabhängig voneinander intensiv Radarsysteme entwickelt, besonders in Deutschland und in Großbritannien. Beim Kriegsbeginn 1939 gab es auch in anderen Länder Radaranlagen.

Auf deutscher Seite hatte die Kriegsmarine einen großen Anteil an der Entwicklung. Alle großen Marineeinheiten wurden ab Ende der 1930er Jahre mit Funkmeßgeräten ausgerüstet. Sie führten die Bezeichnung Seetakt und kamen auch in größerer Anzahl an Land zur Küstenverteidigung zum Einsatz. Auf U-Booten wurden entsprechend modifizierte Geräte verwendet, die allerdings nur eine Reichweite von wenigen Seemeilen und einen auf 60 Grad eingeschränkten Erfassungsbereich hatten. Insgesamt wurden etwa 200 Seetakt-Geräte hergestellt.

Das FuG 200 Hohentwiel war wiederum ein Radargerät der deutschen Luftwaffe, von dem es mit dem Hohentwiel U eine Geräteanpassung für U-Boote gab. Es kam auf den U-Boottypen VII C, IX und XXI ebenso zum Einbau wie auch auf Wach- und Vorpostenbooten.

Ein Meilenstein in der Radarentwicklung war Anfang 1940 die Erfindung des Magnetrons an der Universität Birmingham, das das Kerngerät aller späteren Radaranwendungen werden sollte. Ende Januar 1943 setzten die Engländer bei einem Angriff auf Hamburg erstmals ein mobiles Radarsystem in Flugzeugen ein, das vornehmlich Navigationszwecken diente.

An Bord der Eskorteinheiten und in den Flugzeugen hatte das Radar auch einen entscheidenden Anteil bei der Bekämpfung der deutschen U-Boote in der Atlantikschlacht. Entsprechend war man auf deutscher Seite bemüht, den Booten mit den als Funkmeßbeobachtungsgeräten (FuMB) bezeichneten Warnempfängern einen gewissen Schutz zu geben.

Das Seetakt-Radargerät ist auf dieser Aufnahme des Schweren Kreuzers »Prinz Eugen« gut zu erkennen. Es ist am optischen Entfernungsmessgerät montiert. Foto: Deutscher Marinebund

Das Hohentwiel-Radar auf »U 3008«, ein Boot des Typs XXI, das nach dem Krieg in den USA erprobt wurde. Foto: US Navy

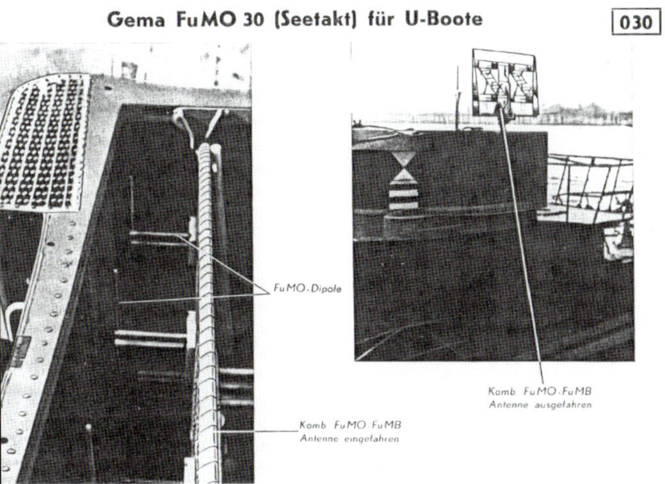

Das Seetakt-Radargerät in der U-Bootversion. Foto: Archiv Autor

Das Hohentwiel-Radar auf dem Museums-U-Boot »U 995«. Links daneben sind zwei 2-cm-Zwuillingsgeschütze zu erkennen. Foto: Hans Karr

Radarwarnempfänger auf U-Booten

FuMB 1 Metox

Ab Mitte 1942 kam man bei der U-Bootführung zu der Erkenntnis, dass die in der Biskaya bei Tag und Nacht sehr präzise auf U-Boote ausgeführten Angriffe britischer Flugzeuge nur mit Hilfe eines Radars möglich sein können, was auch richtig war. Die französische Elektronikfirma Metox-Grandin bekam den Auftrag ein entsprechendes Warngerät zu entwickeln. Ab August 1942 kam das als FuMB 1 Metox bezeichnete Gerät bereits zum Einbau. Wegen der Dringlichkeit konnte nur eine provisorische Antenne beschafft werden. Sie bestand aus einem Holzkreuz mit Antennendrähten, das bei Alarm mit nach unten genommen werden musste und schnell den Namen »Biskayakreuz« erhielt. Die Verbindungskabel zum Messgerät im Funkraum liefen frei durch das Turmluk, was nicht ganz unproblematisch war. Metox arbeitet im Bereich von 1,3 bis 2,6 Meter Wellenlänge und warnte zunächst recht zuverlässig. Anfang 1943 stellte man jedoch fest, dass die Antenne im Betrieb strahlte und dass die U-Boote wieder häufiger angegriffen wurden. Man hatte bald den Verdacht, dass die Flugzeuge durch das Metox regelrecht angezogen wurden. Ab August 1943 wurde die Verwendung verboten.

Das Bediengerät für den Warnempfänger FuMB 1 Metox. Foto: Karl Gerhard Buck / CC-BY-SA 4.0

Das sogenannte Biskayakreuz, die Empfangsantenne für das FuMB 1 Metox. Foto: NZSnowman / CC-BY-SA 3.0

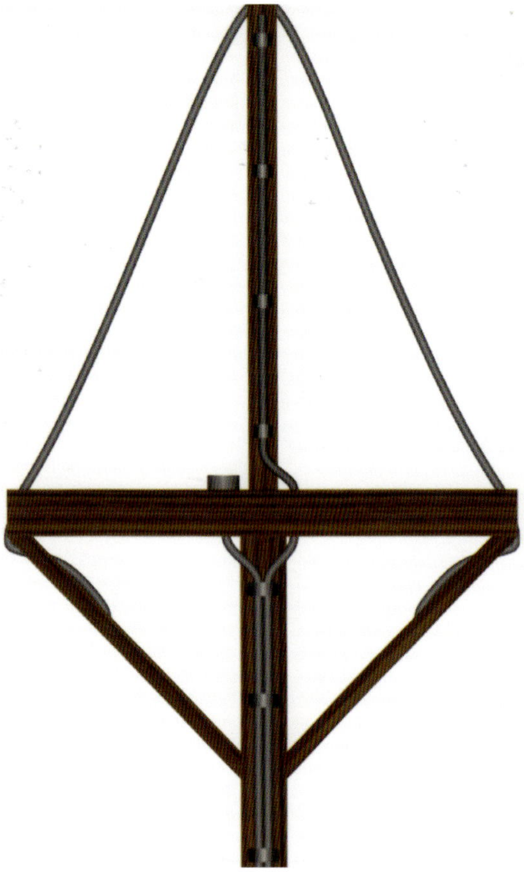

Die Bali-Antenne war eine seewasserfeste Rundempfangsantenne für verschiedene Radar-Warnempfänger wie zum Beipiel Metox, Borkum oder Naxos. Foto: US Navy

FuMB 9 Zypern

Abhilfe wurde zunächst mit dem FuMB 9 Zypern geschaffen, das einen automatischen Suchempfänger besaß. Ein kleiner Elektromotor drehte einen Kondensator. Dadurch wechselt die Empfangsfrequenz automatisch im Bereich zwischen 1,2 und 1,8 Meter Wellenlänge. Das Gerät war ab August 1943 einsatzreif, wurde aber ab November nicht mehr genutzt, da sich die Erwartungen nicht erfüllt hatten. Mit dem FuMB 9 ausgestattete U-Boote wurden wieder häufiger angegriffen und die Funktion des Gerätes wurde angezweifelt.

FuMB 10 Borkum

Das FuMB 10 Borkum kam als Ersatz an Bord. Es war ein einfaches Gerät, das im Wellenbereich von 0,75 bis 3 Meter mit einer eingeschränkten Reichweite arbeitete. Es blieb dennoch bis Ende des Krieges in Verwendung.

FuMB 7 Naxos

Nachdem aus einem bei Rotterdam Anfang 1942 abgeschossenen Bomber ein Radargerät gefunden wurde, das auf einer Wellenlänge von 9,7 Zentimeter arbeitete, einer Wellenlänge, die man in Deutschland für nicht möglich hielt, konnte man erst ab Dezember 1943 die Ausstattung der U-Boote mit entsprechenden Warnempfängern durchführen. Der lange Zeitraum zwischen der Entdeckung des Radargerätes und der Ausrüstung mit einem Warngerät liegt darin begründet, dass die Luftwaffe ihre gewonnenen Erkenntnisse nicht weitergegeben hatte. Das neue FuMB 7 Naxos arbeitet auf einer Wellenlänge von 8 bis 12 Zentimeter mit einer Reichweite von 5000 Meter. Das heißt: Die Frühwarnzeit war für das U-Boot äußerst gering.

FuMB 29 Bali

Die für die verschiedenen Warnempfänger genutzten Antennen hatten alle den Nachteil, dass sie nicht druckfest ausgelegt waren und jeweils bei Alarm in das Boot mitgenommen werden musste. Mit der FuBM 29 Bali wurde eine wasserdichte Dipolantenne entwickelt, die in einem zylindrischen Drahtgeheuse untergebrachr war. Das ständige Aufbauen und das unter Alarmbedingungen wieder abbauen der Empfangsantennen war damit hinfällig geworden. Die Bali-Antenne konnte für mehrere Typen von Warnempfängern genutzt werden.

QUELLENNACHWEIS

Bagnasco, Erminio
- Uboote im 2. Weltkrieg, Stuttgart, 1988

Blocksdorf, Helmut
- Das Kommando der Kleinkampfverbände der Kriegsmarine, Stuttgart, 2003

Brennecke, Jochen
- Die Wende im U-Boot-Krieg - Ursachen und Folgen 1939-1943, Herford, 1984

Breyer, Siegfried
- Der Z-Plan - Streben zur Weltmachtflotte, Wölfersheim-Berstadt, 1996
- Die deutschen Torpedoboote 1925-1945, Wölfersheim-Berstadt, 1997
- Die deutschen Zerstörer (I), Wölfersheim-Berstadt, 1995
- Die deutschen Zerstörer (II), Wölfersheim-Berstadt, 1996
- Die K-Kreuzer (I), Friedberg, 1990
- Die K-Kreuzer (II), Friedberg, 1990
- Die Kreuzer LEIPZIG und NÜRNBERG, Wölfersheim-Berstadt, 1994
- Die Panzerschiffe der Kriegsmarine, Wölfersheim-Berstadt, 1995
- Die Schlachtschiffe der BISMARCK-Klasse - Planung - Bau - Technik, Wölfersheim-Berstadt, 1995
- Die Schweren Kreuzer der ADMIRAL HIPPER-Klasse, Friedberg, 1991
- Die Schweren Kreuzer der Kriegsmarine, Wölfersheim-Berstadt, 1999
- Flottentorpedoboote und Flottenbegleiter, Wölfersheim-Berstadt, 1999
- Flugzeugträger 1917-1939, Friedberg, 1993
- Flugzeugträger 1940-1955, Wölfersheim-Berstadt, 1994
- Flugzeugträger GRAF ZEPPELIN, Friedberg, 1988
- Flugzeugträger GRAF ZEPPELIN, Friedberg, 1994
- Minensuchboote 1935 - Entwicklung und Einsatz, Wölfersheim-Berstadt, 2000
- Panzerschiff / Schwerer Kreuzer ADMIRAL SCHEER, Friedberg, 1990
- Panzerschiff ADMIRAL GRAF SPEE, Friedberg, 1989
- Panzerschiff DEUTSCHLAND, Friedberg, 1988
- Schlachtschiff BISMARCK, Friedberg, 1991
- Schlachtschiff GNEISENAU, Friedberg, 1987
- Schlachtschiff SCHARNHORST, Friedberg, 1987
- Schlachtschiff TIRPITZ, Friedberg, 1986
- Schlachtschiffe und Schlachtkreuzer 1921-1997, Bonn, 2002
- Schulkreuzer EMDEN, Wölfersheim-Berstadt, 1995
- Schwerer Kreuzer PRINZ EUGEN, Friedberg, 1992

Breyer, Siegfried (Hrsg.)
- Handbuch für Ubootkommandanten - Die U-Bootwaffe 1935-1945 - Erweiterter Reprint einer Dienstvorschrift, Wölfersheim-Berstadt, o.J.

Breyer, Siegfried / Koop, Gerhard
- Schlachtschiff BISMARCK - Eine technikgeschichtliche Dokumentation, Augsburg, 1996

Burr, Lawrence
- US Fast Battleships 1938-91, Oxford, 2010

Busch, Rainer / Röll, Hans-Joachim
- Der U-Boot-Krieg 1939-1945 - Band 2 - Der U-Boot-Bau auf deutschen Werften, Hamburg, 1997
- Der U-Boot-Krieg 1939-1945 - Band 3 - Deutsche U-Boot-Erfolge von September 1939 bis Mai 1945, Hamburg, 2001
- Der U-Boot-Krieg 1939-1945 - Band 4 - Deutsche U-Boot-Verluste von September 1939 bis Mai 1945, Hamburg, 1999

Campbell, John
- Naval Weapons of World War Two, London, 2002

Carpenter, Dorr / Polmar, Norman
- Submarines of the Imperial Japanese Navy, Annapolis, 1986

Casey, Louis S. / Batchelor, John
- Marineflieger im 2. Weltkrieg, München, 1977

Casey, Louis S. / Batchelor, John
- Marineflugzeuge 1914-1939, München, 1977

Chant, Chris / Bishop, Chris
- Flugzeugträger - Geschichte-Klassen-Flugzeuge, Stuttgart, 2005

Christley, Jim
- US Submarines 1941-45, Oxford, 2006

Ciupa, Heinz
- Die deutschen Kriegsschiffe - Flotteneinheiten von 1939-1945, Rastatt, 1979

Costello, John / Hughes, Terry
- Atlantikschlacht, Bergisch Gladbach, 1978

Danner, Herwig
- Kriegsfischkutter - KFK, Hamburg, 2001

Dinklage, Ludwig / Witthöft, Hans Jürgen
- Die deutsche Handelsflotte 1935-1945 - Handelsschiffe - Blockadebrecher - Hilfskriegsschiffe, Band 2, Hamburg, 2001

Donko, Wilhelm M.
- Die Kriegstransporter KT 1 - KT 62 der Deutschen Kriegsmarine - Konzept, Einsatz und Verbleib, Berlin, 2015
- Die Schwarzmeer-Einheitsschiffe SME 1 - SME 12 der Deutschen Kriegsmarine - Konzept, Einsatz und Verbleib, Berlin, 2017
- Landungsschiffe der U.S. Navy seit 1939, Stuttgart, 2020

Ellis, Chris
- Berühmte Schiffe des Zweiten Weltkrieges, Zürich, 1978

Fitzsimons, Bernard
- Kriegsschiffe 1939-1945, München, 1974
- Kriegsschiffe des Zweiten Weltkrieges, München, 1974

Fock, Harald
- Marinekleinkampfmittel - Bemannte Torpedos, Klein-U-Boote, Klein-Schnellboote, Sprengboote - Gestern - heute - morgen, Hamburg, 1996

Frank, Hans

- Die deutschen Schnellboote im Einsatz - Von den Anfängen bis 1945, Hamburg, 2006

Galuppini, Gino (Hrsg.)

- Enzyklopädie der Kriegsschiffe - Geschichte-Technik-Daten, Augsburg, 1995

Green, Michael / Green, Gladys

- Flugzeugträger - Giganten der Meere, Königswinter, 2002

Greger, Rene

- Schlachtschiffe der Welt, Stuttgart, 1993

Griehl, Manfred

- Blohm & Voss - Flugzeuge seit 1933, Stuttgart, 2011

Gröner, Erich

- Die deutschen Kriegsschiffe 1815-1945 Band 1, Koblenz, 1989
- Die deutschen Kriegsschiffe 1815-1945 Band 2, Bonn, 1999
- Die deutschen Kriegsschiffe 1815-1945 Band 3, Koblenz, 1985
- Die deutschen Kriegsschiffe 1815-1945 Band 7, Koblenz, 1990
- Die deutschen Kriegsschiffe 1815-1945 Band 8 / 2, Bonn, 1993

Gröner, Erich / Jung, Dieter

- Die Schiffe der deutschen Kriegsmarine und Luftwaffe 1939-1945 und ihr Verbleib, Bonn, 2001

Harnack, Wolfgang

- Die deutschen Flottentorpedoboote 1942-1945, Hamburg, 2004
- Zerstörer unter deutscher Flagge 1934 bis 1945, Hamburg, 1978

Hewson, Robert

- Kriegsschiffe 1939-1945, Kaiserslautern, 2000

Hildebrand, Hans H. / Röhr, Albert / Steimetz, Hans-Otto

- Die deutschen Kriegsschiffe - Ein Spiegel der Marinegeschichte von 1815 bis zur Gegenwart Band 1, Ratlingen, o.J.
- Die deutschen Kriegsschiffe - Ein Spiegel der Marinegeschichte von 1815 bis zur Gegenwart Band 2, Ratlingen, o.J.

Hümmelchen, Gerhard

- Die deutschen Schnellboote im Zweiten Weltkrieg, Hamburg, 1996

Ireland, Bernard

- An illustrated History of Amphibious Warfare Vessels, London, 2014
- Schwimmende Bastionen - Schiffe des II. Weltkriegs - Technik-Taktik-Bewaffnung, Augsburg, 2000

Israel, Ulrich

- GRAF ZEPPELIN - einziger deutscher Flugzeugträger, Herford, o.J.

Jordan, David

- Flugzeugträger - Von den Anfängen bis heute, Wien, 2002
- U-Boote - Der U-Boot-Krieg von 1939-1945, Wien, 2002

Jordan, John

- Schlachtschiffe und Schlachtkreuzer, Friedberg, 1989

Kaack, Ulf

- Deutsche Marineflieger 1913 bis heute, Stuttgart, 2021

Karr, Hans

- Alliierte U-Boote 1939-1945, Stuttgart, 2019
- Deutsche Marine-Artillerie - Schiffs- und Küstenartillerie bis 1945, Stuttgart, 2022
- Enzyklopädie deutscher Kriegsschiffe - Großkampfschiffe, Kreuzer, Kanonenboote, Torpedoboote und Zerstörer bis 1945, Stuttgart, 2017

Kens, Karlheinz

- Die Flugzeuge des Zweiten Weltkriegs 1939-1945 - Eine Flugzeugtypen-Sammlung, München, 1968

Kershaw, Andreew (Hrsg.)

- Die Schlacht im Pazifik, München, 1976
- Die Schlacht im Atlantik, München, 1976

Konstam, Angus

- British Aircraft Carriers 1939-45, Oxford, 2014
- British Battleships 1939-45 (1), Oxford, 2009
- British Battleships 1939-45 (2), Oxford, 2009
- British Escort Carriers 1941-45, Oxford, 2019
- British Motor Gun Boat 1939-45, Oxford, 2010
- British Motor Torpedo Boat 1939-45, Oxford, 2003

Koop, Gerhard / Schmolke, Klaus-Peter

- Die deutschen Zerstörer 1935-1945, Bonn, 1995
- Die Leichten Kreuzer KÖNIGSBERG, KARLSRUHE, KÖLN, LEIPZIG, NÜRNBERG, Bonn, 1994
- Die Panzerschifffe der DEUTSCHLAND-Klasse - Deutschland / Lützow - Admiral Scheer - Admiral Graf Spee, Bonn, 1993
- Die Schlachtschiffe der BISMARCK-Klasse - BISMARCK und TIRPITZ: Höhepunkt des deutschen Schlachtschiffbaues, Koblenz, 1990
- Die Schlachtschiffe der SCHARNHORST-Klasse - SCHARNHORST und GNEISENAU: Rückgrat der deutschen Überwasserstreitkräfte bei Kriegsbeginn, Bonn, 1991
- Die Schweren Kreuzer der ADMIRAL HIPPER-Klasse, Bonn, 1992

Kühn, Volkmar

- Schnellboote im Einsatz 1939-1945, Stuttgart, 1976
- Torpedoboote und Zerstörer im Einsatz 1939-1945, Stuttgart, 1983

Ledebur, Gerhard Freiherr von

- Die Seemine, München, 1977

Loose, Bernd / Oesterle, Bernd

- Das große Buch der Kriegsschiffe - Maschinengetriebene Schiffe des 19. und 20. Jahrhunderts, Stuttgart, 1997

Macintyre, Donald / Bathe, Basil W.

- Kriegsschiffe in 5000 Jahren, Bielefeld, 1974

Mallmann-Showell, Jak

- Die U-Boot-Waffe - Kommandanten und Besatzungen, Stuttgart, 2001
- Kriegsmarine 1939-1945 - Organisation - Strukturen - Einsatz, Stuttgart, 2000

McCartney, Innes

- British Sumarines 1939-45, Oxford, 2006

McComb, Dave

- US Destroyers 1942-45 - wartime classes, Oxford, 2010

Meyer, Karl

- Hochseeminensuchboote 1939-1945 - Biskaya-Nordsee-Polarküste-Finnenbusen, Hamburg, 2004

Miller, David
- Deutsche U-Boote bis 1945 - Ein umfassender Überblick, Stuttgart, 2000

Möller, Eberhard
- Kurs Atlantik - Die deutsche U-Boot-Entwicklung, Stuttgart, 1995

Möller, Eberhard / Brack, Werner
- Enzyklopädie deutscher U-Boote, Stuttgart, 2016

Noppen, Ryan K.
- French Battleships 1914-45, Oxford, 2019

Potter, Elmar B. / Nimitz, Chester W. / Rohwer, Jürgen
- Seemacht - Eine Seekriegsgeschichte von der Antike bis zur Gegenwart, Herrsching, 1982

Preston, Antony
- Berühmte Kriegsschiffe 1914 bis heute, Stuttgart, 1988
- Flugzeugträger, Friedberg, 1990

Preston, Antony / Batchelor, John
- Schlachtschiffe 1919-1977, München, 1978
- U-Boote seit 1919, München, 1975

Raven, Alan / Roberts, John
- Die britischen Schlachtschiffe des Zweiten Weltkrieges, Bonn, 2002

Rohwer, Jürgen
- U-Boote - Eine Chronik in Bildern, Oldenburg, 1962

Rohwer, Jürgen / Hümmelchen, Gerhard
- Chronik des Seekrieges 1939-1945, Oldenburg, o.J.

Rössler, Eberhard
- Die deutschen U-Boote und U-Bootentwürfe zwischen den Weltkriegen 1922-1939, Berlin, 2013
- Die Sonaranlagen der deutschen Unterseeboote, Bonn, 2006
- Die Torpedos der deutschen U-Boote - Entwicklung, Herstellung und Eigenschaften der deutschen Marine-Torpedos, Hamburg, 2005
- Geschichte des deutschen Ubootbaus Band 1, Koblenz, 1986
- Geschichte des deutschen Ubootbaus Band 2, Koblenz, 1987

Rottman, Gordon L.
- Landing Craft, Infantry and Fire Support, Oxford, 2009
- Landing Ship, Tank (LST) 1942-2002, Oxford, 2005
- US Patrol Torpedo Boats - World War II, Oxford, 2008

Schenk,Peter / Klein, Karsten
- Die deutschen Landungsfahrzeuge - Entwicklung und Technik von 1900 bis heute, Berlin. 2011

Schreiber, Joachim
- Die Flugzeuge des Zweiten Weltkriegs, Stuttgart, 2022

Schulze-Wegener, Guntram
- Die deutsche Kriegsmarine-Rüstung 1942-1945, Hamburg, 1997

Skwiot, Miroslaw
- German Naval Guns 1939-1945, Yorkshire, 2011

Stille, Mark
- Imperial Japanese Navy Aircraft Carriers 1921-45, Oxford, 2005
- Imperial Japanese Navy Battleships 1941-45, Oxford, 2008
- Imperial Japanese Navy Submarines 1941-45, Oxford, 2007
- US Navy Aircraft Carriers 1922-45 - prewar classes, Oxford, 2005
- US Navy Aircraft Carriers 1942-45 - WWII-built ships, Oxford, 2007
- USN Carriers vs IJN Carriers - The Pacific 1942, Oxford, 2007

Stille, Mark / Prenat, Jamie
- Axis Midget Submarines 1939-45, Oxford, 2014

Terzibaschitsch, Stefan
- Comeback der IOWA-Klasse - Die amerikanischen Schlachtschiffe von 1941 bis heute, Koblenz, 1989
- Die letzten Giganten der Meere - Die Schlachtschiffe der IOWA-Klasse, Bonn, 1997
- Flugzeugträger der U.S. Navy - Flottenflugzeugträger / Geleitflugzeugträger, Bonn, 2001
- Zerstörer der U.S.Navy - Von der FARRAGUT- bis zur FORREST SHERMAN-Klasse, Augsburg, 1997

Thomer, Egbert
- Sprung an die Küste - Amphibische Streitkräfte - Geschichte und Gegenwart, Oldenburg, 1963
- Torpedoboote und Zerstörer - Eine Bildchronik aus zwei Weltkriegen, Oldenburg, 1964

Treue, Wilhelm / Möller, Eberhard / Rahn, Werner
- Deutsche Marinerüstung 1919-1942 - Die Gefahren der Tirpitz-Tradition, Herford, 1992

Watts, Anthony J.
- Allied Submarines, London, 1977
- Axis Submarines, New York, 1977

Wätzig, Joachim
- Die japanische Flotte - Von 1858 bis heute, Berlin, 1996

Wetzel, Eckard
- U 995 - Das U-Boot vor dem Marine-Ehrenmal in Laboe, Kiel, 1985

Weyers Taschenbuch der Kriegsflotten, München, div.Jgg.

Whitley, Mike J.
- Deutsche Kreuzer im Zweiten Weltkrieg, Stuttgart, 1988
- Deutsche Seestreitkräfte 1939-1945 - Einsatz im Küstenvorfeld, Stuttgart, 1995
- Die deutschen Zerstörer im 2. Weltkrieg, Stuttgart, 1985
- Schlachtschiffe des II. Weltkriegs - Klassen-Baudaten-Technik, Stuttgart, 2003
- Zerstörer im Zweiten Weltkrieg - Technik-Klassen-Typen, Stuttgart, 1991

Williamson, Gordon
- German Destroyers 1939-45, Oxford, 2003
- German E-Boats 1939-45, Oxford, 2002
- German Leight Cruisers 1939-45, Oxford, 2003
- German Pocket Battleships 1939-45, Oxford, 2003
- Kriegsmarine U-Boats 1939-45 (1), Oxford, 2002
- Kriegsmarine U-Boats 1939-45 (2), Oxford, 2002